高等职业院校互联网+新形态创新系列教材·计算机系列

# 信息技术基础可视化教程
# (WPS 版 MOOC 教程)

孙晓雷　邵静岚　主　编
杨自香　魏化永　李春秋
　　　　邱意敏　邵　杰　副主编

清华大学出版社
北　京

## 内容简介

本书系统地介绍了计算机基础知识，Windows 10 操作系统，WPS 文字的应用，WPS 表格的应用，WPS 演示的应用，新一代信息技术包括 5G 移动通信技术、量子信息技术、信息安全、物联网、人工智能、区块链等内容。

本书内容丰富，讲解深入浅出，采用独创的可视化图形标注方式，将知识点巧妙地融入项目、案例和任务中，实现了手把手教学和在学中做、在做中学的新颖教学模式。在强调基本概念的基础上，引入大量实用、美观的案例来阐明各种应用问题，真正做到了知识性、实用性、易用性的完美结合。本书配备了全部的微课视频，是不可多得的 MOOC 教材。

本书既可以作为普通高等院校各专业计算机基础课程的教材，也可作为成人高等教育的培训教材，以及广大科技工作者的自学参考书。

本书封面贴有清华大学出版社防伪标签，无标签者不得销售。
版权所有，侵权必究。举报：010-62782989，beiqinquan@tup.tsinghua.edu.cn。

图书在版编目(CIP)数据

信息技术基础可视化教程：WPS 版 MOOC 教程 / 孙晓雷，邵静岚主编. -- 北京：清华大学出版社，2024.10. -- (高等职业院校互联网+新形态创新系列教材).
ISBN 978-7-302-67296-8

Ⅰ. TP3

中国国家版本馆 CIP 数据核字第 2024HV1865 号

责任编辑：章忆文　李玉萍
封面设计：李　坤
责任校对：翟维维
责任印制：丛怀宇

出版发行：清华大学出版社
　　　　网　　址：https://www.tup.com.cn, https://www.wqxuetang.com
　　　　地　　址：北京清华大学学研大厦 A 座　　邮　　编：100084
　　　　社 总 机：010-83470000　　　　　　　　邮　　购：010-62786544
　　　　投稿与读者服务：010-62776969, c-service@tup.tsinghua.edu.cn
　　　　质量反馈：010-62772015, zhiliang@tup.tsinghua.edu.cn
　　　　课件下载：https://www.tup.com.cn, 010-62791865
印 装 者：三河市人民印务有限公司
经　　销：全国新华书店
开　　本：185mm×260mm　　印　张：16　　字　数：389 千字
版　　次：2024 年 10 月第 1 版　　　　　　　印　次：2024 年 10 月第 1 次印刷
定　　价：49.80 元

产品编号：107529-01

# 前　言

党的二十大报告指出"深入实施科教兴国战略、人才强国战略、创新驱动发展战略"，"加快建设教育强国、科技强国、人才强国"，这为推动职业教育高质量发展提供了强大动力。为全面贯彻党的二十大精神，加快推进现代职业教育体系建设，依据《国家职业教育改革实施方案》，进一步完善职业教育国家教学标准体系，指导高等职业教育专科公共基础课程改革和课程建设，提高人才培养质量，教育部于 2021 年 4 月颁布了《高等职业教育专科信息技术课程标准(2021 年版)》。新版课程标准明确了高等职业教育专科信息技术课程的性质：各专业学生必修或限定选修的公共基础课程。其学科核心素养主要包括：信息意识、计算思维、数字化创新与发展、信息社会责任四个方面。其目标是通过理论知识学习、技能训练和综合应用实践，使高等职业教育专科学生的信息素养和信息技术应用能力得到全面提升。

本教材满足当前计算机基础教育的新要求，以国家《高等职业教育专科信息技术课程标准(2021 年版)》为标准，改革了传统的计算机基础教育模式，加强了高职学生计算机技能的培养，使教学内容更贴近实际，教学方法更符合高职学生的成长规律，大大提高了人才培养质量。同时本教材紧跟国家关键技术自主可控的战略，及时将信息技术教学全面转向国产软件 WPS，是高职院校各专业信息技术基础课程的最新教材。本书受到辽宁省教育科学"十四五"规划 2024 年度课题《产教融合背景下职业院校提升关键办学能力研究》(课题编号：JG24EB032)、中国民办教育协会 2024 年度规划课题(学校发展类)《增强职业教育吸引力的对策研究》(课题批准号：CANFZG24274)、辽宁省民办教育协会教育科学"十四五"规划 2024 年度立项课题《人工智能背景下民办院校教师数字素养提升对策研究》(课题编号：LMX2024321)等多项课题的支持和资助。

本教材分为 7 个项目模块，分别为信息科学与计算机模块、计算机操作系统——Windows 10 模块、WPS 文字的应用模块、WPS 表格的应用模块、WPS 演示的应用模块、新一代信息技术模块(5G 移动通信技术、量子信息技术、信息安全、物联网、人工智能、区块链等)、信息素养与社会责任模块。

本教材具有以下特点。

(1) 情境真实。按照"知识""能力""素质"并重的要求，以"工学结合"为切入点，将职场背景、知识应用、技能训练的教学体系落实在教材中，并在教学过程中采用真实的企业应用案例，通过任务驱动、学做结合、情境展示、模拟仿真等教学方式，引导学生从体验式实践过渡到全真式实践。

(2) 案例实用。教材编写采用真实案例启发，通过【模块学习要点】、【模块技能目标】、【知识点巩固练习】、【项目剖析】、【应用场景】、【设计思路与方法技巧】、【应用到的相关知识点】、【即学即用的可视化实践环节】、【知识点延展】、【思考与联想讨论】、【开拓探索行动】等栏目，按照学习知识的递进规律，融情境、体验、拓展、互动于一体，打造生动的立体课堂，激发学生的学习兴趣，引导学生主动思考，训练学生掌握技能,将"学中做"和"做中学"的思想充分体现出来。

(3) 编写创新。根据"软件学习的核心是掌握操作步骤"这一特点,用简练的文字突出操作要点,便于读者快速阅读和记忆,有效降低学习难度。采用独创的全图形化且含有详细标注的图形讲解法,将界面与对话框的每一步操作精确、清晰、直观地展示在图中,使每一步的操作和界面都能呈现在读者眼前,如身临其境,使学习变得轻松简单。通过图形化标注和简洁的文字讲解,使得学生的学习和操作变得容易,保证了学习的高效性和简洁性,提高了学习兴趣,是一本全图形化标注的可视化教材。

(4) 案例融合。采用独特的编写方式,用项目案例形式进行编写,巧妙地将案例和知识点融合在一起,学生既学到了案例中的知识点,又能对成功完成的案例项目产生成就感,由此获得自信。

(5) 教材案例蕴含着丰富的思政元素,将专业知识和技能融入思政元素,培养学生的爱国情怀、坚强意志、科学精神和学术道德,使其在学习知识和技术的同时逐步树立正确的人生观、世界观和价值观,激发学习动力,提高创新能力。

(6) 自学无忧。本教材配套有全部教材免费的MOOC视频和素材。

本教材配套的教学资源及教学管理云平台(云班课)免费提供给师生使用,可同时在电脑和手机上使用。网站平台具有以下功能:教师、学生扫描二维码下载手机App,用手机注册后登录。教师可创建多个班级,并上传视频、音频、图片等各类文件。学生可观看视频、下载和上传文件。在教学管理上具有大数据分析统计功能,同时给出分析统计的图形结果和导出数据;能进行课堂点名、抢答、举手、随机抽取、指定学生回答问题并实时评分;可进行分组及分组评价、教师教学过程结果实时评价、作业小组任务、活动库、投票问卷、头脑风暴、答疑讨论、测试、学生各类学习测试评分及详细得分显示、上课考勤、教师与学生聊天、消息发布。使用本教材的教师可与主编联系,由主编代为创建云班课,并提供本书的教学视频和其他教学资源。

本书由孙晓雷、邵静岚任主编;杨自香、魏化永、李春秋、邱意敏、邵杰任副主编;微课视频由邵杰、王雅雯、白杨、朱静怡、黄飞讲解与制作。全书由邵杰担任主审,并对本书的编写提出了许多宝贵的建议,在此表示诚挚的感谢!

编写成员所在单位如下:安徽交通职业技术学院的孙晓雷、魏化永;芜湖职业技术学院的邵杰、杨自香;芜湖市城市运行管理服务中心的邵静岚;安徽商贸职业技术学院的李春秋;安徽工程大学的邱意敏。

微课视频讲解与制作成员所在单位如下:芜湖职业技术学院的邵杰;安徽职业技术学院的王雅雯;大连航运职业技术学院的白杨;安徽商贸职业技术学院的黄飞、朱静怡。

由于本书编写时间仓促,作者水平有限,书中疏漏之处在所难免,敬请广大读者批评指正。

编　者

# 目 录

## 学习模块一 信息科学与计算机 ................1

### 项目一 全面认识计算机 ................2
- 任务一 理解计算机的基本概念 ........2
- 任务二 了解计算机的发展 ............2
- 任务三 了解计算机的发展趋势 ........5
- 任务四 了解计算机的特点 ............6
- 任务五 熟悉计算机的应用领域 ........7

### 项目二 掌握计算机中的数据形式 ........8
- 任务一 认识计算机中的数据 ..........8
- 任务二 掌握常用的四种进制数 ........9
- 任务三 熟悉数据的存储单位 ..........11

### 项目三 认识计算机系统与常用设备 ......11
- 任务一 了解计算机硬件系统 ..........12
- 任务二 熟悉计算机软件系统 ..........16
- 任务三 认识指令和程序设计语言 ......17
- 任务四 了解计算机系统的
  工作原理 ....................19

### 项目四 保护计算机系统 ................20
- 任务一 理解计算机病毒的定义及
  特点 ........................20
- 任务二 了解计算机病毒的分类 ........21
- 任务三 掌握计算机病毒的防治 ........22

### 知识点巩固练习 ........................22

## 学习模块二 计算机操作系统
——Windows 10 ................25

### 项目一 Windows 10 使用基础 ..........26
- 任务一 学会 Windows 10 的
  启动与退出 ..................26
- 任务二 熟练掌握鼠标与窗口的
  操作 ........................28

### 项目二 Windows 10 的个性化设置 ......30
- 任务一 设置 Windows 10 的外观 .....31
- 任务二 设置显示分辨率 ..............33
- 任务三 设置鼠标 ....................33
- 任务四 设置时间与日期 ..............34

### 项目三 文件与文件管理 ................34
- 任务一 了解计算机中的文件 ..........35
- 任务二 学会文件命名 ................35
- 任务三 掌握文件的存放方法 ..........36
- 任务四 管理文件 ....................37

### 项目四 使用文件资源管理器 ............38
- 任务一 查看与搜索文件和文件夹 ......38
- 任务二 选定文件和文件夹 ............41
- 任务三 创建文件夹 ..................42
- 任务四 复制与移动文件和文件夹 ......42
- 任务五 文件和文件夹的改名与
  删除 ........................43

### 知识点巩固练习 ........................44

## 学习模块三 WPS 文字的应用 ................45

### 项目一 WPS 文字——初级使用 ..........46
- 任务一 认识 WPS 文字 ...............46
- 任务二 了解 WPS 文字的启动、
  界面与退出 ..................47
- 任务三 熟悉编辑文本的方法与
  技巧 ........................48
- 任务四 保存、打开与加密文档 ........51
- 任务五 掌握文字的选定技巧 ..........52
- 任务六 文字的移动、复制和删除 ......54
- 任务七 查找和替换 ..................54
- 任务八 插入符号与撤销操作 ..........56

### 项目二 WPS 文字——企业"产品简介" ....57
- 任务一 设置字符格式 ................57
- 任务二 设置段落格式 ................60

### 项目三 WPS 文字——"企业产品
推广方案" ....................63
- 任务一 设置边框和底纹 ..............63

任务二 设置项目符号和编号............65
  任务三 设置页眉和页脚....................65
  任务四 设置首字下沉、脚注和
      尾注..............................................67
  任务五 复制和清除格式....................69
  任务六 应用样式与模板....................70
 项目四 WPS 文字——"个人简历"
     表格.....................................................75
  任务一 创建表格....................................76
  任务二 选定单元格................................76
  任务三 设置行高和列宽........................77
  任务四 插入和删除行、列....................78
  任务五 手绘表格....................................79
  任务六 合并与拆分单元格....................80
  任务七 设置表格线与底纹....................82
  任务八 设置对齐方式............................85
 项目五 WPS 文字——
     "产品宣传彩页"............................87
  任务一 插入与设置图片........................88
  任务二 设置预设样式、斜线
      表头以及移动、复制表格......93
  任务三 设置分栏....................................94
  任务四 设置首字下沉............................95
  任务五 插入与设置形状........................96
  任务六 插入与设置艺术字....................99
  任务七 插入与设置文本框..................105
  任务八 页面边框的插入与设置..........109
 项目六 WPS 文字——页面设置与
     打印...................................................111
  任务一 设置页边距、纸张大小和
      版式............................................111
  任务二 设置页码和稿纸......................113
  任务三 打印与打印设置......................114

## 学习模块四 WPS 表格的应用.................117

 项目一 WPS 表格——初级基础.................118
  任务一 了解 WPS 表格........................118

  任务二 掌握 WPS 表格的启动、
      界面与退出................................118
  任务三 认识工作簿、工作表和
      单元格........................................120
  任务四 新建、打开与保存
      工作簿........................................120
  任务五 掌握工作表的各种操作......122
  任务六 学会单元格的选定方法......123
 项目二 WPS 表格——学生基本
     信息表..............................................125
  任务一 输入数据..................................126
  任务二 填充单元格中的数据..........128
  任务三 设置单元格字符格式..........129
  任务四 调整行和列..............................130
  任务五 增加或删除行..........................131
  任务六 增加或删除列..........................132
  任务七 合并单元格..............................132
 项目三 WPS 表格——美化"学生基本
     信息表"..........................................133
  任务一 设置表格边框......................134
  任务二 设置背景色和表格底纹......135
  任务三 快速复制格式......................136
  任务四 使用条件格式标记特定
      数据............................................136
  任务五 拆分和冻结窗格......................137
 项目四 WPS 表格——
     "学生成绩统计表"......................139
  任务一 输入和编辑公式..................140
  任务二 使用函数..................................142
  任务三 复制公式..................................145
  任务四 引用单元格..............................146
 项目五 WPS 表格——分析
     "学生成绩统计表"......................148
  任务一 排序数据..................................149
  任务二 筛选数据..................................151
  任务三 分类汇总数据..........................152
  任务四 创建图表..................................154
  任务五 统计分析数据..........................156

目录

项目六 WPS 表格——保护和打印
　　"学生基本信息表" .................. 159
　　任务一 保护工作表与撤销工作表的
　　　　　保护 ........................ 159
　　任务二 设置页面和打印预览 ........ 160

**学习模块五　WPS 演示的应用** .......... 163
　项目一　WPS 演示——简单幻灯片 ........ 164
　　任务一 WPS 演示的启动、界面与
　　　　　退出 ........................ 164
　　任务二 简单幻灯片的创建、美化、
　　　　　打开与保存 .................. 165
　　任务三 利用模板制作幻灯片 ........ 167
　　任务四 利用设计模板制作
　　　　　幻灯片 ...................... 168
　项目二　WPS 演示——商业宣传
　　　　　幻灯片 ...................... 171
　　任务一 添加、复制、移动与
　　　　　删除幻灯片 .................. 171
　　任务二 文本框的复制、插入、
　　　　　移动与删除 .................. 173
　　任务三 设置文本框段落与字符
　　　　　格式 ........................ 174
　　任务四 设置编号与项目符号 ........ 175
　　任务五 插入、设置图片与
　　　　　单页美化 .................... 176
　　任务六 插入与设置艺术字 .......... 180
　　任务七 插入与设置音视频 .......... 184
　　任务八 插入与设置表格和图表 ...... 185
　项目三　WPS 演示——多媒体教学
　　　　　幻灯片 ...................... 190
　　任务一 添加与设置动画 ............ 190
　　任务二 创建按钮与超链接 .......... 193
　　任务三 幻灯片排练计时的设置与
　　　　　取消 ........................ 194
　　任务四 放映与自定义放映
　　　　　幻灯片 ...................... 196
　　任务五 设置幻灯片的切换效果 ...... 197
　　任务六 打包与打印演示文稿 ........ 198

**学习模块六　新一代信息技术** .......... 201
　项目一　新一代移动通信技术 5G ........ 203
　　任务一 什么是新一代 5G 移动
　　　　　通信技术 .................... 203
　　任务二 5G 技术的发展过程 ........ 203
　　任务三 5G 的关键技术和指标 ...... 204
　　任务四 未来网络形态和趋势 ........ 205
　　任务五 5G 应用场景 .............. 206
　项目二　量子信息技术 ................ 209
　　任务一 了解量子信息定义 .......... 209
　　任务二 量子信息技术的主要
　　　　　任务 ........................ 209
　　任务三 量子信息技术的发展
　　　　　趋势 ........................ 210
　项目三　信息安全 .................... 212
　　任务一 什么是信息安全 ............ 212
　　任务二 信息安全的重要性和
　　　　　面临的挑战 .................. 214
　　任务三 影响信息安全的因素 ........ 214
　　任务四 信息安全技术 .............. 216
　　任务五 信息安全的未来展望 ........ 217
　项目四　物联网 ...................... 218
　　任务一 了解物联网概况 ............ 218
　　任务二 物联网的发展历程 .......... 218
　　任务三 物联网的应用领域 .......... 220
　　任务四 物联网应用面临的挑战 ...... 221
　项目五　人工智能 .................... 221
　　任务一 什么是人工智能 ............ 221
　　任务二 人工智能涉及到的技术 ...... 222
　　任务三 人工智能的应用领域 ........ 223
　　任务四 人工智能的未来发展 ........ 224
　项目六　区块链 ...................... 229
　　任务一 了解区块链的定义 .......... 229
　　任务二 区块链技术内涵 ............ 230
　　任务三 区块链的应用领域 .......... 233
　知识点巩固练习 ...................... 235

**学习模块七　信息素养与社会责任** ...... 237
　项目一　信息素养 .................... 238

任务一　什么是信息素养..................238
　　任务二　信息素养的起源..................239
　　任务三　信息素养的内容..................239
　　任务四　信息素养的要求..................241
　　任务五　培养信息素养....................242
　项目二　信息伦理与社会责任..................243

　　任务一　信息伦理........................243
　　任务二　职业行为自律....................245
　　任务三　信息素养的社会责任..........246
　知识点巩固练习.............................246

**参考文献**..................................247

# 学习模块一

# 信息科学与计算机

**本模块学习要点**

- 计算机的基本概念及发展历程。
- 计算机的发展趋势、特点及应用领域。
- 计算机的数据、进制数及存储单位。
- 计算机软硬件系统。
- 计算机指令和程序设计语言。
- 计算机系统的工作原理。
- 计算机病毒的定义、特点、分类及防治。

**本模块技能目标**

- 掌握计算机常用的四种进制数之间的转换。
- 熟悉计算机软硬件的基本知识。
- 掌握计算机病毒的防治。

# 项目一　全面认识计算机

## 任务一　理解计算机的基本概念

计算机(computer)俗称电脑，是一种用于高速计算的电子计算设备，既可以进行数值计算，又可以进行逻辑计算，还具有存储记忆功能，是能够按照程序运行，自动、高速处理海量数据的现代化智能电子设备。完整的计算机系统由硬件系统和软件系统组成，没有安装任何软件的计算机称为裸机。计算机可分为超级计算机、工业控制计算机、网络计算机、个人计算机、嵌入式计算机等类型，未来还会有量子计算机、生物计算机等。

电子计算机的产生和发展是 20 世纪最伟大的科学技术成果之一，它的出现标志着一个崭新的信息时代的到来。

计算机的发明对人类的生产活动和社会活动产生了极其重要的影响，并以强大的生命力飞速发展。它从最初的军事科研应用扩展到社会的各个领域，已形成规模巨大的计算机产业，带动了全球范围的技术进步，由此引发了社会的深刻变革。计算机已遍及政府、学校、企事业单位和家庭，成为信息社会中必不可少的工具，是人类进入信息时代的重要标志之一。

## 任务二　了解计算机的发展

第一台电子计算机(见图 1.1.1)叫 ENIAC(electronic numerical integrator and computer，电子数字积分计算机)，它于 1946 年 2 月 15 日诞生于宾西法尼亚大学(University of Pennsylvania)，采用电子管作为基本电子元件。它由 17468 个电子管、6 万个电阻器、1 万个电容器和 6 千个开关组成(见图 1.1.2)，重达 30 吨，占地 160 平方米，耗电 174 千瓦，耗资 45 万美元。而每个电子管大约有一个普通家用 25 瓦灯泡那么大！这样 ENIAC 就有了 8 英尺高(约 2.44 米)、3 英尺宽(约 0.9 米)、100 英尺长(约 48 米)的身躯。每秒能进行 5000 次加法运算(据测算，人最快的运算速度每秒仅 5 次加法运算)。它还能进行平方和立方运算，计算正弦和余弦等三角函数的值及其他更复杂的一些运算。

图 1.1.1

图 1.1.2

虽然 ENIAC 还比不上今天最普通的一台微型计算机，但在当时它已是运算速度的绝对冠军，并且其运算的精确度和准确度也是史无前例的。以圆周率(π)的计算为例，中国古代科学家祖冲之利用算筹，耗费 15 年心血，才把圆周率计算到小数点后 7 位数。1000 多年后，英国人香克斯以毕生精力计算圆周率，才将其计算到小数点后 707 位。而使用 ENIAC 进行计算，仅用 40 秒就达到了这个纪录，还发现了香克斯的计算中第 528 位是错误的。

### 1. 第一代：电子管计算机

第一代(1946—1958 年)是电子管计算机。它的基本电子元件是电子管，内存储器采用水银延迟线，外存储器主要采用磁鼓、纸带、卡片、磁带等。由于当时电子技术的限制，运算速度只有每秒几千次至几万次，内存容量仅数千字节。程序设计处于最初级的阶段，主要使用二进制数表示机器语言编程，后阶段采用汇编语言进行程序设计。第一代计算机使用机器语言编写操作指令，每种机器有各自不同的机器语言，既复杂又烦琐，需要水平很高的、受过专门训练的人才能使用，主要局限于一些军事和科研部门的科学计算。其主要特点是体积大、耗电多、重量大、性能低且使用不方便。这一代计算机的主要贡献如下。

- 确立了模拟量可变换成数字量进行计算，开创了数字化技术的新时代。
- 形成了电子数字计算机的基本结构：冯·诺依曼结构。
- 确定了程序设计的基本方法。
- 首创使用阴极射线管 CRT(cathode ray tube)作为计算机的字符显示器。

### 2. 第二代：晶体管计算机

第二代(1959—1964 年)是晶体管计算机(见图 1.1.2)。它的基本电子元件是晶体管，人们将这一时代称为晶体管计算机时代。此时的计算机体积和耗电量都大大减少，运算速度明显提高，其性能更稳定，存储容量有了很大的增长。由于硬件技术的改进，相应的软件技术也有了极大的提高。随着 Fortran、COBOL、ALGOL 等高级语言的出现，以单词、语句和数学公式代替了二进制机器代码，只要熟悉通用的高级语言，就可以编写程序，完成各种工作任务。

由于晶体管的体积只有电子管的十几分之一左右，因而使得计算机的体积和耗电量大大减小、成本降低、性能明显提高，这一代计算机的主要贡献如下。

- 开创了计算机处理文字和图形的新阶段。
- 高级语言已投入使用。
- 开始有了通用机和专用机之分。
- 开始使用鼠标作为输入设备。

### 3. 第三代：集成电路计算机

第三代(1965—1971 年)是集成电路计算机(见图 1.1.3)。随着半导体技术的发展，1958 年，美国德克萨斯公司制成了第一个半导体集成电路。集成电路是在几平方毫米的基片上集成了几十个乃至上百个电子元器件组成的逻辑电路。第三代集成电路计算机使用小规模集成电路 SSI(small scale integration)和中规模集成电路 MSI(medium scale integration)作为主要电子器件。由于集成电路可以把几十个甚至上千个晶体管做在一个很小的芯片上，因此这一时期的计算机的电路变得更加复杂，元件体积有了较大减小，而且集成电路所消耗的功率比晶体管更小，运算速度提高到每秒几十万次到几百万次。随着计算机软件技术的进一步发展，操作系统正式形成，并出现多种高级程序设计语言，如人机对话的 Basic 语言等。由于采用了集成电路，因此第三代计算机各方面的性能都有了极大提高，可靠性也大大提高，使得它能广泛应用于科学计算、数据处理、工业控制等方面，进入众多的学科领域。这一代计算机的主要贡献如下。

- 运算速度已达到每秒 100 万次以上。
- 操作系统更完善。
- 序列机的推出，较好地解决了"硬件不断更新，而软件相对稳定"的矛盾。
- 计算机可根据其性能分为巨型机、大型机、中型机和小型机。

### 4. 第四代：大规模、超大规模集成电路计算机

第四代(1971 年起)是大规模、超大规模集成电路计算机。从 20 世纪 70 年代开始，随着集成电路集成度的不断提高，计算机采用了大规模集成电路和超大规模集成电路作为主要电子器件，并在上面制作了几千万甚至上亿个晶体管。这样就使得其电路极为复杂，因此其运算能力也更为强大。正是由于这种高技术集成电路的应用，才使得今天我们可以人人用得上计算机，使计算机成为我们生活、工作、学习必不可少的工具，从而也促使了作为第四代计算机的典型代表——微型计算机(见图 1.1.4)的应运而生。

图 1.1.3

图 1.1.4

1971 年 Intel 公司使用大规模集成电路率先推出微处理器 4004，成为计算机发展史上一个新的里程碑，宣布第四代计算机的问世。从此，计算机进入一个崭新的发展时期，涌现出采用 LSI、VLSI 构成的各种不同规格、性能各异的新型计算机。

微型计算机以其小巧玲珑、性能稳定、价格低廉，尤其是对环境没有特殊要求为特点，吸引了众多的用户。

目前已进入网络计算机时代，计算机集成了文字、图形、声音、视频处理等功能，再与通信系统相结合，就形成了各种规模的计算机网络，从局域网、城域网、广域网到国际互联网，计算机及网络正以突飞猛进的速度向前发展。

### 5. 第五代：量子计算机

量子计算机是一类遵循量子力学规律进行高速数学和逻辑运算、存储及处理量子信息的物理装置。当某个装置处理和计算的是量子信息，运行的是量子算法时，它就是量子计算机。量子计算机具有运行速度较快、处置信息能力较强、应用范围较广等特点。

量子计算机的基本单位是量子比特，与传统计算机的比特有着本质的区别。传统计算机的比特只能表示 0 和 1 两种状态，而量子比特可以同时表示 0 和 1 的叠加态。这种叠加态使得量子计算机可以在同一时间处理多个计算任务，从而大大提高了计算速度。

量子计算机在多个领域有着巨大的应用潜力。在密码学与安全领域，量子计算机可以破解当前常用的加密算法，但同时也能够开发出更为安全的量子密码体系，确保通信和数据的机密性。在材料科学与设计领域，量子计算机可以模拟和优化分子和材料的特性，有助于加速新材料的开发和设计。在优化问题方面，量子计算的并行性和优化能力使得它成为解决物流、交通、金融等领域复杂问题的有力工具。此外，量子计算还在人工智能与机器学习、量子化学等领域有广泛应用。

中国近年来在量子计算机领域取得了显著进展，有多个令人瞩目的成果。其中，中国科学技术大学的研究团队成功研制了新一代量子计算原型机"九章三号"。这台量子计算机拥有 255 个光子，计算能力刷新了世界纪录。"九章三号"在处理高斯玻色取样的速度上快了一百万倍，而且比目前全球最快的超级计算机还要快上一亿亿倍。在 1 微秒内所处理的最高复杂度样本，如果换作全球最快超算来做，它得花二百多亿年。

## 任务三　了解计算机的发展趋势

计算机的发展趋势涉及多个方面，包括但不限于硬件、软件和应用等。以下是一些当前可见的发展趋势。

### 1. 硬件微型化与巨型化

随着微处理器和集成电路技术的不断进步，计算机硬件正在实现微型化，使计算机能够集成到各种小型设备中。另一方面，为了满足尖端科学技术的需求，发展高速、大存储容量、功能强大的超级计算机，实现巨型化，以满足大型计算任务的需求。

目前，我国最快的超级计算机是"天河星逸"，如图 1.1.5 所示。这款超级计算机在 2023 年 12 月发布，其性能达到每秒 62 亿亿次，位居全球第二，仅次于美国的 Frontier。"天河星逸"的峰值性能达到每秒 125PFLOPS，即每秒 1250 亿亿次的浮点运算，这一数字已经超越了原先的"天河二号"，再次彰显了中国超级计算机的强大实力。

### 2. 量子计算

量子计算是一个快速发展的领域，利用量子力学原理进行信息处理。量子计算机具有在某些特定任务上比传统计算机快得多的潜力，尤其在处理复杂优化问题和模拟量子系统方面。

图 1.1.5

### 3. 人工智能与机器学习

人工智能和机器学习技术的快速发展正在深刻改变着计算机的应用方式。从自动化客户服务、内容创作到高级的数学推理和科学研究，人工智能和机器学习正逐渐渗透到各个领域，为计算机系统带来前所未有的智能化和自动化能力。

### 4. 云计算与边缘计算

云计算技术使得计算资源和存储空间的获取更加灵活和便捷，推动了计算机应用系统的广泛部署。同时，边缘计算正在兴起，通过将计算任务分散到网络边缘的设备上，降低了延迟，提高了响应速度。

### 5. 多模态智能与 AGI

随着技术的发展，AI 正在从单一模态走向多模态，AGI 是一种可以执行复杂任务的人工智能，能够完全智能地模仿人类行为。它代表了人工智能的更高层次，具备自我学习、自我改进和自我调整的能力，可以无须人为干预地解决各种问题。AGI 的目标是创造出能够像人类一样思考、学习和决策的智能系统。

## 任务四　了解计算机的特点

### 1. 运算速度快

计算机内部由电路组成，可以高速准确地完成各种算术运算。现代计算机的运算速度最高可达每秒万亿次，即使是个人计算机，运算速度也可达每秒几千万到几亿次，远远高于人的计算速度，使大量复杂的科学计算问题得以用计算机来计算。例如，卫星轨道的计算、大型水坝的计算、短期天气预报，这些计算如果用人工的话需要几年甚至几十年才行，而在现代计算机中只需几分钟到几个小时或几天就可以完成。

### 2. 计算精度高

科学技术的发展特别是尖端科学技术的发展，需要高度精确的计算。计算机控制的导弹之所以能准确地击中预定的目标，是与计算机的精确计算分不开的。一般计算机可以有十几位甚至几十位(二进制)有效数字，计算精度可由千分之一到几百万分之一，是任何计算工具所望尘莫及的。

### 3. 有记忆和逻辑判断能力

计算机能够进行逻辑运算，并根据逻辑运算的结果进行相应的处理，即具有逻辑判断能力。当然，计算机的逻辑判断能力是在软件编制时就预定好的，软件编制时没有考虑到的问题，计算机还是无能为力的。

### 4. 存储容量大

计算机拥有容量很大的存储装置，它不仅可以存储处理中所需要的原始数据信息、处理的中间结果与最后结果，还可以存储指挥计算机工作的程序。计算机不仅能保存大量的文字、图像、声音等信息资料，还能对这些信息加以处理、分析和重新组合，以满足各种应用对这些信息的需求。目前计算机的存储容量越来越大，已高达千兆数量级的容量。计算机具有"记忆"功能，这是它与传统计算工具的一个重要区别。

### 5. 有自动处理能力

计算机是由程序控制其操作过程的。只要根据应用的需要，事先编制好程序并输入计算机，计算机就能自动、连续地工作，完成预定的处理任务，不需要人的干预。计算机中可以存储大量的程序和数据，存储程序是计算机最基本的功能，是计算机能自动处理的基础。

## 任务五 熟悉计算机的应用领域

计算机应用已深入人类社会生活的各个领域，其应用可以归纳为以下几个方面：科学计算、信息管理、过程控制、计算机辅助工程、人工智能、电子商务等。

### 1. 科学计算

第一台电子计算机就是为了军事科学上的弹道计算而研制的，数值计算是计算机最早应用的领域。计算机根据公式或模型进行计算，其计算工作量大、精确度高、速度快、结果可靠。利用计算机的这些特点，可以实现人工难以完成的大型复杂科学计算，并且能快速得到满足精度要求的计算结果，满足诸如天气预报、工程计算、卫星发射等复杂的数值计算以及对速度、精度的高要求的领域。

### 2. 信息管理

计算机信息管理的应用领域远远大于科学计算领域。在人口统计、档案管理、图书资料、金融财务、仓库物资管理、生产管理、销售管理、电子政务、智慧城市领域等都已经用计算机取代了人工管理。计算机能对系统中的信息进行诸如收集、传输、分类、查询、统计、分析和存储等处理。通过对系统中的大数据进行动态分析得出科学结论，为决策提供依据。

### 3. 过程控制

过程控制是指在工业生产过程中，通过专用的计算机将检测到的信息经过处理后，向被控制或调节对象发出相应的控制信号，由系统中的执行机构自动完成对控制对象的控制和自动调节，如生产过程自动化、过程仿真等。使用计算机进行控制可以降低能耗，提高生产效率和产品质量。

### 4. 计算机辅助工程

计算机辅助工程包括计算机辅助设计、计算机辅助制造和计算机辅助教学等。目前各国已经把辅助设计、辅助制造、辅助测试整合成一个系统，使得设计、制造、测试一条龙，形成高度自动化的生产线。计算机辅助教学能改变传统的教学方法和教学模式，通过计算机辅助教学系统和计算机辅助教学软件，教师可以在计算机和计算机网络的帮助下完成教学任务。学生可以通过计算机辅助教学软件和网络教学系统以人机对话、远程交流的方式，根据自己的学习需求进行自主学习或同步学习。

### 5. 人工智能

人工智能是研究、开发用于模拟、延伸和扩展人的智能的理论、方法、技术及应用系统的一门新兴的技术科学，是计算机科学的一个分支。该领域的研究包括机器人、语言识别、图像识别、自然语言处理和专家系统等。人工智能是对人的意识、思维的信息过程的模拟，使计算机能像人那样思考，也可能超过人的智能。利用计算机巨大的信息处理能力、存储能力和逻辑推理能力来实现机器学习、自然语言理解、视觉识别、智能机器人等。人工智能从诞生以来，理论和技术日益成熟，应用领域也不断扩大，可以设想未来人工智能带来的科技产品将会是人类智慧的重要"容器"。

### 6. 电子商务

所谓电子商务是利用互联网实现产品宣传、推广、销售的完整过程。人们不再是面对面地、看着实实在在的货物、靠纸质的单据进行买卖交易，而是通过网上琳琅满目的商品信息、完善的物流配送系统和方便安全的资金结算系统足不出户地进行商品交易。目前国内主要的电子商务平台有淘宝、天猫、苏宁易购、京东商城、当当网、易讯网等。

## 项目二　掌握计算机中的数据形式

### 任务一　认识计算机中的数据

信息在计算机中是以二进制数的形式存在的。我们所知道的计算机中保存的各种信息如一篇文章、一幅图画和照片、一首音乐、一段程序都是通过相应的转换设备，把它变成成千上万个8位二进制数存储在计算机中的。计算机中之所以采用二进制数进行运算是由计算机所使用的逻辑电路性能决定的。这种逻辑电路是具有两种状态的电路(电子技术上称为触发器)，使用它的好处是：电路设计相对于其他形式的电路而言，其结构简单、实现方便、成本低。

计算机就是利用具有两种状态的逻辑电路——触发器来表示0和1这两个数码的，日常生活中人们接触最多的就是十进制数，我们普遍采用十进制来表示数的大小，十进制的特点如下：

(1) 有 10 个数字符号：0、1、2、3、4、5、6、7、8、9。人们用这 10 个数字符号来表示数的大小。

(2) 十进制数的进位规则是"逢十进一"。

例如：2889、38、86788、12345687 等就是十进制数，其中 12345687 是一个八位的十进制数。

实际上除此之外，数学上还可以用其他进制来表示数的大小。例如，二进制、八进制、十六进制等。在计算机中采用的是二进制进行运算，其原因有以下几点。

二进制只有 0 和 1 两种状态，正好与触发器的两种状态对应，我们用触发器的一种状态表示 0，用另一种状态表示 1，这样在技术上就容易用相应的触发器和其他电子线路实现二进制的存储和运算。二进制数运算规则简单；二进制数的 0 和 1 与逻辑代数的"真"和"假"相吻合，适合于计算机进行逻辑运算；二进制数与十进制数之间的转换较简单，容易实现。

计算机内部采用的是二进制数进行运算、存储和控制。二进制的特点如下。

(1) 有两个数字符号：0 和 1。

(2) 二进制数的进位规则是"逢二进一"。

例如：1010、10、1000111、11001110 等就是二进制数，其中 11001110 是一个八位的二进制数。

二进制数的算术运算包括加、减、乘、除，它们的运算规则如下。

| 加法运算 | 减法运算 | 乘法运算 | 除法运算 |
| --- | --- | --- | --- |
| 0+0=0 | 0−0=0 | 0×0=0 | 0÷0 无意义 |
| 0+1=1 | 1−0=1 | 1×0=0 | 0÷1=0 |
| 1+0=1 | 1−1=0 | 0×1=0 | 1÷1=1 |
| 1+1=0 | 0−1=1 | 1×1=1 | 1÷0 无意义 |

## 任务二　掌握常用的四种进制数

在数学上，常用一个公式来表示各种进制数的大小与十进制数之间的关系，即

$$N = \sum_{i=-m}^{n-1} k_i \times B_i$$

其中，$n$ 表示整数部分的位数，$m$ 表示小数部分的位数，$K$ 表示第 $i$ 位数字符号，$B$ 表示第 $i$ 位的权，$N$ 表示对应的十进制数的大小。

### 1. 十进制数

日常生活中人们普遍采用十进制来表示数的大小，十进制的特点是：用 10 个数字符号来表示数的大小，计数规律是"逢十进一"。

例如：256、88、8848、79865132 等是十进制数。

由前面的式子可得到十进制数展开的通式：

$N = k_{n-1} \times 10^{n-1} + k_{n-2} \times 10^{n-2} + k_{n-3} \times 10^{n-3} + ... + k_0 \times 10^0 + k_{-1} \times 10^{-1} + ... + k_{-m} \times 10^{-m}$

其中，$n$ 是整数部分的位数，$m$ 是小数部分的位数，10 是十进制数的权。任何一个十进制数都可以用上式来展开表示。根据十进制数展开的通式，可将十进制数$(169.78)_{10}$展开

表示为：$(169.78)_{10} = k_2 \times 10^2 + k_1 \times 10^1 + k_0 \times 10^0 + k_{-1} \times 10^{-1} + k_{-2} \times 10^{-2}$
$= 1 \times 10^2 + 6 \times 10^1 + 9 \times 10^0 + 7 \times 10^{-1} + 8 \times 10^{-2}$
$= 169.78$

在上式中，$N=169.78$，整数部分的位数 $n$ 为 3，小数部分的位数 $m$ 为 2。而$(169.78)_{10}$括号下面的 10 表示这个数是十进制数。1 是百位的数字符号；6 是十位的数字符号；9 是个位的数字符号；7 是小数点后第一位的数字符号；8 是小数点后第二位的数字符号。$10^2$ 表示百位的权；$10^1$ 表示十位的权；$10^0$ 表示个位的权；$10^{-1}$ 表示小数点后第 1 位的权；$10^{-2}$ 表示小数点后第 2 位的权。

再看一例：

$(8568.8)_{10} = 8 \times 10^3 + 5 \times 10^2 + 6 \times 10^1 + 8 \times 10^0 + 8 \times 10^{-1}$

其中，$n$ 为 4，$m$ 为 1。

### 2. 二进制数

计算机内部采用二进制数进行运算、存储和控制。二进制的特点是：有两个数码 0 和 1，"逢二进一"。

例如：1010、10、1000111、110011100 等是二进制数。

由前面的式子可得到二进制展开的通式：

$N = k_{n-1} \times 2^{n-1} + k_{n-2} \times 2^{n-2} + k_{n-3} \times 2^{n-3} + ... + k_0 \times 2^0 + k_{-1} \times 2^{-1} + ... + k_{-m} \times 2^{-m}$

其中，$n$ 是整数部分的位数，$m$ 是小数部分的位数，2 是二进制数的权。任何一个二进制数都可以用上式来展开表示。根据二进制展开的通式可将$(1010.11)_2$展开为：

$N = (1010.11)_2 = k_3 \times 2^3 + k_2 \times 2^2 + k_1 \times 2^1 + k_0 \times 2^0 + k_{-1} \times 2^{-1} + k_{-2} \times 2^{-2}$
$= 1 \times 2^3 + 0 \times 2^2 + 1 \times 2^1 + 0 \times 2^0 + 1 \times 2^{-1} + 1 \times 2^{-2} = 10.75$

在上式中，$(1010.11)_2$ 括号下面的 2 表示这个数是二进制数。1 是第 4 位的数字符号；0 是第 3 位的数字符号；1 是第 2 位的数字符号；0 是第 1 位的数字符号。1 是小数点后的第 1 位的数字符号；1 是小数点后第 2 位的数字符号。$2^3$ 表示整数第 4 位的权；$2^2$ 表示整数第 3 位的权；$2^1$ 表示整数第 2 位的权；$2^0$ 表示整数第 1 位的权；$2^{-1}$ 表示小数点后第 1 位的权；$2^{-2}$ 表示小数点后第 2 位的权。

再看一例：

$(110101.1)_2 = 1 \times 2^5 + 1 \times 2^4 + 0 \times 2^3 + 1 \times 2^2 + 0 \times 2^1 + 1 \times 2^0 + 1 \times 2^{-1} = 53.5$

例中，$n$ 为 6，$m$ 为 1。

### 3. 八进制数

八进制数的特点是：有 8 个数字符号 0、1、2、3、4、5、6、7，"逢八进一"。

例如：$(7253)_8$、$(75)_8$、$(62753104)_8$、$(5721564377)_8$ 等都是八进制数。

由前面的式子可得到八进制展开的通式：

$N = k_{n-1} \times 8^{n-1} + k_{n-2} \times 8^{n-2} + k_{n-3} \times 8^{n-3} + ... + k_0 \times 8^0 + k_{-1} \times 8^{-1} + ... + k_{-m} \times 8^{-m}$

其中，$n$ 是整数部分的位数；$m$ 是小数部分的位数；8 是八进制数的权。任何一个八进制数都可以用上式来展开表示。根据八进制展开的通式可将$(138.5)_8$展开为：

$N = (138.5)_8 = k_2 \times 8^2 + k_1 \times 8^1 + k_0 \times 8^0 + k_{-1} \times 8^{-1}$
$= 1 \times 8^2 + 3 \times 8^1 + 8 \times 8^0 + 5 \times 8^{-1} = 96.625$

在上式中，(138.5)$_8$ 括号下面的 8 表示这个数是八进制数。1 是第 3 位的数字符号；3 是第 2 位的数字符号；8 是第 1 位的数字符号；5 是小数点后第 1 位的数字符号。$8^2$ 表示第 3 位的权；$8^1$ 表示第 2 位的权；$8^0$ 表示第 1 位的权；$8^{-1}$ 表示小数点后第 1 位的权。

### 4．十六进制数

十六进制数的特点是：有 16 个数码 0、1、2、3、4、5、6、7、8、9、A、B、C、D、E、F，"逢十六进一"。

由前面的式子可得到十六进制展开的通式：

$$N = k_{n-1}\times16^{n-1}+k_{n-2}\times16^{n-2}+k_{n-3}\times16^{n-3}+\cdots+k_0\times16^0+k_{-1}\times16^{-1}+\cdots+k_{-m}\times16^{-m}$$

其中，$n$ 是整数部分的位数，$m$ 是小数部分的位数，16 是十六进制数的权。任何一个十六进制数都可以用上式来展开表示。根据十六进制展开的通式可将(2A3.F)$_{16}$ 展开为：

$$N =(2A3.F)_{16} = k_2\times16^2+ k_1\times16^1+k_0\times16^0 + k_{-1}\times16^{-1}$$
$$=2\times16^2 + 10\times16^1 + 3\times16^0 + 15\times16^{-1}=672.9375$$

在上式中，(2A3.F)$_{16}$ 括号下面的 16 表示这个数是十六进制数。2 是第 3 位的数字符号；A 是第 2 位的数字符号；3 是第 1 位的数字符号；F 是小数后第 1 位的数字符号。$16^2$ 表示第 3 位的权；$16^1$ 表示第 2 位的权；$16^0$ 表示第 1 位的权；$16^{-1}$ 表示小数点后第 1 位的权。

**任务三** 熟悉数据的存储单位

计算机中的信息用二进制表示。计算机的存储器由千千万万个小单元组成，每个单元存放一位二进制数(0 或 1)。对存储单位和数据使用下列术语。

- 位(bit)：是二进制数的最小单位，通常用 "b" 表示。
- 字节(byte)：一个 8 位二进制数就是 1 个字节，通常用 "B" 表示。
- 字(word)：由若干个字节组成，通常我们把计算机一次所能处理的数据的最大位数称为该机器的字长，显然字长越长，计算机一次所处理的信息越多，计算精度就越高。因此，字长是衡量计算机性能的一个重要标志。
- 存储容量：计算机内外存储器的容量是用字节(B)来计算和表示的，除 B 外，还常用 KB、MB、GB 作为存储容量的单位。其换算关系如下：

B(字节)　　　　　1 B=8b
KB(千字节)　　　 1 KB=1024B
MB(兆字节)　　　 1 MB=1024KB
GB(吉字节)　　　 1 GB=1024MB
TB(太字节)　　　 1 TB=1024GB
1KB =1024B　　1 MB =1024KB=1024×1024　　1GB =1024MB=1024×1024×1024
1TB =1024GB=1024×1024×1024×1024

## 项目三　认识计算机系统与常用设备

计算机系统由计算机硬件系统和计算机软件系统两大部分组成。硬件系统就是计算机系统的电子和机械部分，即计算机的实体部分。它是由电子线路、元器件和机械部件等构成的具体装置,是看得见、摸得着的实物。而软件是计算机系统中运行的程序、数据和相应的文档的集合。计算机系统的基本组成如图1.3.1所示。

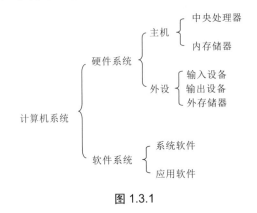

图 1.3.1

通常人们将运算器和控制器称为中央处理器(central processing unit,CPU),将中央处理器和内存储器合称为主机。将输入设备、输出设备和外存储器称为外部设备,简称外设。硬件是计算机工作的物质基础,软件是计算机的"灵魂",没有软件只有硬件的计算机称为"裸机",它无法执行任何操作。所以硬件与软件是相辅相成的,硬件系统的发展给软件系统提供了良好的开发环境,而软件系统的发展又给硬件系统提出了新的要求,促进了硬件的更新换代。

## 任务一　了解计算机硬件系统

微型计算机硬件系统由五大部分组成,它们分别是运算器、控制器、存储器、输入设备和输出设备。下面就以台式计算机为例,介绍微型计算机硬件系统。

### 1. 中央处理器

中央处理器简称 CPU 或微处理器,包括运算器和控制器两个部件。CPU 是计算机的核心,负责处理、运算计算机内部所有的数据。但是 CPU 还必须协同其他的芯片组一起工作,才能完成数据的计算与交换。一台计算机配置不同的 CPU,其性能差异会很大,甚至能够决定运行什么样的操作系统和应用软件。

1) 运算器

运算器又称算术逻辑运算单元,主要由算术逻辑运算部件和寄存器组成,它是计算机进行算术运算和逻辑运算的主要部件。在控制器的控制下,运算器接收待运算的数据,完成程序指令指定的二进制数的算术运算或逻辑运算。

2) 控制器

控制器是计算机的控制中心,它主要由指令寄存器、译码器、程序计数器、时序电路等组成。控制器对从存储器中取出的指令逐条分析,然后根据指令要求,产生一系列控制电信号,使计算机控制各部分电路自动、协调动作,完成计算及数据的传送操作。

目前,生产 CPU 的主要厂商有英特尔(Intel)公司和超威半导体(AMD)公司。图 1.3.2 所示的 CPU 分别为这两家公司生产。

## 2. 存储器

存储器是计算机用来存放程序和数据的记忆装置，是计算机信息处理的中心，它的基本功能是能够按照指定位置存入或取出信息。存储器通常分为内部存储器和外部存储器，内部存储器也称为主存储器，简称内存；外部存储器也称为辅助存储器，简称外存。

1) 内部存储器

内部存储器是计算机用于直接存取程序和数据的地方，因此计算机在执行程序前必须先将程序装入内存。从存储器取出信息称为读出，而将信息存入存储器称为写入。存储器读出信息后，原内容保持不变，向存储器写入信息，则原内容被新内容所代替。由于内存是由半导体器件构成的，没有机械装置，所以内存的速度远远高于外存，而且使用中没有机件磨损，可以长时间、不间断地工作。内存又分为只读存储器(ROM)和随机存取存储器(RAM)两种。

(1) 随机存取存储器：用来存放随机写入和读出的程序和数据，关机或重新启动后，RAM 中的信息将全部消失。

(2) 只读存储器：存放出厂时固化在里面的一些系统程序，关机后里面的信息不会丢失。

目前市场常见的内存(见图 1.3.3)其容量(指的是 RAM 中的容量)一般为 4GB、8GB、16GB 和 32GB 及以上。

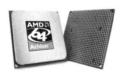

图 1.3.2                          图 1.3.3

2) 外部存储器

外部存储器是指除计算机内存以外的存储器，包括固态硬盘、硬盘、光盘、U 盘等，外存的信息存储量比内存大许多。但由于硬盘、光盘存在机械运动问题，所以存取速度要比内存慢得多。固态硬盘、U 盘由于是半导体材料制作的，与内存类似，所以速度比硬盘、光盘快。

外部存储器在关机后里面的信息也不会丢失，因此它不但存放着机器开机后立即要加载的操作系统，而且还存放着各种应用软件、数据等。

由于外存的存储介质大都由非半导体器件(如磁介质、光介质)来实现，所以外存上的信息从原理上讲可以长期保留。

(1) 硬盘：硬盘(见图 1.3.4)是电脑主要的外部存储器之一，由若干个铝制或者玻璃制的碟片组成，这些碟片外表覆盖磁性材料被密封固定在硬盘驱动器中。硬盘通常是固定在机箱里的。

(2) 光盘存储器：光盘和光盘驱动器组成了光盘存储器(见图 1.3.5)。光盘的读写原理与磁介质存储器完全不同，它是根据激光原理设计的一套光学读写设备。目前，只有少部分微型计算机配置 DVD-ROM 驱动器或 DVD 刻录机。DVD 光盘的标准容量为 4.7GB。

DVD 刻录机既可以读取光盘上的数据，又可以将数据写入光盘。DVD-ROM 驱动器只能读取光盘上的数据。

图 1.3.4

图 1.3.5

(3) 固态硬盘：固态硬盘(见图 1.3.6)是用固态电子存储芯片阵列而制成的硬盘，由控制单元和存储单元(Flash 芯片、DRAM 芯片)组成。固态硬盘在接口的规范和定义、功能及使用方法上与普通硬盘完全相同，其特点是工作速度比普通硬盘快很多，体积小、耗电低。

(4) 移动存储设备。

① U 盘(见图 1.3.7)是一种具有 USB 接口的 Flash 存储器，它是一种携带方便的半导体存储器，也是目前人们使用较多的存储信息的设备。U 盘的一个重要特点就是携带方便、体积小、可读可写、容量较大，成为目前应用最广泛的移动存储设备之一。

② 移动硬盘(见图 1.3.8)是以小型化的普通硬盘为存储介质，能在计算机之间交换大容量数据、便携的存储产品。移动硬盘多采用 USB 等传输速度较快的接口，能以较高的速度与系统进行数据传输。

图 1.3.6

图 1.3.7

图 1.3.8

3. 输入和输出设备

输入和输出设备简称为 I/O 设备，又称外部设备，是计算机系统的重要组成部分。计算机内各种类型的信息是通过输入设备输入到计算机里的，计算机处理的结果则由输出设备输出。

1) 输入设备

输入设备用于把原始数据和处理这些数据的程序通过输入接口输入到计算机的存储器

中。常见的输入设备有键盘、鼠标、扫描仪、手绘板等。

(1) 键盘：键盘(见图 1.3.9)是计算机输入设备的基本配置，是将数据和命令输入到计算机的重要设备。

(2) 鼠标：目前鼠标(见图 1.3.10)是计算机的标准配置之一。常见的鼠标主要有两类，即有线鼠标和无线鼠标。

(3) 扫描仪：扫描仪(见图 1.3.11)是利用光电技术和数字处理技术，以扫描方式将照片、图片信息转换为数字信号的装置。扫描仪通常用于计算机外部仪器设备，是通过捕获图像并将其转换成计算机可以显示、编辑、存储和输出的数字信息的输入设备。

图 1.3.9　　　　　　　图 1.3.10　　　　　　　图 1.3.11

(4) 手绘板：手绘板(见图 1.3.12)又名绘画板，是计算机输入设备的一种，通常由一块板子和一支压感笔组成。常用于在计算机上进行绘画创作，就像画家的画板和画笔。我们在电影中常见的逼真的画面和栩栩如生的人物形象，就是通过它一笔一笔画出来的。

2) 输出设备

输出设备是将计算机的处理结果以光的形式或在纸上呈现图像的形式的设备，常见的输出设备有显示器、打印机、绘图仪、耳麦等。

(1) 显示器：显示器(见图 1.3.13)是一种将电子文件通过特定的传输设备显示到屏幕上再反射到人眼的显示工具。显示器是用来显示输入的命令、程序、图片、视频以及显示计算机运算的结果或系统给出的提示信息的输出设备。

(2) 打印机：打印机(见图 1.3.14)是用于将计算机处理结果打印在相关介质上的设备。常见的打印机有针式打印机、喷墨打印机和激光打印机。

图 1.3.12　　　　　　　图 1.3.13　　　　　　　图 1.3.14

(3) 绘图仪：绘图仪(见图 1.3.15)是能按照人们要求自动绘制图形的设备。它可将计算机的输出信息以图形的形式输出。主要用于绘制各种图表和统计图、大地测量图、建筑设计图、电路布线图、机械图与计算机辅助设计图等。

(4) 耳麦：耳麦(见图 1.3.16)是将计算机中的声音信号转换成人耳能够听到的声音，并且能将人的说话或外界的声音转换为电信号送入计算机的装置。

图 1.3.15

图 1.3.16

## 任务二 熟悉计算机软件系统

计算机软件是指能在计算机上运行的各种程序及其相关的数据和文档。程序可以由高级语言或汇编语言编写而成。汇编语言与机器语言指令相对应，最终所有的程序都会被编译成计算机中央处理器能够识别的机器语言指令。

通常我们将软件分为两大类：系统软件和应用软件。

**1. 系统软件**

系统软件是计算机系统的基本软件，也是计算机系统的必备软件。其主要功能是管理、监控和维护计算机资源(包括硬件和软件)，以及开发应用软件。系统软件的作用是缩短用户准备程序的时间，扩大计算机处理程序的能力，提高其使用效率，充分发挥计算机各种设备的作用等。系统软件主要有以下几种。

1) 操作系统软件

操作系统 OS(operating system)是高级管理程序，是系统软件的核心，包括存储管理程序、设备管理程序、信息管理程序、处理器管理程序等。没有操作系统，其他软件就不能在计算机上运行。

操作系统对计算机系统的所有资源(包括中央处理器、存储器、各种外部设备及各种软件)进行统一管理和调度，使其协调一致、有条不紊地工作。其功能就是管理计算机系统的全部硬件资源、软件资源和数据资源，使计算机系统的所有资源最大限度地发挥作用，为用户提供方便、有效的服务。

2) 程序设计语言

人们要使用计算机，就必定要和计算机交换信息。为解决人和计算机对话的语言问题，就产生了计算机语言。计算机语言是随着计算机技术的发展，根据解决实际问题的需要逐步形成、完善和成熟的。计算机中的各种程序就是由各种语言编写而成的。计算机语言有下列几类：机器语言、汇编语言和高级语言。用高级语言编写的程序一般为源程序，计算机不能识别和执行。语言处理程序的任务就是将源程序编译成计算机可执行的目标程序。

3) 服务程序

服务程序是指用户在使用和维护计算机时使用的程序。服务程序是一类辅助性的程序，它提供各种运行所需的各种服务。例如用于程序的装入、链接、编辑和调试用的装入程序、链接程序、编辑程序及调试程序，以及故障诊断程序、纠错程序等。

### 2. 应用软件

应用软件是为解决计算机各类应用问题而开发的软件，它具有很强的实用性和针对性。应用软件是由系统软件开发的，可分为以下两种。

1) 用户程序

用户为了解决自己特定的具体问题而开发的软件，在系统软件和应用软件包的支持下开发。

2) 应用软件包

为实现某种特殊功能或特殊计算，经过精心设计的独立软件系统，是一套满足同类应用的许多用户需要的软件，如 Office、3ds Max、AutoCAD、FIX、Photoshop 等。

## 任务三　认识指令和程序设计语言

### 1. 指令和指令系统

计算机的指令是一组二进制代码，一条指令一般包括操作码和地址码两部分，操作码表明进行何种操作，地址码则指明操作对象(数据)在内存中的地址。指令由一个字节到多个字节组成，不同的指令包含不同数量的字节。计算机能识别并能执行的全部指令的总和称为计算机指令系统。

### 2. 程序设计语言

人们利用计算机来解决一个或某一类问题时，需要计算机按一定的步骤完成各种操作，这就要对计算机发布一系列的指令，这些指令的集合就称为程序。

程序设计语言主要经历了三个发展阶段：机器语言、汇编语言和高级语言，其中机器语言及汇编语言属于低级语言。

1) 机器语言

机器语言是面向机器的语言，是计算机唯一可以直接识别的语言，它用二进制代码来表示各种各样的操作。用机器指令编写的程序叫作机器语言程序，其优点是不需要翻译就能够直接被计算机识别。机器语言程序由于能够被计算机直接执行，所以其运行速度最快。

使用机器语言进行程序设计，就必须知道计算机的结构和工作原理。由于不同型号微处理器的指令系统各不相同，所以机器语言是不通用的。一个 CPU 的指令系统一般包含一百条以上的机器指令，学习和记忆这些机器指令相当困难，并且用机器指令编写出来的程序可读性差，程序难以修改、交流和维护。

2) 汇编语言

机器语言程序不易编制与阅读，为了便于理解和记忆，人们设计了能反映指令功能的英文缩写助记符来表示机器语言，这种符号化的机器语言就是汇编语言。汇编语言采用助记符，比机器语言直观、容易记忆和理解。汇编语言也是面向机器的程序设计语言，每条汇编语言的指令都唯一对应了一条机器语言的代码，不同型号的计算机系统一般有不同的汇编语言。

用汇编语言编写的程序，计算机不能直接执行，必须由汇编程序将其翻译成计算机能直接识别的机器语言程序(称为目标程序)，计算机才能执行。

3) 高级语言

由于汇编语言需要知道计算机的结构和工作原理，且指令多、难记、功能单一，于是人们又发明了更加易用的高级语言。其语法和结构更类似普通英文，与人类自然语言十分接近，由于高级语言不需要使用者掌握计算机的硬件结构和工作原理，所以一般人经过学习之后都可以编程。

用高级语言编写的程序即源程序，是不能直接被计算机识别和执行的，必须翻译成计算机能识别和执行的二进制机器指令，才能被计算机执行。由源程序翻译成的机器语言程序称为"目标程序"。

高级语言源程序转换成目标程序有两种方式：解释方式和编译方式。解释方式是把源程序逐句翻译，翻译一句执行一句，边解释边执行。解释程序不生成一个独立的可执行目标程序文件，而是在运行时直接读取源代码，并通过解释程序本身来执行它。编译方式是首先把源程序翻译成等价的目标程序，然后再执行此目标程序，如图 1.3.17 所示。

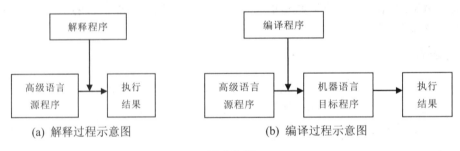

(a) 解释过程示意图　　　　　　　(b) 编译过程示意图

图 1.3.17

目前，比较流行的高级语言有 C、Visual Basic、Java、Visual C++等。

**3. 计算机执行程序的过程**

计算机工作的过程实质上是执行程序的过程。在计算机工作时，CPU 逐条从内存中取出指令，执行完程序中的每一条指令就完成了一个程序的执行。计算机在执行高级语言编写的程序时，先将每个语句分解成一条或多条机器指令，然后根据指令顺序，逐条地执行，直到遇到结束运行的指令为止。而计算机执行指令的过程又分为取指令、分析指令和执行指令三个步骤，即从内存中取出要执行的指令并送到 CPU 中分析指令要完成的动作，然后执行操作，直到遇到结束运行程序的指令为止。程序执行过程如图 1.3.18 所示。

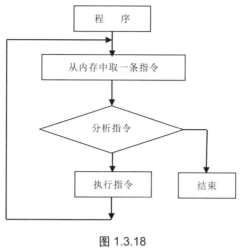

图 1.3.18

## 任务四　了解计算机系统的工作原理

### 1. 存储程序原理

程序是由一条条机器指令按一定顺序组合而成的。因此，计算机工作时是按顺序执行每条指令来完成任务的。计算机事先把要执行的指令存储在存储器里，在运算时从中逐一取出指令，然后根据指令进行运算，这就是所谓的存储程序原理。存储程序原理是计算机自动连续工作的基础，它是由冯·诺依曼所领导的研究小组正式提出并论证的，其基本思想如下。

（1）采用二进制形式表示数据和指令。

（2）将程序先存入主存储器中，使计算机在工作时能够自动高速地从内存中取出指令加以执行。程序中的指令通常是按一定顺序存放的，计算机工作时，只要知道程序中的第一条指令放在什么地方，就能依次取出每条指令，然后按指令的规定执行。

（3）由运算器、控制器、存储器、输入设备和输出设备五大基本部件组成计算机系统，并规定了这五部分的基本功能。

### 2. 计算机的工作过程

图 1.3.19 所示为冯·诺依曼计算机体系的最基本的组成框图。其工作过程如下。

（1）输入程序，程序确定机器做哪些事情，按什么步骤与顺序去做，以及所要处理的原始数据有哪些，操作人员将程序和原始数据通过输入设备送入内存储器。

（2）运行程序，计算机从内存中取出指令送到控制器中去分析、译码，确认指令要做什么事。

（3）控制器根据指令的含义发出各种相应的控制信号，例如将某存储单元中存放的操作数据取出送往运算器进行运算，再把运算结果送回指定的内存单元中。

（4）当运算任务完成后，就可以根据指令将结果通过输出设备输出，操作人员还可以通过输入设备启动或停止机器的运行，或对程序的执行进行某种干预。

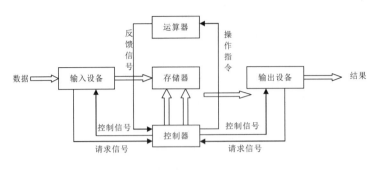

图 1.3.19

### 3. 指令与程序的执行过程

计算机执行指令一般分为两个阶段。第一阶段，将要执行的指令从内存储器中取出并送到 CPU 内；第二阶段，CPU 对送入的指令进行分析和译码，判断该条指令要完成的操作，然后向各部件发出完成该项操作的控制信号。这样就完成了一条指令的执行。

## 项目四 保护计算机系统

### 任务一 理解计算机病毒的定义及特点

计算机病毒一词最早由美国计算机病毒研究专家 Cohen 博士提出。病毒一词是借用生物学中的名词，通过分析、研究计算机病毒，人们发现它在很多方面与生物病毒有相似之处。计算机病毒在《中华人民共和国计算机信息系统安全保护条例》中的定义是："计算机病毒是指编制或者在计算机程序中插入的破坏计算机功能或者数据，影响计算机使用并且能够自我复制的一组计算机指令或者程序代码。"计算机病毒虽然也是一种计算机程序，但它与一般的程序相比，具有以下几个主要特点。

#### 1. 破坏性

破坏性是绝大多数病毒最主要的特点，病毒的制作者一般将病毒作为破坏他人计算机软件或计算机中存放的重要数据的一种工具或手段，在网络时代则通过病毒阻塞网络，导致网络服务中断甚至使整个网络系统瘫痪。

#### 2. 传染性

计算机病毒是一个技巧性很强的程序，它可以从一个程序传染到另一个程序，从一台计算机传染到另一台计算机，从一个计算机网络传染到另一个计算机网络或在网络内各系统上传染、蔓延。同时使被传染的计算机程序、计算机网络成为计算机病毒的生存环境及新的传染源。计算机病毒的传染性是其重要的特征，计算机病毒只有通过其传染性，才能完成对其他程序的感染，附在被感染的程序中，再去传染其他的计算机系统或程序。一般来说，只要具有传染性的程序代码都可以称为计算机病毒，这也是确认计算机病毒的依据。尤其在网络时代，计算机病毒更是通过 Internet 中网页的浏览和电子邮件的收发而广泛传播。

### 3. 隐蔽性

计算机病毒一般都不易被人察觉，它们将自身附加在其他可执行的程序体内，或者隐藏在磁盘中的较隐蔽处。有些病毒还会将自己改名为系统文件名，不使用主流杀毒软件一般很难发现它们。计算机病毒在发展、传染和演变过程中可以产生变种，用欺骗手段寄生在其文件上，一旦被加载就发生问题。

### 4. 可触发性

计算机病毒在感染计算机后，病毒的触发需要一定条件，感染是悄悄的，然后经过一段时间(有的要很长时间)，病毒可能潜伏在系统中，不影响系统的正常运行。当满足一个指定的条件时，才开始显示病毒程序的存在，这时病毒感染已经相当严重了。大多数病毒在发作之前一般都潜伏在机器内并不断复制自身，当病毒的触发条件得到满足时，病毒就开始其破坏行为。不同的病毒其触发机制也都不同，例如"黑色星期五"病毒就是每逢13日星期五这一天发作。

## 任务二 了解计算机病毒的分类

在 Internet 普及以前，病毒攻击的主要对象是单机环境下的计算机系统，一般通过软盘或光盘进行传播，病毒程序大都寄生在文件内，这种传统的单机病毒现在仍然存在并威胁着计算机系统的安全。随着网络的出现和 Internet 的迅速普及，计算机病毒也呈现出新的特点，在网络环境下病毒主要通过计算机网络进行传播，病毒程序一般利用操作系统中存在的漏洞，通过电子邮件附件和恶意网页浏览等方式来传播。病毒通常分为以下几种。

### 1. 引导型病毒

引导型病毒就是用病毒的全部或部分逻辑取代正常的引导记录，而将正常的引导记录隐藏在磁盘的其他地方。这样只要系统启动，病毒就获得了控制权，例如"大麻"病毒和"小球"病毒。

### 2. 文件型病毒

文件型病毒一般感染可执行文件(.exe、.com 等)，病毒寄生在可执行程序体内，只要程序被执行，病毒就会被激活。

### 3. 宏病毒

宏病毒是一种寄生于文档或模板宏中的病毒，一旦打开带有宏病毒的文档，病毒就会被激活，驻留在 Normal 模板上，所有自动保存的文档都会感染上这种宏病毒。例如 Taiwan no.1 宏病毒，发作时会出一道连计算机都难以计算的数学乘法题目，并要求输入正确答案。一旦答错，则会立即自动开启 20 个文件，并继续出下一道题目，一直到耗尽系统资源为止。

### 4. 蠕虫病毒

蠕虫病毒以计算机为载体，以网络为攻击对象，利用网络的通信功能将自身不断地从一个节点发送到另一个节点，并且能够自动启动病毒适应能力，这样不但消耗了大量的本机资源，而且占用了大量的网络带宽，导致网络堵塞而使用网络服务被拒绝，最终造成整个网络系统瘫痪。

### 5. 木马病毒

木马病毒是指在正常访问的程序、邮件附件或网页中包含了可以控制用户计算机的程序，这些隐藏的程序非法入侵并监控用户的计算机，窃取用户名和密码等机密信息。它一般通过电子邮件、即时通信工具(如 MSN、QQ 等)和恶意网页等方式感染用户的计算机，多数都是利用了操作系统中存在的漏洞。例如"QQ 木马"，该病毒隐藏在用户的系统中，发作时寻找 QQ 窗口，给在线的 QQ 好友发送诸如"快去看看，里面有……好东西"之类的假消息，诱惑用户点击一个网站。如果有人信以为真点击了该网站，就会被病毒感染，然后成为病毒源，继续传播。

## 任务三  掌握计算机病毒的防治

随着 Internet 的广泛应用，病毒在网络中的传播速度越来越快，其破坏性也越来越强，所以必须了解必要的病毒防治方法和技术手段，尽可能做到防患于未然。

### 1. 计算机病毒的预防

防治计算机病毒的关键是做好预防工作。首先在思想上给予足够的重视，采取"预防为主，防治结合"的方针，主要有以下几条预防措施。

(1) 安装实时监控的杀毒软件，定期更新病毒库。
(2) 有条件的企事业单位可以考虑增加防毒墙、防火墙、安全准入系统。
(3) 不要随意打开来历不明的电子邮件及附件。
(4) 不要随意安装来历不明的插件程序或盗版软件。

### 2. 计算机病毒的清除

我们要定期用杀毒软件查杀病毒。一旦发现计算机出现异常现象，例如某些软件不能正常工作、机器速度特别慢、文件被莫名其妙删除等，就要打开杀毒软件对病毒进行查杀，将其彻底清除。目前杀毒软件大部分是免费的，可以从网站上免费下载安装。常用的杀毒软件有：360 杀毒、百度杀毒、金山毒霸等。

## 知识点巩固练习

1. 认识计算机硬件并了解目前计算机价格行情。请到当地的电脑城配置一台适合大学生用的台式电脑或笔记本电脑，并写明详细配置及价格清单，要求货比三家。
2. 正确进行指法练习。请在本地电脑上安装金山打字通，按正确的指法要求练习中文、英文、特殊符号等输入，要求输入汉字每分钟不低于50字。

3. 什么是计算机病毒？
4. 如何预防计算机病毒？
5. 使用一款杀毒软件查杀病毒。
6. 常见的外部存储器有哪些？
7. 计算机中为什么使用二进制？
8. 我国最新的量子计算机叫什么？
9. 我国最快的超级计算机叫什么？
10. 二进制数10101011转换成十进制数是多少？

# 学习模块二
# 计算机操作系统——Windows 10

**本模块学习要点**

- Windows 10 使用基础。
- 个性化设置 Windows 10。
- 文件与文件管理。
- 使用文件资源管理器。

**本模块技能目标**

- 熟练掌握鼠标、窗口的操作。
- 熟练掌握 Windows 10 的个性化设置。
- 掌握计算机文件的命名、存放及管理。
- 熟练使用文件资源管理器操作文件及文件夹。

# 项目一　Windows 10 使用基础

## 任务一　学会 Windows 10 的启动与退出

### 1. Windows 10 的启动

打开电脑主机电源开关后，系统会自动进行硬件自检、引导操作系统启动等一系列动作，之后将进入用户登录界面，用户需要选择账户，并输入正确的密码，才能登录到桌面。如果电脑只设有一个账户，并且该账户没有设置密码，则开机后系统会自动登录到桌面(见图 2.1.1)。

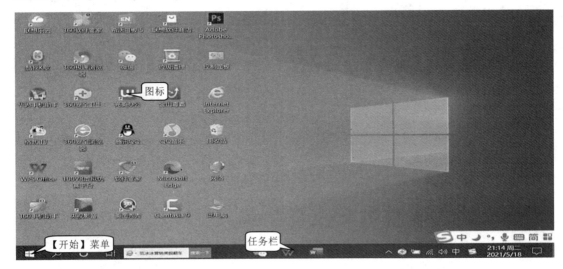

图 2.1.1

### 2. Windows 10 的退出

如果不再使用计算机，应将其退出。用户可以根据不同的需要选择不同的退出方法，如关机、睡眠、锁定、注销和切换用户等。

①单击【开始】按钮；②单击【电源】按钮；③选择【关机】命令(见图 2.1.2)，等待一会 Windows 就会退出，屏幕将变黑。

图 2.1.2

### 3. Windows 10 的桌面

桌面是用户启动 Windows 之后看到的主屏幕区域，也是用户执行各种操作的区域。在桌面中包含【开始】菜单、任务栏、桌面图标等组成部分，如图 2.1.1 所示。

(1) 【开始】菜单：它用于启动应用程序，重新启动计算机，以及让计算机睡眠、锁定、注销和切换用户。

(2) 桌面图标：位于桌面的左边，有许多个带有文字说明的小图形叫图标。

(3) 任务栏：任务栏位于桌面最下方，能够提供快速切换应用程序、文档和其他窗口的功能。相比之前的 Windows 版本，Windows 10 的任务栏发生了较大的改变，具体表现在：能将程序锁定到任务栏、能显示预览窗口、显示跳转列表。例如，将鼠标光标放在最小化在任务栏里的文件或文件夹上，会打开文件或文件夹的列表，如图 2.1.3 所示。将鼠标光标放在最小化在任务栏里的其中一个文件或文件夹上，则该文件的窗口就会预览显示出来，如图 2.1.4 所示。

图 2.1.3

图 2.1.4

### 任务二 熟练掌握鼠标与窗口的操作

#### 1. 鼠标操作

常用的鼠标操作如下。

(1) 轻轻单击鼠标左键(简称单击)。

(2) 轻轻单击鼠标右键(简称右击)，单击鼠标右键后，通常会弹出一个快捷菜单。

(3) 双击：快速单击鼠标左键两下。

(4) 指向：将鼠标指针移动到某个图标、菜单项、窗口标题栏上。

(5) 拖动：将鼠标指针移动到某个图标、菜单项、窗口标题栏上，按住鼠标左键不放，然后拖动。

#### 2. 窗口及其操作

1) 窗口的组成

常见的窗口组成如图 2.1.5 所示。

(1) 标题栏：窗口的标识，显示该软件的名称。

(2) 工具栏：将常用的命令以工具图标的形式显示出来。

(3) 滚动条：用来翻看窗口中被遮挡部分的内容。

(4) 最大化按钮：将窗口放大到整个屏幕大小的按钮。

(5) 最小化按钮：将窗口缩小到屏幕的任务栏上的按钮。

(6) 关闭按钮：将窗口关闭，使窗口消失的按钮，同时应用程序也将退出(关闭)。

图 2.1.5

2) 窗口的操作

(1) 最小化窗口：单击窗口右上角的最小化按钮"－"，窗口将缩小到屏幕底部的任务栏中，如图 2.1.6 所示。

图 2.1.6

(2) 最大化窗口：单击窗口右上角的最大化按钮"□"，窗口将放大到整个屏幕大小，且"□"按钮变为"❐"(还原按钮)。

(3) 关闭窗口：单击窗口右上角的【关闭】按钮"×"，窗口将消失。

(4) 还原窗口：单击最大化后的窗口右上角的还原按钮"❐"，窗口将还原到最大化前的大小。

(5) 移动窗口：将鼠标指针放在标题栏上，按住鼠标左键并拖动，则窗口可被移动。

(6) 调整窗口左右部分的大小：将鼠标指针移到图 2.1.7 所示窗口的边框线上，使其变为双箭头⇔，按住鼠标左键并拖动，则窗口的大小就被改变了，用户可任意改变窗口的大小。

图 2.1.7

(7) 滚动显示窗口中的内容：拖动滚动条可滚动显示窗口中的内容。

(8) 切换窗口：Windows 可以同时打开多个窗口，并且可以把打开的窗口最小化到任务栏，只保留一到两个窗口处于打开状态。要想使用已经最小化了的窗口，就必须把这个窗口打开，即切换到这个窗口。方法有两种，一种是单击任务栏中该窗口的图标；另一种是单击所要显示的窗口名称(见图 2.1.8)。

图 2.1.8

(9) 排列窗口：Windows 可以把打开的多个窗口按一定方式排列，便于查看。方法是：①右击任务栏的空白处；②选择【层叠窗口】命令(见图 2.1.9)，则窗口排列方式如图 2.1.10 所示；如果选择【堆叠显示窗口】命令，则窗口显示方式如图 2.1.11 所示；如果选择【并排显示窗口】命令，则窗口排列方式如图 2.1.12 所示。

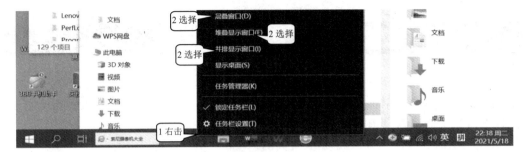

图 2.1.9

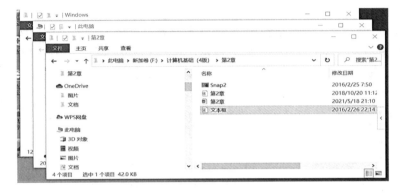

图 2.1.10

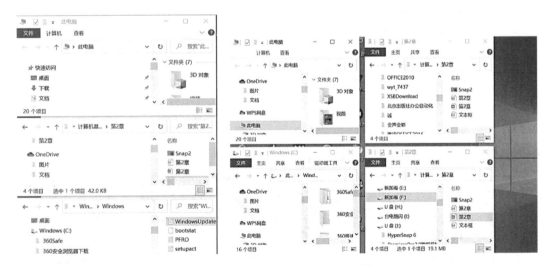

图 2.1.11　　　　　　　　　　　图 2.1.12

## 项目二　Windows 10 的个性化设置

Windows 10 为用户提供了丰富的专门用于更改外观和行为方式的工具，在【Windows 10 设置】面板中包含了十几个设置项目，即【系统】、【帐户】、【网络和 Internet】、【个性化】、【设备】、【应用】、【时间和语言】、【更新和安全】、【轻松使用】

## 学习模块二　计算机操作系统—Windows 10

等。每个设置项还包含许多更具体的设置选项，涵盖对 Windows 系统进行设置的各个方面，下面介绍其中的一些常用设置。

### 任务一　设置 Windows 10 的外观

#### 1. 桌面图标设置

Windows 10 为用户提供了三种大小规格的图标显示方式：大图标、中等图标、小图标，同时还可以让图标自动排列。设置方法如下。

**步骤 01** ①右击桌面空白处；②选择【查看】\【大图标】(见图 2.2.1)，则桌面图标就会以大图标显示；如果选择【查看】\【中等图标】，则桌面图标就会以中等图标显示；如果选择【查看】\【小图标】，桌面图标就会以小图标显示，如图 2.2.2 所示。

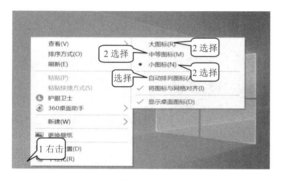   

图 2.2.1　　　　　　　　　　　　图 2.2.2

**步骤 02** 如果选择【查看】\【自动排列图标】，则不管如何拖动图标，都不会改变图标的排列方式。

#### 2. 背景设置

**步骤 01** ①单击【开始】按钮；②单击【设置】(见图 2.2.3)，将打开如图 2.2.4 所示的【Windows 设置】窗口。

图 2.2.3　　　　　　　　　　　　图 2.2.4

**步骤 02** 在图 2.2.4 中单击【个性化】按钮，弹出【个性化】设置界面。

**步骤 03** ①单击【背景】；②单击【背景】下拉按钮 ；③选择【图片】选项；④选择所需的图片(见图 2.2.5)，则桌面背景将会改变。

如果在【背景】下拉列表中选择【纯色】选项，则可以将背景颜色设置为单色彩。

如果单击【浏览】按钮，则可以将存储在电脑中的照片、图片设置为背景。

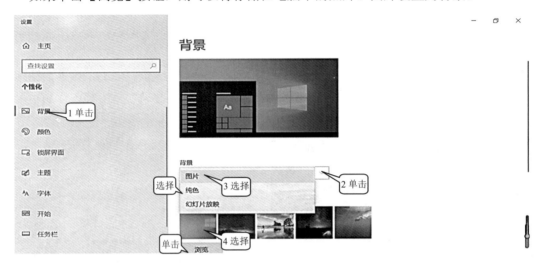

图 2.2.5

### 3. 主题设置

**步骤 01** ①单击【开始】按钮；②单击【设置】(见图 2.2.3)，打开图 2.2.4 所示的【Windows 设置】窗口。

**步骤 02** 单击【个性化】(见图 2.2.4)，弹出【个性化】设置界面，如图 2.2.6 所示。

**步骤 03** ①单击【主题】按钮；②选择所需的主题(见图 2.2.6)，则桌面背景，包括与图片对应的配色、任务栏、开关机声音、提示音及相应任务框颜色都会改变。

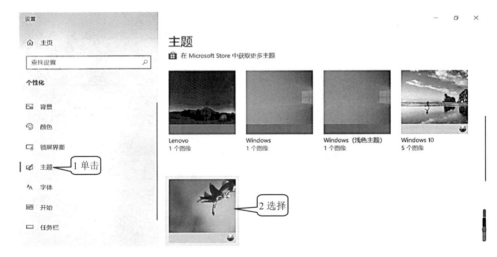

图 2.2.6

需要说明的是，主题不仅包含图片还包括与图片对应的配色，如果不启用主题而只使用图片，那么任务栏及相应任务框颜色是不会改变的，同时，主题还包含开关机声音、提示音等。

## 任务二　设置显示分辨率

Windows 10 允许用户设置显示器的分辨率，分辨率改变以后桌面上的图标大小、菜单上的字符大小等将会发生改变，设置方法如下。

**步骤01**　①单击【开始】按钮；②单击【设置】(见图 2.2.3)，打开图 2.2.4 所示的【Windows 设置】窗口。

**步骤02**　单击【系统】(见图 2.2.4)，弹出【系统】设置界面，如图 2.2.7 所示。

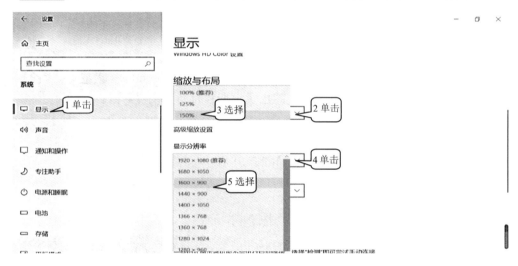

图 2.2.7

**步骤03**　①单击【显示】；②单击【缩放与布局】下拉按钮；③选择 150%选项，则菜单就被放大为原来的 150%；④单击【显示分辨率】下拉按钮；⑤选择 1600×900(见图 2.2.7)，即可将显示分辨率设置为 1600×900。

## 任务三　设置鼠标

**步骤01**　①单击【开始】按钮；②单击【设置】(见图2.2.3)，打开图 2.2.4 所示的【Windows 设置】窗口。

**步骤02**　单击【设备】按钮(见图2.2.4)，弹出【设备】设置界面，如图 2.2.8 所示。

**步骤03**　①单击【鼠标】选项；②选择【右】选项，表示将左右键功能对调。如果选择【左】则可以恢复左键的功能；③拖动滑块设置每次要滚动的行数；④单击【调整鼠标和光标大小】，如图 2.2.8 所示。

**步骤04**　在弹出的如图 2.2.9 所示的界面中，①单击【光标和指针】选项；②选择指针样式；③拖动滑块，设置指针的大小，如图 2.2.9 所示。

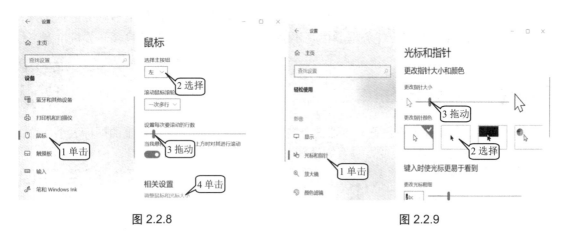

图 2.2.8                    图 2.2.9

### 任务四  设置时间与日期

**步骤 01** ①单击【开始】按钮；②单击【设置】，打开【Windows 设置】窗口。

**步骤 02** 单击【时间和语言】选项，弹出【日期和时间】设置界面。

**步骤 03** ①单击【日期和时间】选项；②单击【自动设置时间】开关，使其处于关闭状态，就可以不自动同步时间而进行手动设置；③单击【更改】按钮；④选择年月日；⑤选择时分秒；⑥单击【更改】按钮，如图 2.2.10 所示。

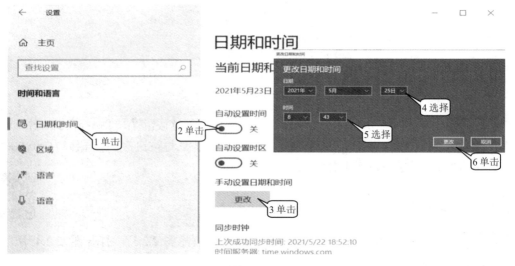

图 2.2.10

## 项目三  文件与文件管理

在计算机中我们经常要与文件打交道，那么计算机中的文件同我们日常生活中所见的文件有什么区别呢？它是如何产生的？这些文件在计算机中是如何存放、管理的？这些是我们需要弄清楚的问题。

## 任务一　了解计算机中的文件

我们知道计算机中能够保存各种各样的信息，如一篇文章、一幅图画或照片、一首音乐、一段程序等。但是需要清楚的是，上述的这些信息不可以直接存入计算机，必须通过相应的转换设备，把它们变成成千上万个 8 位二进制数，才能存储在计算机中。换句话说，我们可以通过转换设备，将这些信息提取出来，以 8 位二进制数的形式，保存到计算机的磁盘上。这个过程可以用图 2.3.1 来说明。

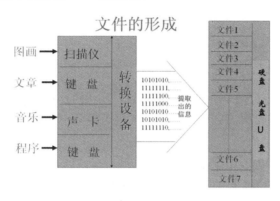

图 2.3.1

在图 2.3.1 中，可以看到图画通过对应的转换设备——扫描仪，变成了许许多多的 8 位二进制数；文章通过相应的转换设备——键盘，变成了许许多多的 8 位二进制数；音乐通过相应的转换设备——声卡，也转换成了许多 8 位二进制数；程序通过相应的转换设备——键盘，变成了许许多多的 8 位二进制数。我们再将图画变成的 8 位二进制数放在一起作为一个文件存放起来；同样将文章转换出来的 8 位二进制数作为一个文件存放起来；将一段程序通过键盘转换出来的 8 位二进制数作为一个文件存放起来。通过这种方式我们可以将自然界的各种信息，通过转换设备变成众多的 8 位二进制数，并将其作为一个文件，存放在计算机的磁盘上。因此，计算机的磁盘上就形成了成千上万个文件，这就是磁盘上文章、音乐、程序、图片文件的产生。

## 任务二　学会文件命名

图 2.3.2 给出了一个文件的示意图，从图中我们看到计算机中的 8 位二进制数，就是由 0 和 1 组成的二进制数。为方便起见，在计算机中通常把一个 8 位二进制数称为一个字节，一个文件是由成千上万个字节组成的。由于在计算机当中可以形成许多文件，而每一个文件里面包含的信息是不同的，所以为了区别每一个文件必须给每一个文件起个名称，即文件名。

在计算机中文件命名是有规则的，从图 2.3.3 中我们可以看出，计算机中的文件名由两部分组成：文件名和扩展名。扩展名是为了区分文件的类型，就像我们人名的姓一样。在扩展名和文件名之间有一个小圆点，文件名和扩展名由字符、数字、汉字组成，对于如何组合是没有限制的。起文件名的时候，要注意尽量便于识别和记忆。比如，该文件是一篇总结，那么命名时最好就用"总结"作为文件名。

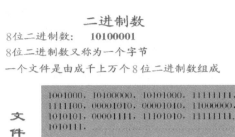

图 2.3.2          图 2.3.3

需要说明的是，某些字符是不能出现在文件名中的，如 \、/、*、：、、|、?、"、<、>。下面是文件名中可以使用的字符。

(1) 英文字母：A～Z、a～z 大小写共 52 个。

(2) 数字符号：0～9。

(3) 特殊字符：—、•、$、!、#、&、{、}、(、)、@等。

在 Windows 操作系统中，文件名最多允许有 255 个字符。

## 任务三　掌握文件的存放方法

### 1. 文件的存放

在计算机中形成的许许多多的文件是存放在外部存储器(硬盘、U 盘、光盘)中的。

### 2. 扩展名

在计算机中，由于不同的文件类型有不同的格式，所以用不同的扩展名来标识不同类型的文件，扩展名主要用于区分文件的类型。不同的软件生成的文件是不同的，其扩展名也不同。下面是常见的扩展名。

SYS：系统专用文件名；INI：配置文件；BAT：批处理文件；DLL：动态链接库文件；COM：系统命令文件；EXE：可执行程序文件；HLP：帮助文件；BMP：位图文件；JPG：数字动画文件；MPG：压缩的视频文件；C：C 语言源程序文件；DOCX：Word 文档；TXT：文本文件；BAK：备份文件；PPTX：PowerPoint 文件；XLSX：Excel 工作簿。

### 3. 通配符

在文件名中使用通配符可以批量地对文件进行操作处理，通常把带有通配符的文件名称为"通配文件名"，一个通配符可以代表一批文件，文件通配符有两个："*"和"?"。

(1) "*"：代表任何一串字符，字符数不限。例如*.doc，表示所有扩展名为 DOC 的文件。

(2) "?"：代表任何一个字符，但只能代表一个字符。例如? fyb.doc，表示第一个字符可以是任意字符，后面的字符为"fyb"的所有 DOC 文件。

使用通配符可以极大地提高工作效率。例如，我们要让计算机找出所有扩展名为 DOC 的文件，这时只要输入"*.DOC"，计算机就会帮我们找出所有扩展名为 DOC 的文件。

## 任务四 管理文件

### 1. 盘符

计算机中的文件可以存放在硬盘、固态硬盘(SSD)、光盘、U 盘等存储设备上，这些设备都可以通过操作系统进行访问和管理。标准的计算机上通常至少配有一个硬盘，而光盘驱动器(如果配备)通常用于读取或写入光盘。每个存储设备都有自己的盘符，盘符的写法是"字母+冒号"，例如 C:。硬盘的盘符通常是 C:，但操作系统可以根据存储设备的连接顺序和配置来分配盘符。硬盘可以根据需要被分区成多个逻辑驱动器，每个逻辑驱动器都有自己的盘符，例如，如果一个硬盘被分为三个逻辑驱动器，它们的盘符可能是 C:、D:、E:。光盘驱动器的盘符通常是紧随硬盘逻辑驱动器之后的字母，例如，如果硬盘被分为 C:、D:、E:，则光盘驱动器盘符可能是 F:。U 盘或其他可移动存储设备的盘符通常是在所有固定存储设备的盘符之后分配的，例如，如果光盘驱动器是 F:，U 盘可能是 G:，但这同样取决于操作系统的盘符分配逻辑。盘符的分配不是固定的，操作系统可能会根据连接的设备和用户的设置来动态分配盘符。

### 2. 路径

在计算机中保存着成千上万个文件，为了方便文件的查找和管理，我们采用了一种类似图书管理的目录结构方式，将计算机中的文件分类存放。我们知道在图书馆里是将图书分类存放的，大的类别下面还有小类别。这样存放的好处在于，我们可以根据它的目录结构很方便地找到某一本书。在图 2.3.4 中可以看到，如果我们想找《接口技术》这本书，就可以先找到"计算机"目录，再找到"计算机硬件"目录，最后找到"接口技术"。实际上计算机→计算机硬件→接口技术，就是我们查找《接口技术》这本书的途径或者说路径。也可以说计算机→计算机硬件→接口技术就是《接口技术》这本书在图书馆里的地址。

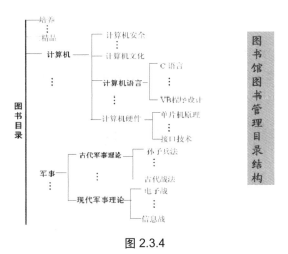

图 2.3.4

在计算机中的文件正是仿照图书管理的方式，在磁盘上建立了多个文件夹(目录)，把相同类型的和相互有关联的文件放在同一个文件夹(目录)中，使计算机中的每一个文件原则上都属于某一个文件夹(目录)。因此我们可以看到，计算机中的文件存放是很有秩序和规律的。图 2.3.5 给出了某台计算机上 C 盘的文件目录结构。从这个目录结构我们可以看到，每一个文件都属于某个文件夹(目录)。最左边的一条粗线是起点，称为根目录，右侧的细线代表子文件夹(目录)。根据这个目录结构，我们的每一个文件都可以有一个描述自己位置的地址，也就是该文件的地址，又称为路径。

文件路径的写法是有规则的，下面就以图 2.3.5 为例说明如何设置文件的路径。

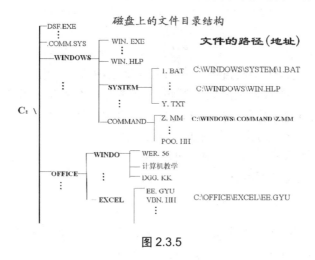

图 2.3.5

(1) 1.BAT 文件的路径是：C:\WINDOWS\SYSTEM\1.BAT

我们可以这样来描述：1.BAT 是在 C 盘根目录的 WINDOWS 文件夹中的 SYSTEM 文件夹下的文件。

(2) WIN.HLP 文件的路径是：C:\WINDOWS\WIN.HLP

我们可以这样来描述：WIN.HLP 是在 C 盘根目录的 WINDOWS 文件夹下的文件。

(3) Z.MM 文件的路径是：C:\WINDOWS\ COMMAND \Z.MM

我们可以这样来描述：Z.MM 是在 C 盘根目录的 WINDOWS 文件夹中的 COMMAND 文件夹下的文件。

(4) EE.GYU 文件的路径是：C:\OFFICE\EXCEL\EE.GYU

我们可以这样来描述：EE.GYU 是在 C 盘根目录的 OFFICE 文件夹中的 EXCEL 文件夹下的文件。

## 项目四　使用文件资源管理器

### 任务一　查看与搜索文件和文件夹

**1. 查看文件和文件夹**

步骤 01　①右击【开始】按钮；②选择【文件资源管理器】(见图 2.4.1)，即可启动文件资源管理器，如图 2.4.2 所示。

图 2.4.1

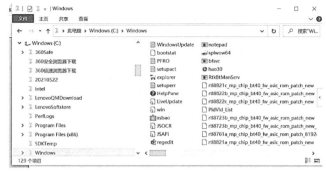

图 2.4.2

**步骤 02** 单击 Windows 文件夹前的 > 图标展开该文件夹，展开后的文件夹会显示在右侧，如图 2.4.3 所示。

**步骤 03** 单击 Windows 文件夹前的 ∨ 图标，可将展开后的文件夹折叠起来。

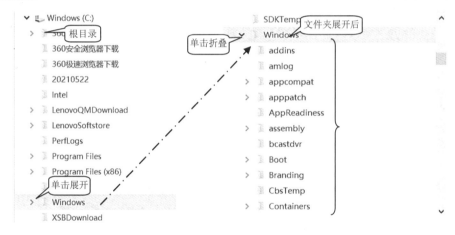

图 2.4.3

### 2. 改变窗口中文件的显示方式

资源管理器中的文件可以以不同的方式显示，如图 2.4.4 所示。改变文件显示方式的方法如下。

①单击 C:\Windows；②选择【查看】\【超大图标】(见图 2.4.4)，则文件和文件夹就以超大图标方式显示，如图 2.4.5 所示；③选择【查看】\【列表】(见图 2.4.4)，则文件和文件夹就以列表方式显示，如图 2.4.6 所示；④选择【查看】\【详细信息】(见图 2.4.4)，则文件和文件夹就以详细信息方式显示，如图 2.4.7 所示。

### 3. 搜索文件和文件夹

资源管理器还提供了搜索文件和文件夹的功能。由于计算机中通常存放有上万个文件，如果我们因时间长而忘记了文件的存放位置，就可以通过搜索功能来快速地找到所需要的文件。

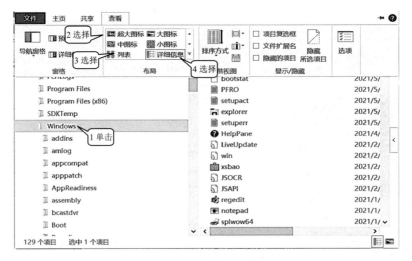

图 2.4.4

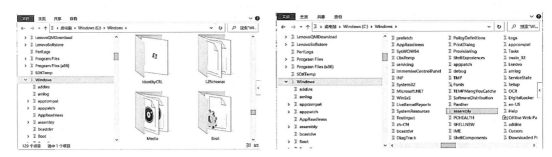

图 2.4.5　　　　　　　　　　　图 2.4.6

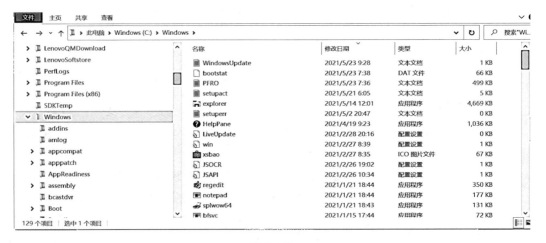

图 2.4.7

搜索文件和文件夹的方法如下。

①单击 C:\Windows；②在右上角搜索栏中输入要查找的文件夹或文件名；③单击【搜索】按钮(见图 2.4.8)，就会搜索到含有"WIN"的文件和文件夹并显示在窗口的右侧，而且会给出每个文件和文件夹的路径，如图 2.4.8 所示。

## 学习模块二 计算机操作系统—Windows 10

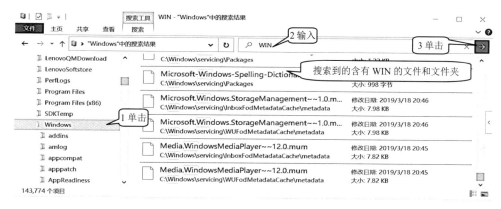

图 2.4.8

### 任务二 选定文件和文件夹

**步骤 01** 按住 Ctrl 键不放，逐一单击要选定的文件，则可以选定多个文件，如图 2.4.9 所示。

**步骤 02** ①单击第一个文件；②按住 Shift 键的同时，单击最后一个文件，则可以选定连续的多个文件，如图 2.4.10 所示。

图 2.4.9　　　　　　　　　　　　　　图 2.4.10

**步骤 03** ①单击文件夹或盘符；②单击【主页】；③单击【全部选择】，则可以选定窗口右边的全部文件或文件夹，如图 2.4.11 所示。

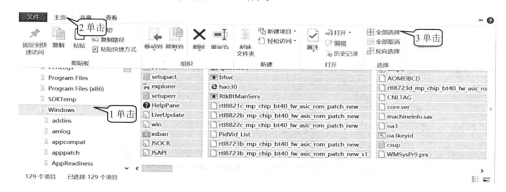

图 2.4.11

信息技术基础可视化教程(WPS版MOOC教程)

## 任务三　创建文件夹

创建文件夹的方法如下。

**步骤01**　①单击【新加卷(D:)】；②单击【主页】；③单击【新建文件夹】；④输入"123"，然后按Enter键(见图2.4.12)，则D盘根目录下就创建了123文件夹。

**步骤02**　①单击【新加卷(D:)】前的展开按钮▶；②单击123文件夹；③单击【主页】；④单击【新建文件夹】；⑤输入"456"，然后按Enter键(见图2.4.13)，则D:\123文件夹下的456文件夹就创建好了。

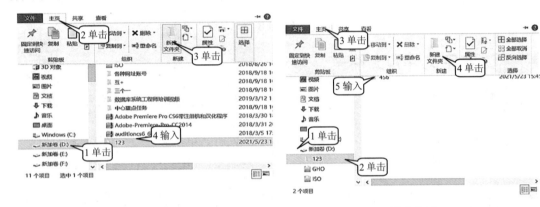

图2.4.12　　　　　　　　　　　　　图2.4.13

## 任务四　复制与移动文件和文件夹

### 1. 文件和文件夹的复制

文件和文件夹的复制方法如下。

**步骤01**　①单击C:\Windows文件夹；②选择6个文件；③单击【主页】；④单击【复制】按钮，如图2.4.14所示。

**步骤02**　①单击D:\123文件夹；②单击【主页】；③单击【粘贴】按钮，则6个文件就被复制过来了，如图2.4.15所示。

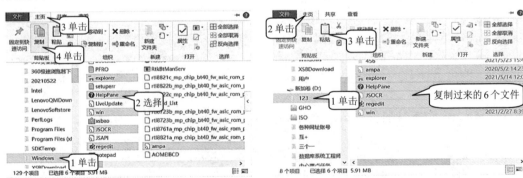

图2.4.14　　　　　　　　　　　　　图2.4.15

## 2. 文件和文件夹的移动

移动文件和文件夹的方法如下。

**步骤 01** ①单击【新加卷(D:)】前的展开按钮 ▶；②单击 123 文件夹；③选择 3 个文件；④单击【主页】；⑤单击【剪切】按钮，如图 2.4.16 所示。

**步骤 02** ①单击 D:\123\456 文件夹；②单击【主页】；③单击【粘贴】按钮，则文件就被移动过来了，如图 2.4.17 所示。

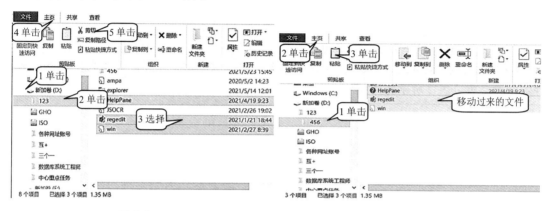

图 2.4.16　　　　　　　　　　　　　　图 2.4.17

### 任务五　文件和文件夹的改名与删除

#### 1. 文件和文件夹的改名

**步骤 01** ①单击 D:\123 文件夹；②单击【主页】；③单击要改名的文件；④单击【重命名】按钮；⑤输入新文件名，如图 2.4.18 所示。

**步骤 02** 按 Enter 键。

#### 2. 文件和文件夹的删除

①单击 D:\123\456 文件夹；②单击【主页】；③单击要删除的文件；④单击【删除】按钮，弹出图 2.4.19 所示的【删除文件】对话框；⑤单击【是】按钮。

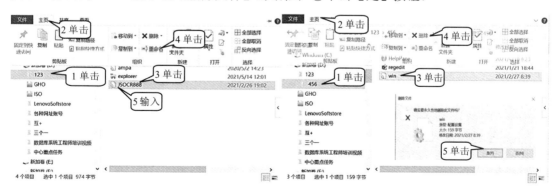

图 2.4.18　　　　　　　　　　　　　　图 2.4.19

## 知识点巩固练习

1. 查看自己计算机 D 盘的文件目录结构，并画出目录结构图。
2. 在 D 盘新建习图 1 所示结构的文件夹，将 Windows 下的 1KB～12KB 的文件复制到 123 目录下。
3. 将 123 目录下的 5 个文件复制到 456 目录下。
4. 将 123 目录下的所有文件夹和文件复制到 GDP 目录下。
5. 将 ABC\GDP\456\789 重命名为"改名"。
6. 将"我的文件夹"\"照片"文件夹移到 ABC\GDP\456\"改名"目录下，最终使文件夹结构变为习图 2 所示的样式。

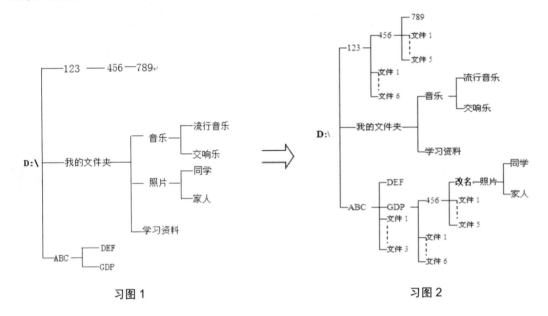

习图 1　　　　　　　　　　　　习图 2

# 学习模块三
# WPS 文字的应用

## 本模块学习要点

- 字符格式与段落格式,以及项目符号和编号的设置。
- 设置页眉和页脚,以及边框、底纹、首字下沉、脚注、尾注、分栏。
- 表格编辑与表格设置。
- 图片、图形插入与处理。
- 艺术字、文本框的插入与设置。
- 纸张、页边距的设置,打印版式与打印设置。

## 本模块技能目标

- 熟练掌握字符格式与段落格式的设置方法,以及项目符号和编号的应用。
- 掌握设置页眉页脚的方法。
- 熟练运用边框、底纹、首字下沉、脚注、尾注与分栏排版文档。
- 灵活使用表格并对表格进行编辑,以及设置表格线与底纹。
- 熟练应用图片、图形、艺术字、文本框美化文档。

信息技术基础可视化教程(WPS 版 MOOC 教程)

# 项目一　WPS 文字——初级使用

**项目剖析**

*应用场景：* 了解和熟悉 WPS 文字处理软件的各种功能和命令，是使用 WPS 文字的前提。掌握文档编辑的常用方法和技巧，是高效进行文档编辑的基本要求；在实际工作中学会加密保存文档，是处理关键技术和机密资料文件必不可少的手段；能快速在长文档中查找替换相关信息，是提高工作效率的好方法；学会插入各种符号，是做好技术文档的前提。

*设计思路与方法技巧：* 了解 WPS 文字处理的各种功能，掌握文档常用的编辑方法和技巧，学会加密保存文档、快速查找和替换文档中的信息，以及插入各种符号是本项目要熟练掌握的必备技能。

*应用到的相关知识点：* 功能区；整行水平与垂直移动；整段的垂直移动；文字选定方法；加密保存文档；文字与段落的选定；文字的复制、移动、删除、查找与替换；插入符号。

即学即用的可视化实践环节

## 任务一　认识 WPS 文字

WPS 文字是由北京金山办公软件股份有限公司自主研发的一款办公软件套装 WPS Office 组件中的文字处理软件。它可以实现办公软件最常用的文字、表格、PDF 阅读等多种办公任务，并具有内存占用低、运行速度快、云功能多、强大插件平台支持、免费提供在线存储空间及文档模板的优点。

WPS 文字支持阅读和输出 PDF(.pdf)文件，具有全面兼容微软 Office 97-2016 格式(doc/docx/xls/ xlsx/ppt/pptx 等)的独特优势。它覆盖 Windows、Linux、Android、iOS 等多个平台。

WPS Office 中的 WPS 文字支持桌面和移动办公。且 WPS 移动版通过 Google Play 平台已覆盖超 50 多个国家和地区。

2020 年 12 月，教育部考试中心宣布 WPS Office 将作为全国计算机等级考试(NCRE)的二级考试科目之一，于 2021 年在全国实施。

WPS 文字提供了出色的功能，其增强后的功能可创建专业水准的文档，使我们可以更加轻松地与他人协同工作并可在任何地点访问文件。WPS 文字提供最上乘的文档格式设置工具，利用它还可以更轻松、高效地组织和编写文档。

在 WPS 文字中，可以更加迅速、轻松地查找所需的信息。利用改进的"查找"功能，可以在单个窗格中查看搜索结果的摘要，并单击以访问任何单独的结果。改进的导航窗格会提供文档的直观大纲，便于快速浏览、排序和查找内容。

WPS 文字重新定义了人们可针对某个文档协同工作的方式。利用共同协作功能，可以在编辑论文的同时，与他人分享观点。也可以查看正与你一起创作文档的他人的状态，并在不退出 WPS 的情况下轻松发起会话。

我们几乎可从任何位置访问和共享文档，或在线发布文档，然后通过任何一台计算机或移动设备对文档进行访问、查看和编辑。

利用 WPS 文字，可以像应用粗体和下划线那样，将阴影、凹凸效果、发光、映像等格式效果轻松应用到文档文本中。还可以对使用了可视化效果的文本执行拼写检查，并将文本效果添加到段落样式中。

WPS 文字提供了很多用于使文档增加视觉效果的选项，包括思维导图、流程图、智能图形等，可以将基本的要点文本转换为引人入胜的视觉画面，以更好地阐释自己的观点。

利用 WPS 文字提供的图片编辑工具，可以在不使用其他照片编辑软件的情况下，添加特殊的图片效果，并调整色彩饱和度和色温，或对图像进行裁剪和校正。

如果在未保存的情况下意外关闭文档，WPS 文字可以恢复最近编辑的草稿版本，即使文档从未保存过。

WPS 文字提供全文翻译功能，支持跨不同语言进行有效的工作和交流。它还提供中英文文本到语音转换播放功能，以及将图片中的文字直接转换为电子档文字的功能。

## 任务二 了解 WPS 文字的启动、界面与退出

**步骤 01** 双击桌面上的 ■ 图标，打开如图 3.1.1 所示的界面。

图 3.1.1

**步骤 02** ①单击【新建】；②单击【文字】(见图 3.1.1)，打开如图 3.1.2 所示界面。

**步骤 03** 单击【空白文档】(见图 3.1.2)，即可新建一个空白文档，如图 3.1.3 所示。

最上面为功能区名称；下面是功能区，其中有多个用于排版的命令按钮；功能区下面为文本编辑区，文字录入和排版都在该区域中进行；窗口下面有视图按钮，用于在不同的视图间切换，还有缩放按钮，用于放大或缩小编辑区的显示。

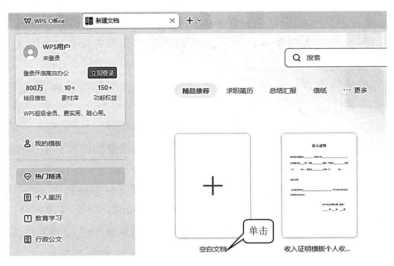

图 3.1.2

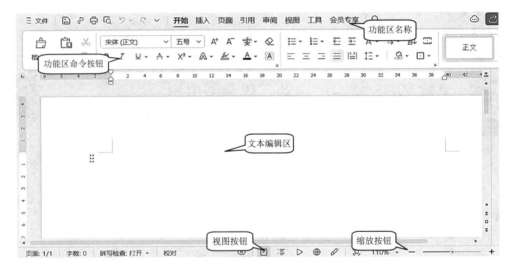

图 3.1.3

**步骤 04** 单击【关闭】按钮×，即可退出 WPS 文字。

## 任务三　熟悉编辑文本的方法与技巧

### 1. 文字的插入

下面以输入一句话为例说明文字的输入。例如，输入"我正在学电脑"，如果少输入了一个"们"字，这时就需要在这一句话中插入"们"这个字，插入的操作方法如下。

**步骤 01** ①将鼠标指针移到"正"前面，然后单击鼠标；②输入"men"(要插入的"们"的拼音)，如图 3.1.4 所示。

**步骤 02** 按 Enter 键，则"们"被插入了，如图 3.1.5 所示。

图 3.1.4

图 3.1.5

### 2. 文字的删除

①在要删除的"正"字后单击,则插入点出现在"正"字后(见图 3.1.5);②按 Backspace 键,则"正"字将被删除。注意 Backspace 键用于删除插入点前面的字,如果不按 Backspace 键而按 Delete 键,则"在"字会被删除。也就是说,按 Backspace 键可以删除插入点前面的字,按 Delete 键可以删除插入点后面的字。

### 3. 改写文字

如果文字输入错了的话,就需要把它改正过来,按照删除文字的方法先删除错字后再插入新字即可。

### 4. 将一行断为两行

在修改文章的时候,如果遇到要将一行文字从某句话开始另起一个段落,就需要把这一行切断为两行,其操作方法如下。

**步骤01** 输入下面的文字:

高举中国特色社会主义伟大旗帜为全面建设社会主义现代化国家而团结奋斗——在中国共产党第二十次全国代表大会上的报告

习近平

同志们:

现在,我代表第十九届中央委员会向大会作报告。中国共产党第二十次全国代表大会,是在全党全国各族人民迈上全面建设社会主义现代化国家新征程、向第二个百年奋斗目标进军的关键时刻召开的一次十分重要的大会。大会的主题是:高举中国特色社会主义伟大旗帜,全面贯彻新时代中国特色社会主义思想,弘扬伟大建党精神,自信自强、守正创新,踔厉奋发、勇毅前行,为全面建设社会主义现代化国家、全面推进中华民族伟大复兴而团结奋斗。中国共产党已走过百年奋斗历程。我们党立志于中华民族千秋伟业,致力于人类和平与发展崇高事业,责任无比重大,使命无上光荣。全党同志务必不忘初心、牢记使命,务必谦虚谨慎、艰苦奋斗,务必敢于斗争、善于斗争,坚定历史自信,增强历史主动,谱写新时代中国特色社会主义更加绚丽的华章。

**步骤02** 在断点处单击(见图 3.1.6),将插入点定位在断点处。

**步骤03** 按 Enter 键,结果如图 3.1.7 所示。

### 5. 整行水平移动

在调整文章标题的时候,我们常常把标题放在中间,或者是偏左、偏右的位置。这时就需要将标题在水平方向左右移动,这样的操作就是整行水平移动。其操作方法如下。

**步骤 01** 在行首单击，将插入点定位在行首。
**步骤 02** 按空格键标题将右移，按 Backspace 键将左移(见图 3.1.8)。

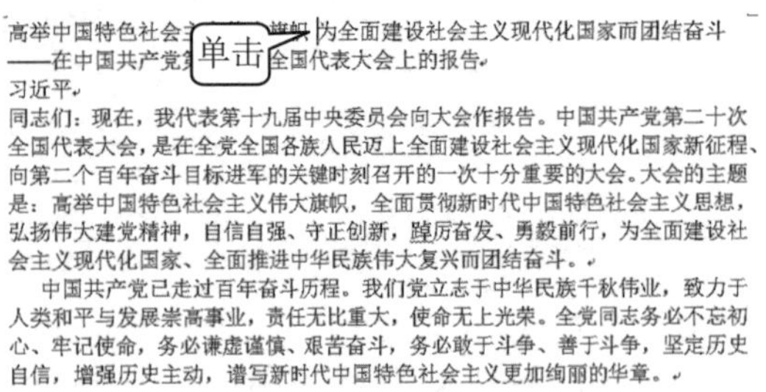

图 3.1.6

图 3.1.7

图 3.1.8

### 6. 将两行并为一行

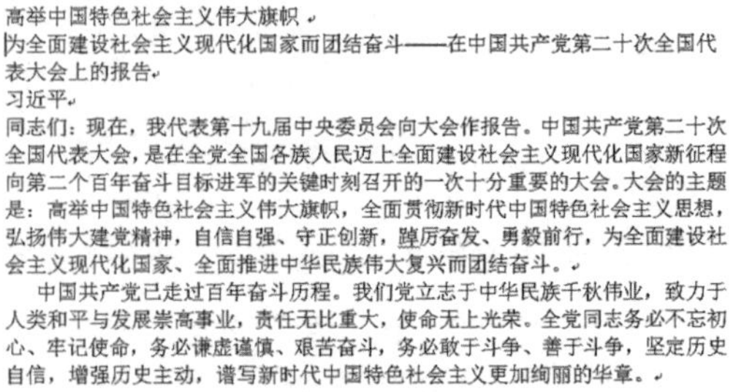

在修改文章时，如果遇到需要将下面一行并到上面一行，或者是将下面一个段落合并到上面一个段落时，就需要将两行并为一行。其操作方法如下。

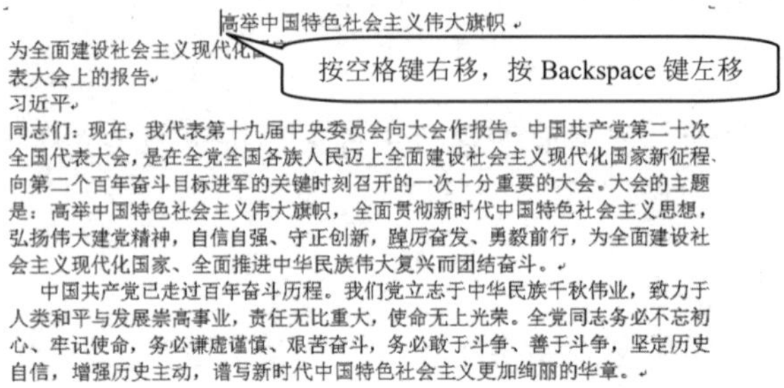

**步骤 01** 在需要合并的行首单击。
**步骤 02** 按 Backspace 键 1~n 次，直到这一行合并到上行为止。

### 7. 整段垂直移动

当我们在排版文章时，有时需要将一段前空若干行，或者是将一段前面的空行消除。这就是我们所说的整段垂直移动。操作步骤如下。

**步骤 01** 在段首单击，将插入点定位在段首。
**步骤 02** 在图 3.1.9 中，按 Enter 键，则整段会下移。

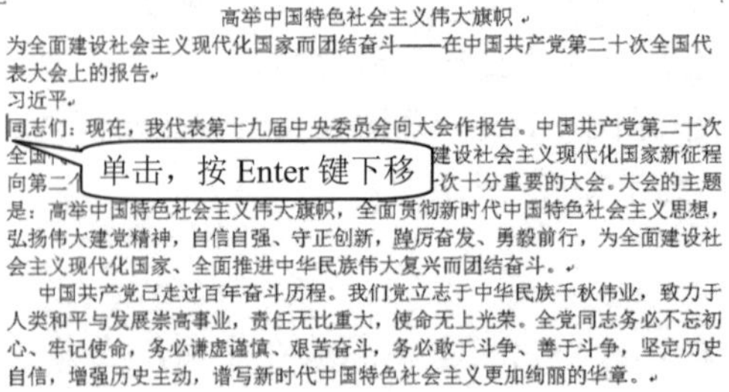

图 3.1.9

**步骤03** 在图 3.1.10 中，在段首单击，按 Backspace 键，则整段上移。

图 3.1.10

### 8. 在任意位置输入文字

通常在有文字的地方输入文字很简单，只要在输入处单击定位插入点，就可以输入文字了。但是，要在空白地方的任意位置输入文字，就需要在该处双击，才能定位插入点，然后再输入文字。

## 任务四 保存、打开与加密文档

在学会简单地对文件进行修改之后，我们接着介绍对文件的保存。请大家务必记住：在对文件编辑修改完之后，一定要做保存操作。如果不保存，那么我们在屏幕上看到的和输入的所有信息将全部丢失。因为在没有做保存操作之前，屏幕上看到的文字是暂存在内存中的，内存断电后信息就会丢失。

### 1. 保存文件

①单击【文件】；②单击【保存】；③单击【此电脑】，弹出【另存为】对话框；④单击文件要保存的盘，并选择相应的文件夹；⑤输入文件名；⑥单击【保存】按钮，如图 3.1.11 所示。

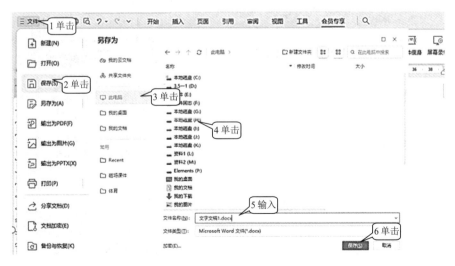

图 3.1.11

## 2. 打开文件

①单击【文件】；②单击【打开】；③单击【此电脑】，弹出【打开文件】对话框；④单击文件所在的盘，选择要打开的文件所在的文件夹；⑤双击要打开的文件，如图 3.1.12 所示。

图 3.1.12

## 3. 文件加密保存

①单击【文件】；②单击【文档加密】；③单击【密码加密】，弹出【密码加密】对话框；④输入密码"123"；⑤再次输入密码"123"；⑥单击【应用】；⑦单击【文件】；⑧单击【保存】，如图 3.1.13 所示。

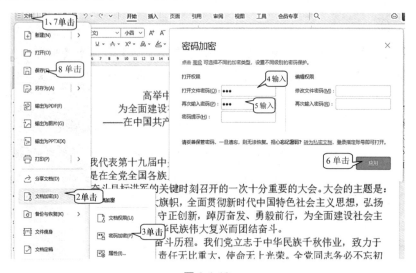

图 3.1.13

### 任务五　掌握文字的选定技巧

选定是一个用得很多的操作，同时也是初学者容易忽略的操作。当我们要对某一段文字进行相应的处理，例如复制、移动、改变字体、改变颜色等时，首先要进行选定，否则后面的操作是没有任何效果的。

### 1. 行的选定

①在要选定的文字上拖动鼠标，可以选定几个文字；②将鼠标指针移到行首，使其变为向内的空心箭头，单击鼠标(见图 3.1.14)，即可选定一行；在行首垂直方向拖动(见图 3.1.15)，可以选定几行。

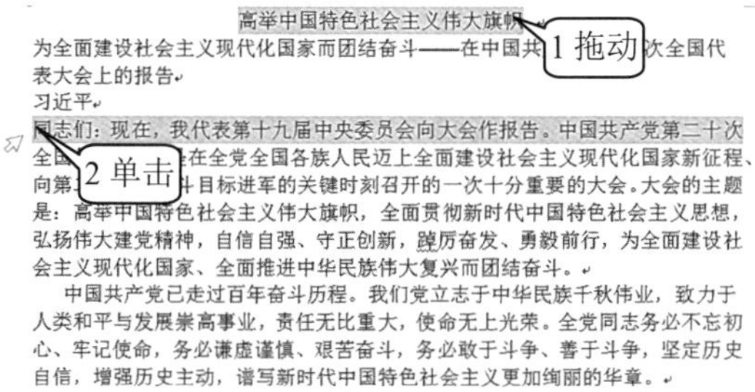

图 3.1.14 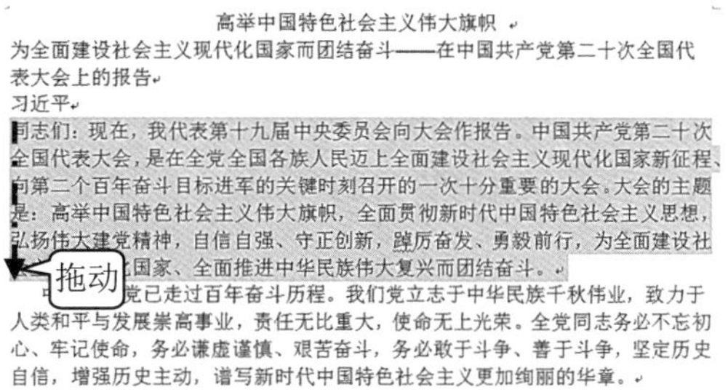　　　　　　　　　　图 3.1.15

### 2. 段落的概念

当输入文字到行尾的时候，WPS 文字会自动换行。输入完一个段落的文字，而段落的最后一行文字又没有到行尾的话，就需要按 Enter 键强制换行，然后另起一行开始下一个段落的输入。那么从我们开始输入到我们按 Enter 键之间的所有的文字叫作一个段落。

### 3. 选定段落

将鼠标指针移到段落左边，使其变为向内的空心箭头，再双击鼠标(见图 3.1.16)，就可以选定整个段落。

### 4. 选定一段长文字

①在要选定文字的第一行单击，以定位插入点；②拖动滚动条找到要选定的最后一行，按住 Shift 键，单击最后一行的最后一个字(见图 3.1.17)，这样就可以选定很长一段的文字，选定的文字可以跨越几十行或几十页。

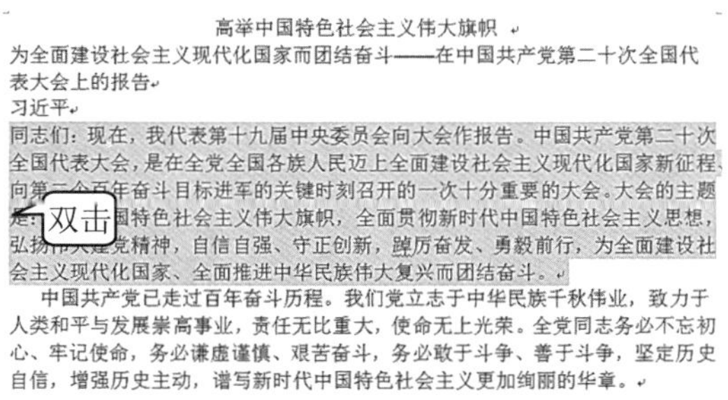

图 3.1.16 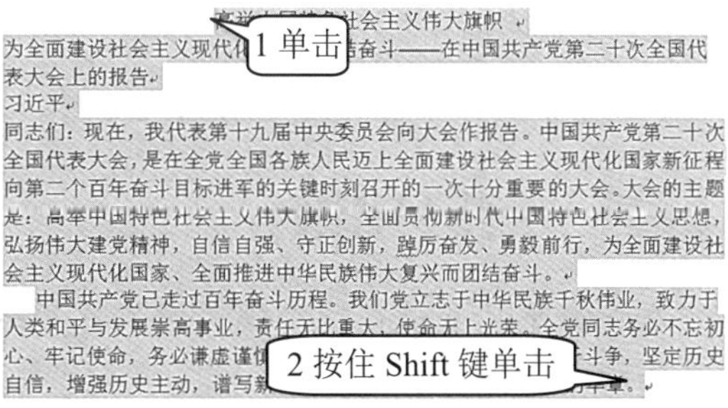　　　　　　　　　　图 3.1.17

### 5. 选定全文

按 Ctrl+A 组合键，即可选定全部文档。

### 任务六　文字的移动、复制和删除

**1. 文字的移动**

①选定要移动的文字；②拖动选定的文字到目的地(见图 3.1.18)，然后释放鼠标，即可移动文字，效果如图 3.1.19 所示。

**2. 文字的复制**

①选定要复制的文字；②按住 Ctrl 键，拖动选定的文字到目的地(见图 3.1.19)，然后释放鼠标，效果如图 3.1.20 所示。

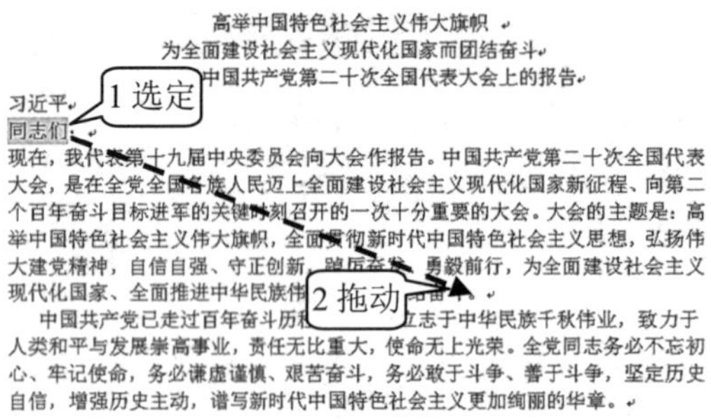

图 3.1.18 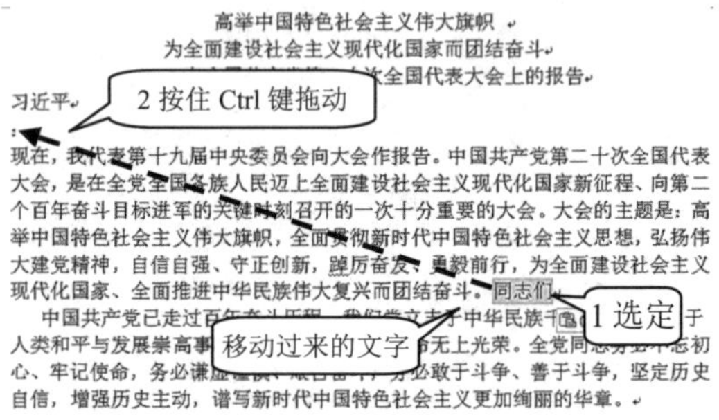　　　　　　　　　　图 3.1.19

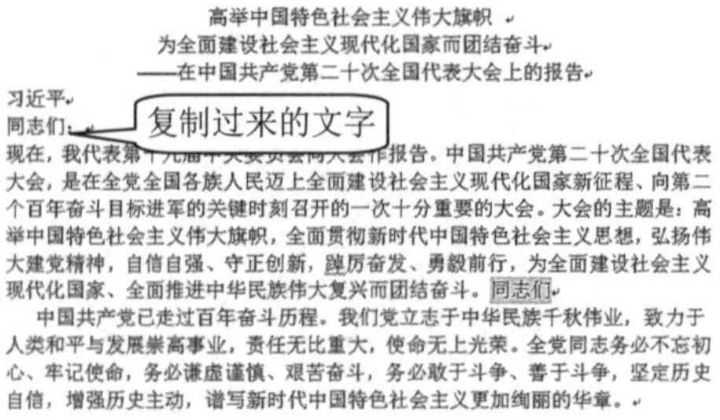

图 3.1.20

**3. 删除文字**

选定要删除的文字，然后按 Delete 键。

### 任务七　查找和替换

对于一个几十页长的文档，要想在里面查找某个词，通常的办法是把这个文档看一遍，但是这样特别浪费时间，因为我们不知道查找的词在文档中的位置。这时我们就希望让计算机来帮我们快速地找到这个词，并标记出它。【查找】命令就可以满足我们这个要求。

**1. 查找**

查找文字的操作方法如下。

①在开始查找的位置单击；②单击【查找替换】；③单击【查找】，弹出【查找和替换】对话框；④输入要查找的词"中国"；⑤单击【查找下一处】，即可找到"中国"这个词，再次单击【查找下一处】按钮，就可以找到下一个"中国"；⑥如果不想继续查找操作，就可以单击【关闭】按钮，如图 3.1.21 所示。

图 3.1.21

## 2. 替换

替换文字的操作方法如下。

①在文章的开头单击，把插入点定位在开头，表示要从头开始替换。如果插入点是定位在中间的话，就表示从文章的中间开始替换；②单击【查找替换】；③单击【替换】，弹出【查找和替换】对话框；④输入要查找的词"大会"；⑤输入要替换的词"会议"；⑥单击【查找下一处】按钮，这时光标会快速跳转到要找的词所在的位置，并且将找到的词加以标注；⑦单击【替换】，则"大会"就会被替换为"会议"，同时找到下一个"大会"，如果想替换该词就单击【替换】按钮，如果不想替换该词，则单击【查找下一处】按钮；⑧如果想一次性全部替换，则单击【全部替换】按钮；⑨单击【关闭】按钮即可结束替换操作，如图 3.1.22 所示。

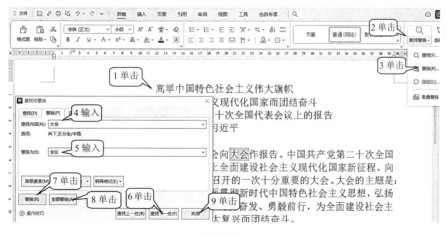

图 3.1.22

## 任务八  插入符号与撤销操作

### 1. 插入符号

在文档中要插入符号的位置单击；①单击【插入】；②单击【符号】；③单击【其他符号】，弹出【符号】对话框；④选择【几何图形符】；⑤单击所需的符号；⑥单击【插入】按钮，即可插入符号，如图3.1.23所示。

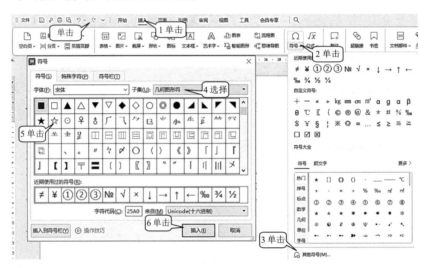

图 3.1.23

### 2. 撤销操作

当我们在做各种操作时，可能会发生一些错误。比如，刚刚移动了一段文字，发现这种移动并不好，想要取消刚才所做的操作。这时我们就需要用到撤销操作，方法是：单击【撤销】按钮 (见图 3.1.23)。

**知识点延展**

| 快速地缩进左右边界 | ①单击【开始】；②选定要设置的文本；③单击【减少缩进量】按钮 或【增加缩进量】按钮 |
|---|---|
| 应用文字效果，为选定的文字增添特殊效果 | ①选定要应用文字效果的文本；②单击【文字效果】按钮；③单击【艺术字】按钮；④选择所要的样式 |
| 为选定的文字添加灰色底纹 | ①选定要设置底纹的文本；②单击【文字底纹】按钮 |

**思考与联想讨论**

请同学们讨论下列问题并给出答案。

1. 在输入法状态下能不能插入符号？
2. 在什么情况下使用加密保存文档，以保护国家机密？

3. 如何取消加密文档的密码？
4. 如何添加和删除功能区？

### 开拓探索行动

扫描右侧的二维码打开案例，自行探索完成。

## 项目二　WPS 文字——企业"产品简介"

### 项目剖析

**应用场景：** 文档排版是我们日常工作中经常碰到的事情，例如工作介绍、产品宣传、方案设计、总结、计划活动书、技术资料汇编、论文、发言稿、企划书、请假条、报告等。在这些文档中除了需要输入文字以外，还需要对输入的文字进行字符格式和段落格式的设置，以确保文档达到整齐美观、重点突出的效果。

**设计思路与方法技巧：** 通过熟练应用字符格式和段落格式相应的功能，设置文档的字体、字号、颜色、删除线、下划线、上标、下标、字间距、行间距、字符的长宽比例、段落对齐方式、左右缩进等，使文档变得更为美观，更具可读性。

**应用到的相关知识点：** 设置字符格式和段落格式。

### 即学即用的可视化实践环节

### 任务一　设置字符格式

**1. 设置字体、颜色、字号**

**步骤 01** 打开教材素材\WPS 文字\奇瑞艾瑞泽 8。
**步骤 02** ①选定文字；②单击【开始】；③单击【字体】下拉按钮，选择【华文琥珀】选项；④单击【字号】下拉按钮，选择 28；⑤单击【字体颜色】下拉按钮；⑥选择紫色，如图 3.2.1 所示。

**2. 设置下划线、着重号**

①选定文字；②单击【字体】组右侧的 按钮，弹出【字体】对话框；③单击【下划线线型】下拉按钮，选择下划线线型；④单击【下划线颜色】下拉按钮，选择下划线颜色；⑤单击【着重号】下拉按钮，选择着重号；⑥单击【确定】按钮，如图 3.2.2 所示。

**3. 设置字间距**

①选定文字；②单击【字体】组右侧的 按钮，弹出【字体】对话框；③单击【字符间距】标签；④单击【间距】下拉按钮，选择【加宽】选项；⑤在【值】微调框中输入 0.3；⑥单击【确定】按钮，如图 3.2.3 所示。

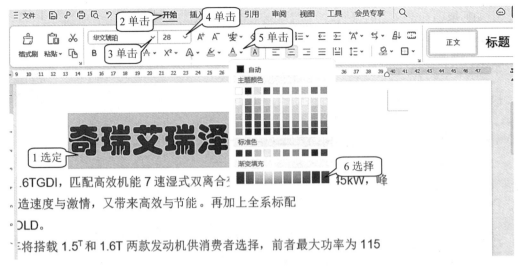

图 3.2.1

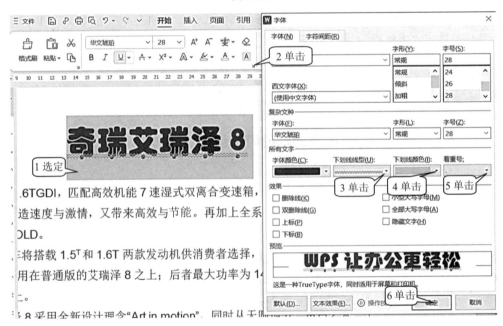

图 3.2.2

**4. 设置下标**

①选定文字；②单击【开始】；③单击【上标】按钮；④选择【下标】命令，如图 3.2.4 所示。

**5. 设置上标**

①选定文字；②单击【开始】；③单击【上标】按钮；④选择【上标】命令(见图 3.2.5)，效果如图 3.2.6 所示。

学习模块三　WPS 文字的应用

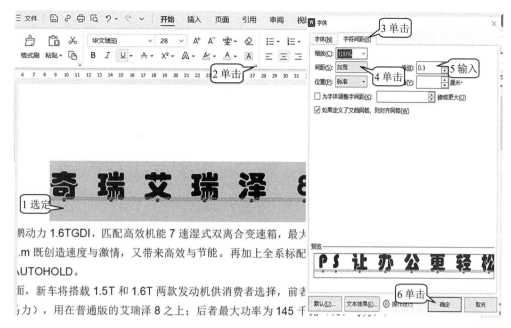

图 3.2.3

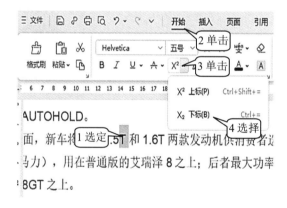

图 3.2.4

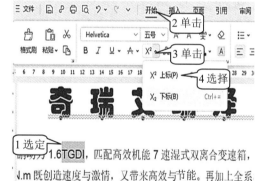

图 3.2.5

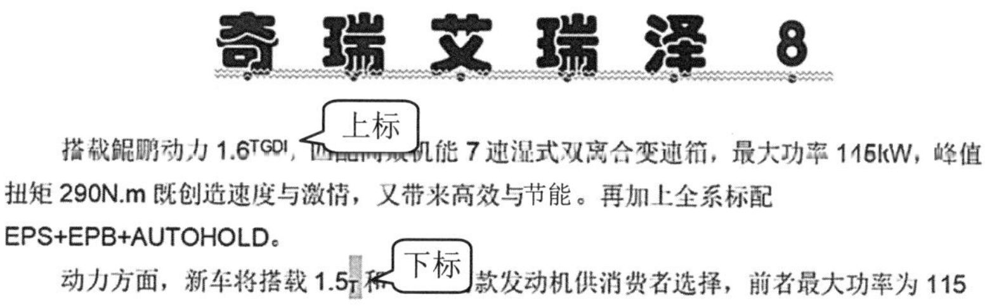

图 3.2.6

6. 设置字符缩放

①选定文字；②单击【开始】；③单击【字体】组右侧的 按钮，弹出【字体】对话框；④单击【字符间距】标签；⑤单击【缩放】下拉按钮，选择 200%选项；⑥单击【确

定】按钮，如图 3.2.7 所示。

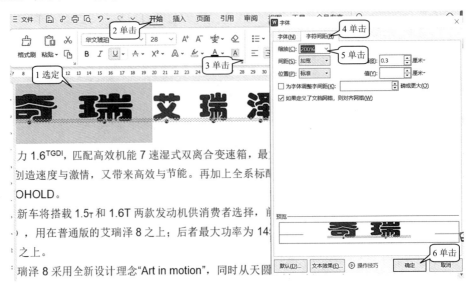

图 3.2.7

## 任务二 设置段落格式

### 1. 设置对齐方式

**步骤01** ①选定要设置的段落；②单击【开始】；③单击【居中】按钮，结果如图 3.2.8 所示。

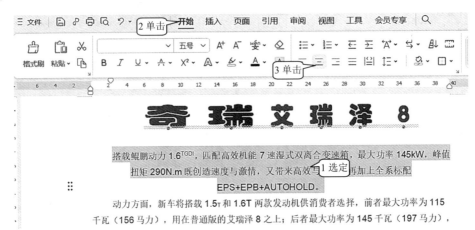

图 3.2.8

**步骤02** ①选定要设置的段落；②单击【开始】；③单击【左对齐】按钮，如图 3.2.9 所示。

**步骤03** ①选定要设置的段落；②单击【开始】；③单击【右对齐】按钮，如图 3.2.10 所示。

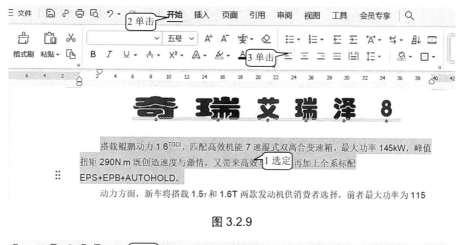

图 3.2.9

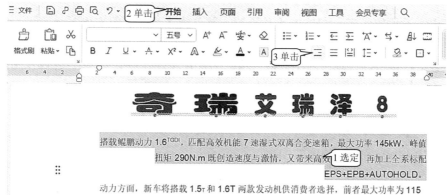

图 3.2.10

**步骤 04** ①选定要设置的段落；②单击【开始】；③单击【两端对齐】按钮，如图 3.2.11 所示。

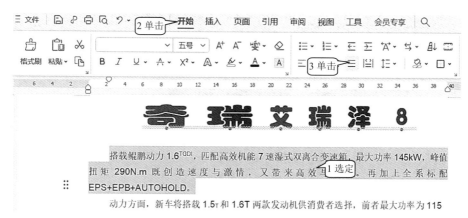

图 3.2.11

**步骤 05** ①选定要设置的段落；②单击【开始】；③单击【分散对齐】按钮，如图 3.2.12 所示。

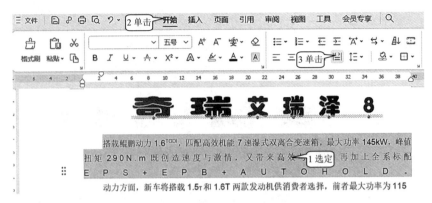

图 3.2.12

### 2. 设置缩进和间距

①选定要设置的段落；②单击【开始】；③单击【段落】组右侧的 按钮，弹出【段落】对话框；④输入左缩进字符和右缩进字符值 8；⑤输入段前间距和段后间距值 3；⑥单击【行距】下拉按钮，选择【固定值】选项；⑦设置【设置值】为 25；⑧设置【度量值】为 3。⑨单击【确定】按钮(见图 3.2.13)。效果如图 3.2.14 所示。

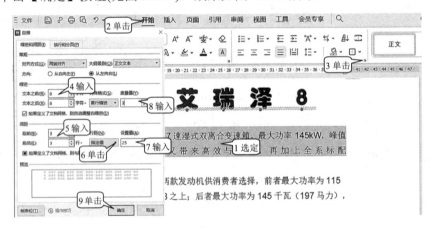

图 3.2.13

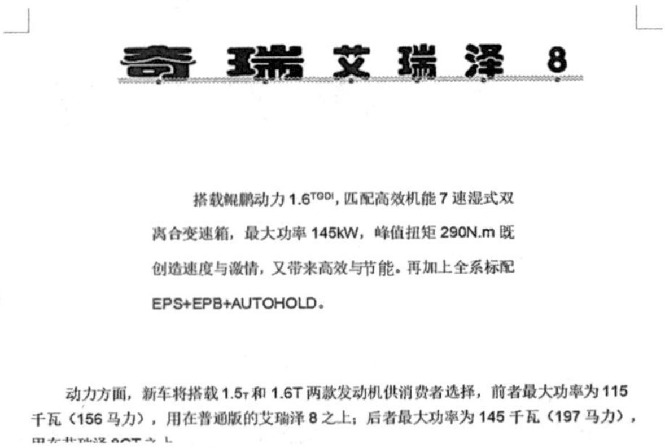

图 3.2.14

学习模块三　WPS文字的应用

知识点延展

| 调整行间距 | ①选定要设置的文本；②单击【段落】组右侧的 按钮，打开【段落】对话框；③单击【行距】下拉按钮，选择【固定值】选项；④在【设置值】微调框中输入相应的数值 |
|---|---|
| 设置文字的填充效果 | ①选定要设置的文本；②单击【字体】组右侧的 按钮，打开【字体】对话框；③设置【字号】为【初号】；④单击【文本效果】按钮，弹出【设置文本效果格式】对话框；⑤单击【文本填充】下拉按钮，选择颜色 |

思考与联想讨论

请同学们讨论下列问题并给出答案。
1. 如何将字的大小设置成与A4纸张一样大？
2. 如何将两个字的间距设置成两倍字的宽度？

开拓探索行动

扫描右侧的二维码打开案例，自行探索完成。

## 项目三　WPS文字——"企业产品推广方案"

项目剖析

**应用场景：** 产品推广方案是企业经常要用到的一类文档，可以将活动或者是产品的推广方法和安排议程写入推广方案中。在推广方案中除了要对字符格式和段落格式进行设置外，还要通过各种设置强调某些重点的内容，并在文档页的上下边加上对文档性质和内容的描述。

**设计思路与方法技巧：** 应用项目符号与编号可以增加文档的条理性；通过边框、底纹、首字下沉可以强调一些重要的内容；用页眉、页脚可以体现文档的类型；加入脚注和尾注可以对文档中的某些关键词进行解释，对整个文档的引用资料做进一步的说明。在编辑中可以应用样式、模板，以及格式刷来提高对文档字符和段落格式的设置效率。

**应用到的相关知识点：** 边框和底纹、项目符号与编号、脚注和尾注、页眉和页脚、格式刷、应用样式与模板、首字下沉。

即学即用的可视化实践环节

## 任务一　设置边框和底纹

### 1. 设置边框

 打开教材素材\WPS文字\产品推广方案。

**步骤02** 将标题设置为华文行楷、二号、加粗、紫色。

**步骤03** ①选定要设置边框的文字；②单击【开始】；③单击【边框】下拉按钮；④选择【边框和底纹】(见图3.3.1)，弹出【边框和底纹】对话框，如图3.3.2所示。

**步骤04** ①单击【方框】按钮；②拖动滚动条，查找需要的线型；③选择线型；④单击【颜色】下拉按钮，选择绿色；⑤单击【宽度】下拉按钮，选择3磅线宽；⑥单击【应用于】下拉按钮，选择【文字】(注意选择【文字】选项表示给每行文字部分加边框。选择【段落】选项，表示给每个段落加边框，包括文字部分和空白部分，两者的边框效果是不一样的)；⑦单击【确定】按钮，如图3.3.2所示。

2. 设置底纹

①单击【底纹】标签；②单击【填充】下拉按钮，选择橙色；③单击【样式】下拉按钮，选择【浅色竖线】；④单击【颜色】下拉按钮，选择巧克力黄；⑤单击【应用于】下拉按钮，选择【段落】选项(注意，选择【文字】选项表示给每行文字加底纹。选择【段落】选项，表示给每个段落加底纹，包括文字部分和空白部分，两者的底纹效果是不一样的)；⑥单击【确定】按钮，如图3.3.3所示。

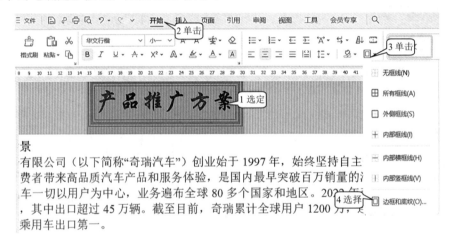

图 3.3.1

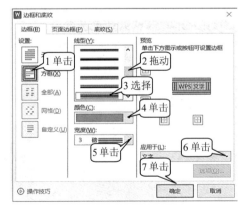

图 3.3.2

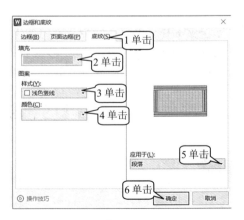

图 3.3.3

## 任务二 设置项目符号和编号

### 1. 设置项目编号

①单击【开始】；②选定要设置编号的段落；③单击【编号】下拉按钮；④选择需要的编号样式，如图3.3.4所示。

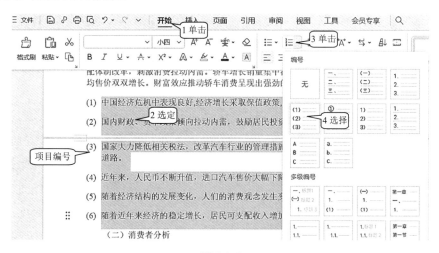

图 3.3.4

### 2. 设置项目符号

**步骤01** ①选定要添加项目符号的段落；②单击【项目符号】下拉按钮；③选择需要的项目符号，如图3.3.5所示。

图 3.3.5

**步骤02** 选择【自定义项目符号】命令，在打开的【项目符号和编号】对话框中可以添加更多的项目符号。

## 任务三 设置页眉和页脚

页眉和页脚通常用于显示文档的附加信息，如建立文档的日期、作者的姓名、单位名称、章节名称、文档标题、页码等。

### 1. 设置页眉

**步骤01** ①单击【插入】；②单击【页眉页脚】按钮(见图3.3.6)。

图 3.3.6

**步骤02** ①单击【页眉】下拉按钮；②选择【三栏页眉】；③输入页眉内容，如图 3.3.7 所示。如果需要设置页眉字符格式，可以选定页眉文字，然后在【开始】功能区中进行设置。

图 3.3.7

### 2. 设置页脚

**步骤01** ①单击【页脚】下拉按钮；②选择【扁平风】；③拖动滚动条找到【春天插画页脚】；④单击【春天插画页脚】；⑤单击【日期和时间】按钮，弹出【日期和时间】对话框；⑥选择日期样式；⑦单击【确定】按钮，则选择的日期样式便被插入到页脚中；⑧输入页脚文字，如图 3.3.8 所示。如果需要设置页脚字符格式，可以选定页脚文字，然后在【开始】功能区中进行设置。

**步骤02** 如果需要修改页眉和页脚，只需要在页眉和页脚处双击鼠标，即可进入页眉和页脚编辑状态进行修改。

学习模块三　WPS 文字的应用

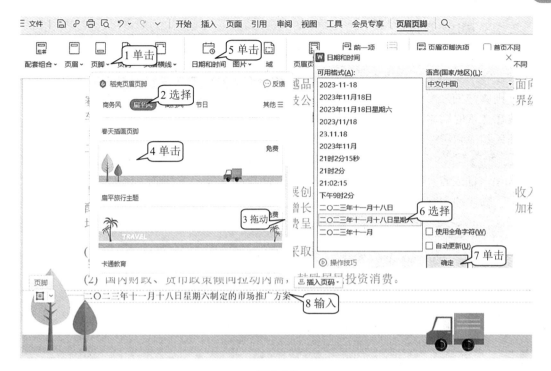

图 3.3.8

任务四　设置首字下沉、脚注和尾注

1. 设置首字下沉

①单击【插入】；②单击要设置首字下沉的段落；③单击【首字下沉】按钮，弹出【首字下沉】对话框；④单击【下沉】按钮；⑤单击【字体】下拉按钮，选择【华文琥珀】；⑥设置【下沉行数】为 2；⑦设置【距正文】为 0.5 厘米；⑧单击【确定】按钮，如图 3.3.9 所示。

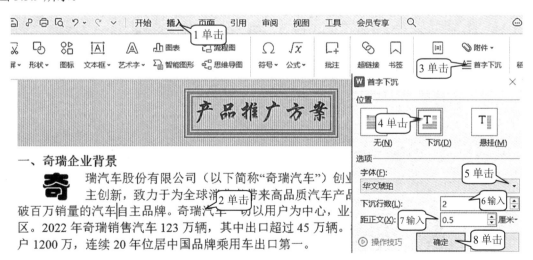

图 3.3.9

67

## 2. 插入脚注和尾注

脚注是对文本当中的某个词加以解释的文字，它被放在本页文档的下方。加入脚注后，被注释文字右上角会出现一个小数字，用以表示脚注的序号。如果文档中加入了多个脚注，则脚注的序号分别为 1、2、3、4、5…尾注是对文章的参考文献加以说明的文字，通常放在文章的结尾，即它是在文章结尾处所加的一段说明文字。

插入脚注和尾注的方法如下。

**步骤01** ①单击【引用】；②选定要添加脚注的文字；③单击【插入脚注】按钮(见图 3.3.10)，插入点会跳转到本页文档的底部，并自动生成一条细横线，如图 3.3.11 所示，被添加了脚注的文字上方会出现标记"1"，如图 3.3.10 所示。

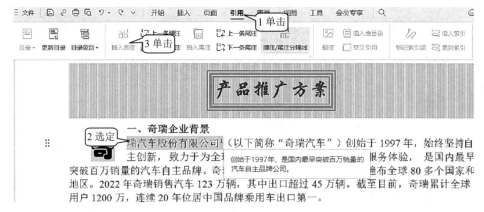

图 3.3.10

**步骤02** ①输入脚注的内容；②在正文中单击鼠标，这时被加了脚注的文字上方会出现标记"1"，把鼠标移动到标记上，会出现图 3.3.10 所示的提示框，将显示出脚注的内容；③单击【插入尾注】(见图 3.3.11)，插入点会跳转到文档的最后，并自动生成一条细横线，如图 3.3.12 所示。

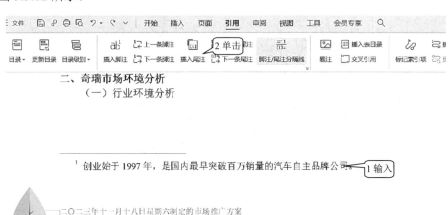

图 3.3.11

**步骤 03** ①输入尾注的内容；②在正文中单击鼠标，即可退出尾注编辑状态，如图 3.3.12 所示。

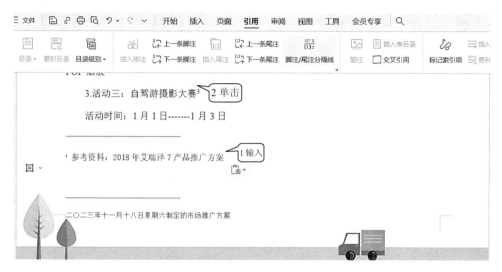

图 3.3.12

## 任务五　复制和清除格式

### 1. 复制格式

**步骤 01** 打开教材素材\WPS 文字\产品推广方案。

**步骤 02** 选定文字"一、奇瑞企业背景"，将其颜色设置为【中海洋绿-水鸭色渐色】，字体设置为【华文新魏】，【字号】设置为小三，边框设置为双波浪线，底纹设置为黄色。

**步骤 03** ①单击【开始】；②选定要复制字符格式的文字"一、奇瑞企业背景"；③双击【格式刷】按钮(见图 3.3.13)，鼠标指针将会变成一个刷子形状。

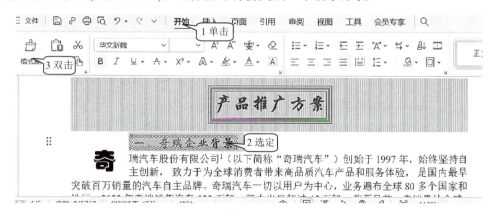

图 3.3.13

**步骤 04** ①用刷子状的鼠标在要应用格式的文字上拖动(见图 3.3.14)，则被拖动的文字将被设置成与选定文字"一、奇瑞企业背景"一样的格式了。用这种方法在其他标题上同样拖动，即可将其他的标题也设置为同样的格式。

图 3.3.14

**步骤05** 再次单击【格式刷】按钮，可取消格式刷状态，回到正常的鼠标状态。

### 2. 清除格式

①选定要清除格式的文字；②单击【开始】；③单击【清除格式】按钮(见图 3.3.15)，即可清除字符格式。

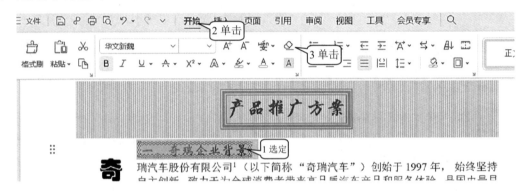

图 3.3.15

## 任务六  应用样式与模板

样式是预先设置好的一组格式参数的集合。我们把字符格式、段落格式参数事先设置好，并给这些参数的集合起一个名字，即样式名。当我们希望某段文字具有某种样式所包含的字符格式和段落格式信息时，就不必去一一设置这段文字的字符格式和段落格式。只要选中这段文字，然后单击某个样式名，就可以将该样式包含的字符格式和段落格式的设置信息应用到选中的文字上。通过这种方式即可快速地设置段落和文字的格式。

### 1. 建立新样式

**步骤01** ①选定一段文字；②单击【开始】；③单击【字体】下拉按钮，选择【华文隶书】；④单击【文字效果】下拉按钮；⑤选择【发光】选项；⑥选择一种发光效果(见图 3.3.16)，这样被选定的段落就被设置好了。为了将这种设置快速应用于其他段落以提高效率，我们需要将这种设置作为一种样式保存起来。

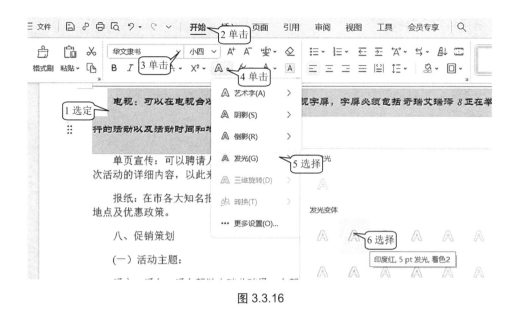

图 3.3.16

**步骤02** ①单击【样式和格式】组中的 按钮；②单击【新样式】按钮，弹出【新建样式】对话框；③在【名称】文本框中输入样式名称"发光"；④单击【确定】按钮，如图 3.3.17 所示。

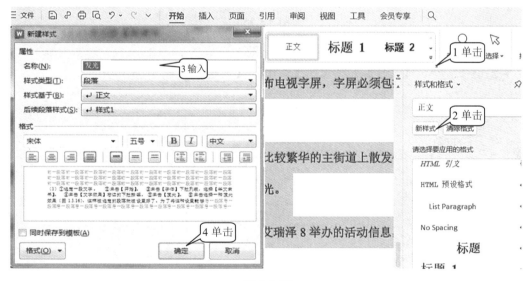

图 3.3.17

## 2. 应用样式

①选定要应用样式的文字；②单击【开始】；③单击样式预览框右下角的展开按钮 ；④单击【发光】，则选定的文字就立刻被设置成【发光】样式所具有的字符格式和段落格式，如图 3.3.18 所示。

### 3. 应用系统自带模板

WPS 文字中还内置了多种文档模板，如单页简历、简历套装、职业规划、简历封面、投资合作、劳动人事、房屋合同、婚姻家庭、买卖购销、租赁合同、借贷担保、电子小报、书法字帖、奖状证书、课程表、座位表、学习计划表、招生简章、企业规章、面试招聘、行政公文等。

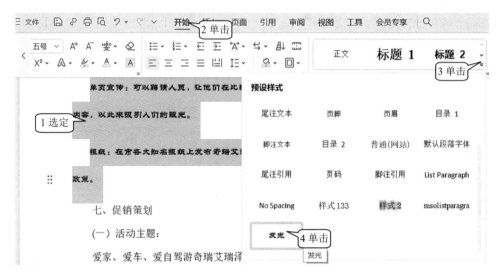

图 3.3.18

应用自带模板的操作步骤如下。

**步骤 01** ①单击【文件】；②选择【新建】\【新建】，如图 3.3.19 所示。

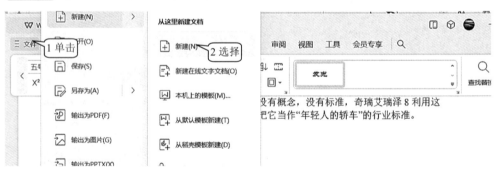

图 3.3.19

**步骤 02** ①单击【个人简历】；②单击所要的简历样式(见图 3.3.20)，即可打开该样式的文档进行编辑。WPS 提供了大量的模板，少量是免费的，大部分都是收费的。

### 4. 新建模板

实际应用中，如果需要将一种文体作为模板保存，以便今后使用的话，这时就可以自己创建该文体的模板。下面以创建一个请假条模板为例来说明创建模板的步骤。

## 学习模块三　WPS 文字的应用

图 3.3.20

**步骤 01** 输入并编辑请假条。

**步骤 02** ①单击【文件】；②单击【保存】，弹出【另存为】对话框；③单击【此电脑】，找到模板要保存的文件夹；④单击【文件类型】下拉按钮，选择【WPS 文字模板文件】选项；⑤输入文件名"请假条"；⑥单击【保存】按钮(见图 3.3.21)，这样请假条模板便保存完毕。以后写请假条时只要打开该模板，填入相关内容即可。

图 3.3.21

### 5. 应用自建的模板

①单击【文件】；②单击【打开】，弹出【打开文件】对话框；③单击【此电脑】，

信息技术基础可视化教程(WPS版MOOC教程)

找到模板所在的文件夹；④选择"请假条.wpt"；⑤单击【打开】按钮，如图3.3.22所示。

图 3.3.22

 **知识点延展** ■ ■ ■

| 多种项目符号设置 | ①选定要设置项目符号的文本；②单击【项目符号】下拉按钮；③选择【自定义项目符号】命令，打开【项目符号和编号】对话框；④选择一种符号；⑤单击【自定义】，打开【自定义项目符号列表】对话框；⑥单击【符号】，打开【符号】对话框；⑦选择所要的符号；⑧单击【插入】；⑨单击【确定】 |
|---|---|
| 朗读文本 | ①单击【审阅】；②选定要朗读的文本；③选择【朗读】\【朗读全文】，则对全文进行朗读；④选择【朗读】\【选中朗读】，则对选定的部分进行朗读 |
| 统计字数 | ①单击【审阅】；②单击【字数统计】按钮 |
| 翻译 | ①单击【审阅】；②选定要翻译的文本；③单击【翻译】\【短句翻译】 |
| 画笔使用 | ①单击【审阅】；②单击【画笔】选定文本；③单击【圆珠笔】；④拖动鼠标 |

**思考与联想讨论**

请同学们讨论下列问题并给出答案。
1. 在设置边框和底纹时，可以设置应用于文字和段落，这两者有什么区别吗？
2. 在对文档进行修改后，关闭 WPS 文字，出现的提示对话框应该如何处理？
3. 当你接受上级任务，对某个方案文档进行修改完成后，你是用保存命令还是用另存为命令？为什么？

4. 如果你想写一个求职简历，可以从哪里找到相应的模板？
5. 你知道 WPS 文字中的邮件合并功能如何使用吗？

扫描右侧的二维码打开案例，自行探索完成。

## 项目四　WPS 文字——"个人简历"表格

制作如图 3.4.1 所示的"个人简历"表。

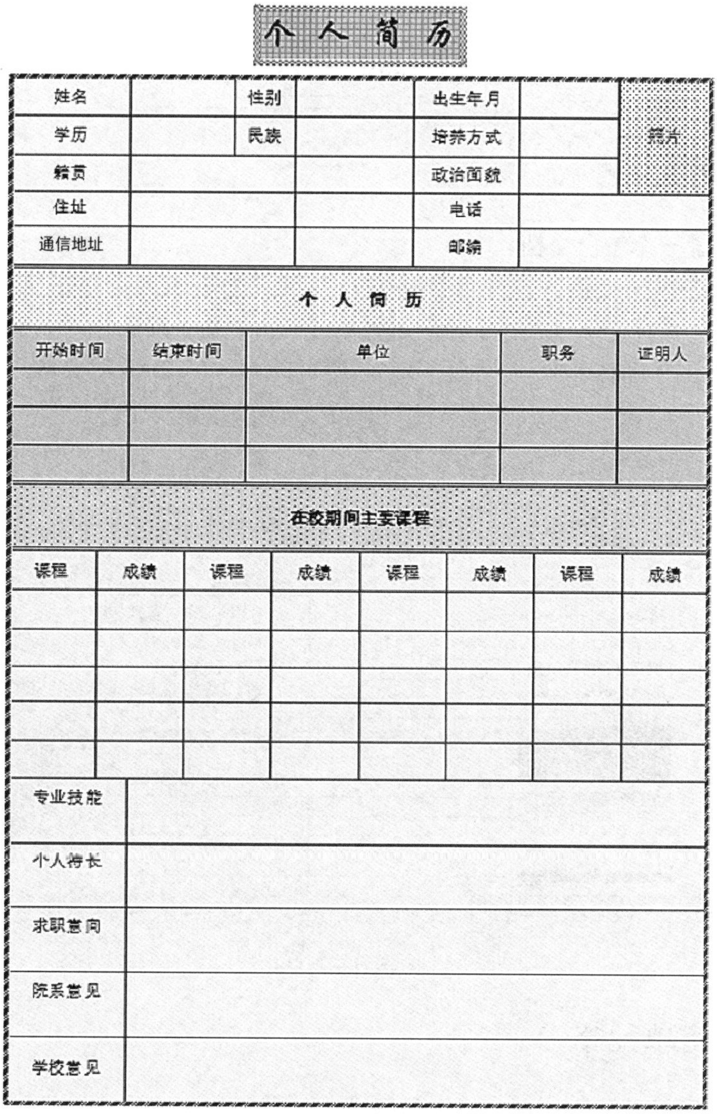

图 3.4.1

信息技术基础可视化教程(WPS 版 MOOC 教程)

 **项目剖析**

**应用场景：** 个人简历表是应聘或招聘人才最常用的表格，个人简历表的样式非常多，内容也各不相同，这里我们以最常用的一种个人简历表加以介绍，通过这个表格的制作，可以举一反三，设计和制作出更多其他形式的满足要求的个人简历。

**设计思路与方法技巧：** 观察这个表格，可以看出它是一个 22×8 的经过单元格合并和表格线设置而成的表格。我们先制作一个 22×8 的表格，然后将其行、列的大小进行设置，再根据需要将相应的单元格加以合并和拆分。其中的表格线和底纹设置比较简单。

**应用到的相关知识点：** 表格的插入、行高和列宽的设置、表格底纹和线型的设置、表格中字符对齐方式的设置、单元格的合并与拆分。

**即学即用的可视化实践环节**

 **任务一 创建表格**

**步骤 01** 新建一个空白文档。

**步骤 02** ①在第一行输入"个人简历"，并设置为居中；②单击【插入】；③单击【表格】按钮；④选择【插入表格】命令，弹出【插入表格】对话框；⑤输入列数 5；⑥输入行数 20；⑦单击【确定】按钮(见图3.4.2)，即可插入一个20×5的表格。

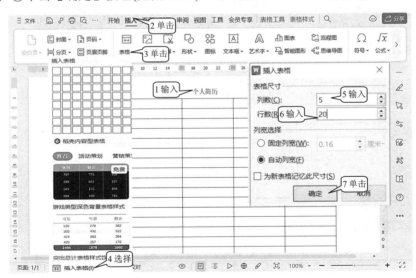

图 3.4.2

**任务二 选定单元格**

**步骤 01** 将鼠标指针移动到表格列的顶端，使其变为向下的实心箭头，然后单击或者拖动(见图3.4.3)，就可以选定一列或者多列。

步骤 02　将鼠标指针移动到表格的最左侧，使其变为空心箭头，然后单击或者拖动（见图 3.4.4），就可以选定一行或者多行。

步骤 03　单击表格左上角的选定柄，就可以选定整个表格。

步骤 04　在表格的任意地方单击鼠标即可取消选定。

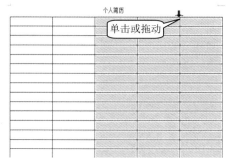
图 3.4.3

图 3.4.4

## 任务三　设置行高和列宽

步骤 01　①单击表格左上角的选定柄，选定整个表格；②单击【表格工具】；③在表格行高框中输入行高值 0.8，然后按 Enter 键(见图 3.4.5)，则整个表格的所有行高都被设置成了 0.8 厘米。

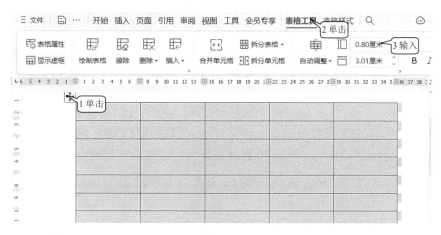
图 3.4.5

步骤 02　使用同样的方法，将第 6 行、第 11 行的行高分别设置为 1.2，将第 18～20 行的行高设置为 1.4。

步骤 03　①将鼠标指针移动到表格第 1 列的顶端，使其变为向下的实心箭头，然后单击；②单击【表格工具】；③在表格列宽框中输入列宽值 2.5，然后按 Enter 键(见图 3.4.6)，则选定的列就被设置成了 2.5 厘米。

步骤 04　使用同样的方法，将第 2 列、第 3 列、第 4 列、第 5 列的列宽分别设置为 3.4、2.5、2.2、4。

图 3.4.6

## 任务四  插入和删除行、列

### 1. 插入行

①选定第 18～20 行(插入几行就选定几行)；②单击【表格工具】；③选择【插入】下拉菜单中的【在下方插入行】命令(见图 3.4.7)，即可插入 3 行，表格总行数就变为 23 行了。

图 3.4.7

### 2. 删除行

①选定第 20 行(删除几行就选定几行)；②单击【表格工具】；③选择【删除】下拉菜单中的【行】命令(见图 3.4.8)，则第 20 行就被删除，表格总行数就变为 22 行了。

图 3.4.8

### 3. 删除列

①选定第 1～2 列(删除几列就选定几列)；②单击【表格工具】；③选择【删除】下拉

菜单中的【列】命令(见图 3.4.9)，表格总列数就变为 3 列了。

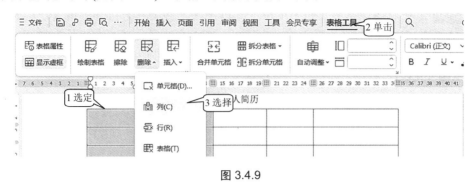

图 3.4.9

4. 插入列

**步骤 01** ①选定第 1~2 列(插入几列就选定几列)；②单击【表格工具】；③选择【插入】下拉菜单中的【在左侧插入列】命令(见图 3.4.10)，即可插入 2 列，表格总列数就变为 5 列了。

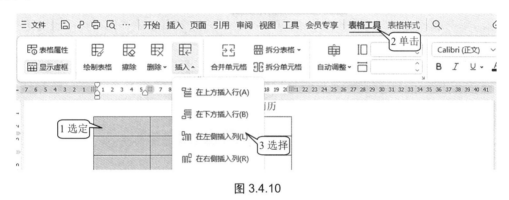

图 3.4.10

**步骤 02** 将第 2 列的列宽设置为 3.4，最终每列的宽度如图 3.4.11 所示。

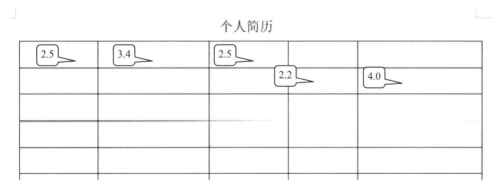

图 3.4.11

## 任务五　手绘表格

WPS 还提供了手工绘制表格的工具，使用该工具可以随意地绘制表格线。使用绘制表格工具制作不规则的表格非常方便。

**步骤 01** ①在表格任意单元格中单击；②单击【表格工具】；③单击【绘制表格】按钮，则鼠标就会变成一支笔(如果不想画表线时，则要再次单击【绘制表格】按钮，鼠标将变成正常状态)；④在要绘制线条的位置拖动鼠标，即可绘制出相应的线条；⑤再次拖动鼠标画线(见图 3.4.12)。

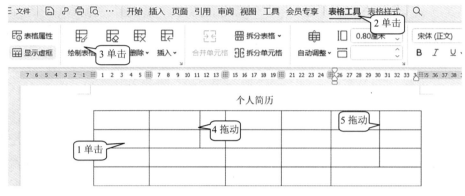

图 3.4.12

**步骤 02** ①在表格任意单元格中单击；②单击【表格工具】；③单击【擦除】按钮，则鼠标就会变成一个橡皮(如果不用时，则要再次单击【擦除】按钮，鼠标将变成正常状态)；④在要擦除的线条上单击，即可擦除相应的线条；⑤再次单击要擦除的线条(见图 3.4.13)。

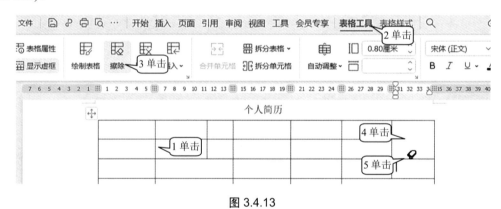

图 3.4.13

## 任务六　合并与拆分单元格

### 1. 合并单元格

**步骤 01** ①选定要合并的行(第 6 行)；②单击【表格工具】；③单击【合并单元格】按钮，则被选定的几个单元格就被合并成了一个单元格；④选定要合并的行(第 11 行)；⑤单击【合并单元格】按钮(见图 3.4.14)，则被选定的几个单元格就被合并成了一个单元格。

**步骤 02** ①选定第 18 行要合并的单元格；②单击【表格工具】；③单击【合并单元格】按钮(见图 3.4.15)，则选定的几个单元格被合并成了一个单元格。用同样的方法将第

19~22 行右侧的 4 个单元格合并。

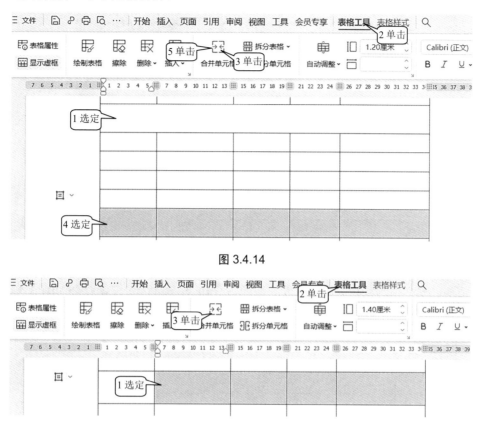

图 3.4.14

图 3.4.15

## 2. 拆分单元格

**步骤 01** ①选定要拆分的行(第 12~17 行)；②单击【表格工具】；③单击【拆分单元格】按钮，弹出【拆分单元格】对话框；④输入列数 8；⑤单击【确定】按钮(见图 3.4.16)，则选定的单元格被拆分为 6 行 8 列，效果如图 3.4.17 所示。

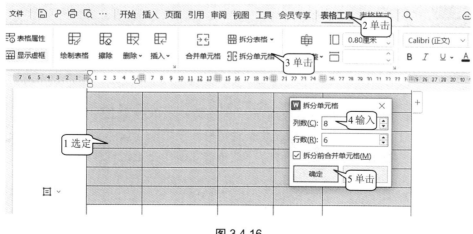

图 3.4.16

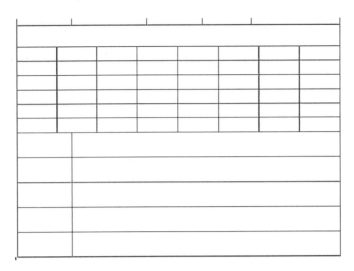

图 3.4.17

**步骤 02** ①选定 7～10 行的第 5 列；②将鼠标指针移动到 7～10 行的竖线上，使其变为双向箭头，然后拖动鼠标来改变列宽，将第 7～10 行各列的宽度调整到如图 3.4.18 所示的大小，行高也可以采用同样的方法来进行手动调整。

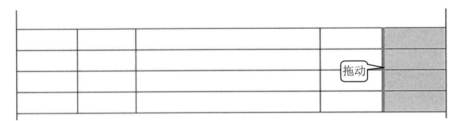

图 3.4.18

## 任务七 设置表格线与底纹

### 1. 表格线的设置

**步骤 01** 在表格任意单元格处单击。

**步骤 02** ①单击【开始】；②单击表格选定柄选定整个表格；③单击【边框】下拉按钮；④选择【边框和底纹】命令，弹出【边框和底纹】对话框；⑤单击【网格】；⑥拖动滚动条寻找所要的线型；⑦选择线型；⑧单击【颜色】下拉按钮，选择紫色；⑨单击【确定】按钮(见图 3.4.19)。

**步骤 03** ①选定表格第 6 行；②单击【开始】；③单击【边框】下拉按钮；④选择【边框和底纹】命令，弹出【边框和底纹】对话框；⑤单击【自定义】；⑥选择双细线；⑦选择紫色；⑧选择 1.5 磅选项；⑨单击下边框线；⑩单击上边框线；⑪单击【确定】按钮(见图 3.4.20)。

**步骤 04** 用同样的方法，设置第 11 行的上下边框线。

学习模块三　WPS 文字的应用

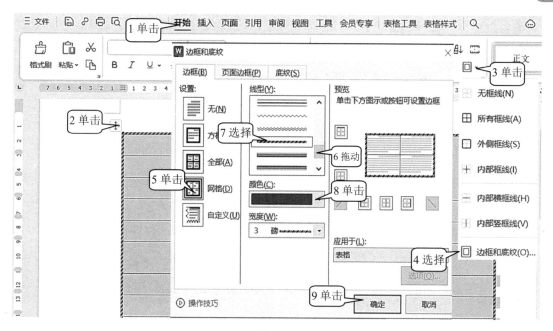

图 3.4.19

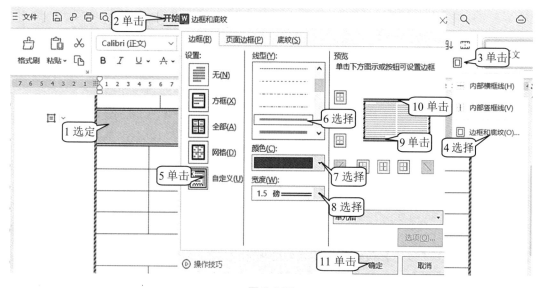

图 3.4.20

## 2. 底纹的设置

**步骤 01** ①在要设置底纹的单元格上拖动鼠标(1～5 行)，以选定单元格；②单击【开始】；③单击【边框】下拉按钮；④选择【边框和底纹】命令(见图 3.4.21)，弹出【边框和底纹】对话框。

**步骤 02** ①单击【底纹】；②单击【填充】下拉按钮；③选择【更多颜色】命令(见图 3.4.22)，弹出【颜色】对话框。

**步骤 03** ①单击【自定义】标签；②输入红色值 230；③输入绿色值 224；④输入蓝色值 236；⑤单击【确定】按钮(见图 3.4.23)，返回到【边框和底纹】对话框。

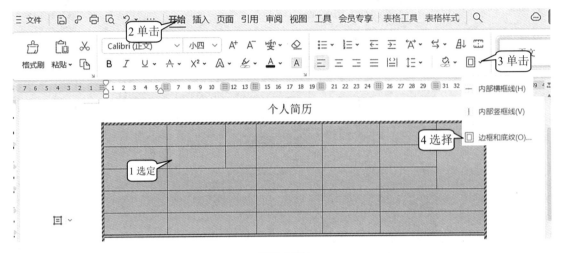

图 3.4.21

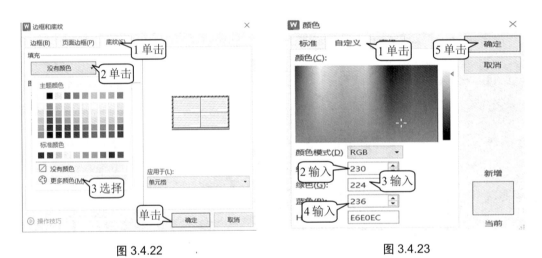

图 3.4.22　　　　　　　　　　　　　图 3.4.23

**步骤 04** 单击【确定】按钮，如图 3.4.22 所示。

**步骤 05** ①选定单元格；②单击【开始】；③单击【边框】下拉按钮；④选择【边框和底纹】命令，弹出【边框和底纹】对话框；⑤单击【底纹】；⑥单击【样式】下拉按钮，选择 10%选项；⑦单击【颜色】下拉按钮，选择紫色；⑧单击【确定】按钮，如图 3.4.24 所示。

**步骤 06** 用同样的方法，将第 6 行底纹中的【填充】设置为【浅绿，着色 4，浅色 80%】，【样式】设置为 10%，【颜色】设置为绿色。

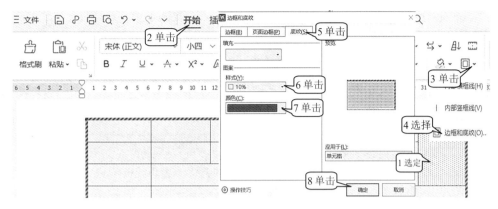

图 3.4.24

**步骤 07** 用同样的方法，将第 7～10 行底纹中的【填充】设置为【深灰色，着色 3，浅色 40%】；将第 11 行底纹中的【填充】设置为【矢车菊蓝，着色 5，浅色 60%】，【样式】设置为 10%，【颜色】设置为蓝色；将第 12～17 行底纹中的【填充】设置为【巧克力黄，着色 6，浅色 80%】；将第 18～22 行底纹中的【填充】设置为【橙色，着色 3，浅色 60%】。

## 任务八 设置对齐方式

**步骤 01** 参照本节开始的表格图片，在表格中输入各栏目的名称。

**步骤 02** ①在表格中单击；②单击【表格工具】；③单击表格选定柄，选定整个表格；④单击【水平居中】按钮(见图 3.4.25)，则表格中的文字就以居中方式排列在单元格的正中心了。

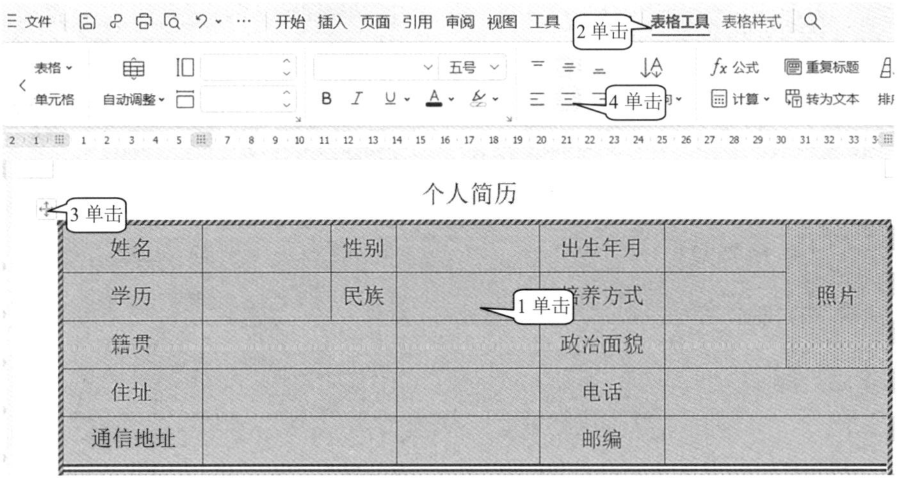

图 3.4.25

**步骤 03** ①单击【开始】；②选定【个人简历】；③单击【字体】下拉按钮，选择【华文行楷】选项；④单击【字号】下拉按钮，选择【二号】选项；⑤单击【边框】下拉按钮；⑥选择【边框和底纹】命令(见图 3.4.26)，弹出【边框和底纹】对话框。

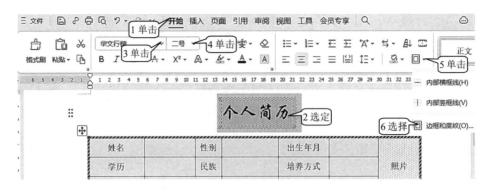

图 3.4.26

**步骤 04** 在【边框】选项卡中，①单击【方框】图标；②拖动滚动条寻找所要的线型；③选择双波浪线；④选择浅蓝色；⑤单击【应用于】下拉按钮，选择【文字】选项；⑥单击【底纹】标签(见图 3.4.27)，进行底纹设置。

**步骤 05** ①单击【填充】下拉按钮，选择【巧克力黄, 着色 2, 浅色 40%】选项；②单击【样式】下拉按钮，选择 10%选项；③单击【颜色】下拉按钮，选择【橙色, 着色 3, 浅色 80%】选项；④单击【应用于】下拉按钮，选择【文字】选项；⑤单击【确定】按钮(见图 3.4.28)。

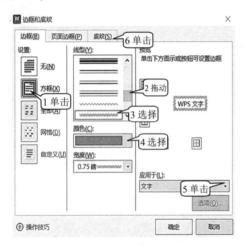 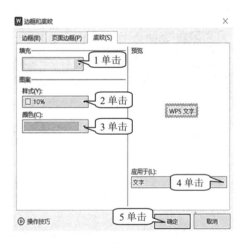

图 3.4.27　　　　　　　　　　　图 3.4.28

至此，本项目制作完成。

### 知识点延展

| 在单元格中插入图片 | ①单击某个单元格；②单击【插入】；③单击【图片】下拉按钮，选择【本地图片】命令，打开【插入图片】对话框；④单击【此电脑】，找到图片所在的文件夹；⑤选择图片文件名，单击【打开】按钮 |
|---|---|
| 在表格内输入求和函数 | ①单击某个单元格；②单击【fx 公式】按钮，打开【公式】对话框；③单击【表格范围】下拉按钮；④选择 LEFT 或 RIGHT 或 ABOVE 或 BELOW 选项；⑤单击【确定】按钮 |

## 思考与联想讨论

请讨论下列问题并给出答案。

1. 如何给整个页面增加一个艺术型边框？
2. 如何为整个文档设置背景？
3. 如何将表格的四条线设置成不同的颜色、不同的线型、不同的粗细？
4. 如何用 1~2 秒的时间，将两个打开的 WPS 文档窗口调整得一样大，并排放在屏幕上？

## 开拓探索行动

扫描右侧的二维码打开案例，自行探索完成。

# 项目五  WPS 文字——"产品宣传彩页"

本项目制作如图 3.5.1 所示的"产品宣传彩页"。

图 3.5.1

**项目剖析**

**应用场景：** 宣传彩页是各单位、企业进行政治、商业宣传常用的文档，把各种图片、图形、艺术字、文本框、表格、剪贴画进行设置并合理应用到文档中，便可制作出各种酷炫、美观、实用的宣传彩页。

**设计思路与方法技巧：** 宣传页最上方是一个艺术字，对艺术字设置了轮廓、填充效果以及倒影效果。艺术字的外框则设置了发光效果、三维立体效果。艺术字的右边插入了图片，艺术字的下方用图片作了分割线。分割线下面是一个表格，表格套用了 WPS 提供的样式和斜线表头，并且把表格设置成与文字环绕的效果。围绕表格的文字则设置了首字下沉和分栏。插入的图片设置了三维效果、发光效果、阴影效果、倒影效果。图片左侧插入的是图形，并且在图形中放入了文字，同时给文字设置了底纹效果，还对文字的行距做了设置。图片下方的艺术字设置了轮廓效果和填充效果，并且还把艺术字设置成菱形和倒影。最下方的文本框设置了纹理，以及填充效果、立体边框效果、发光效果。

**应用到的相关知识点：** 图片、图形、艺术字、文本框、分栏、表格的高级设置，页面边框设置。

 **即学即用的可视化实践环节**

## 任务一　插入与设置图片

### 1. 插入图片

 新建一个空白文档。

 ①单击【插入】；②单击【图片】下拉按钮；③选择【本地图片】命令，弹出【插入图片】对话框；④单击【我的电脑】图标，找到"教材素材\WPS 文字\图片"；⑧双击"花边"文件(见图 3.5.2)，则图片被插入文档。

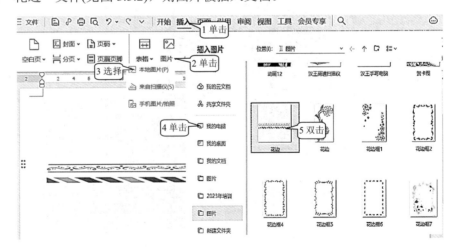

图 3.5.2

## 2. 裁剪图片

①单击图片；②单击【布局选项】按钮；③单击【浮于文字上方】，则图片将浮于文字上方，这样图片就可以被随便拖放到任意位置，并且覆盖在文字上方；④单击【裁剪图片】按钮，则图片的四周会出现黑色条纹控点；⑤拖动这些控点可以裁剪掉图片不需要的部分(见图3.5.3)。

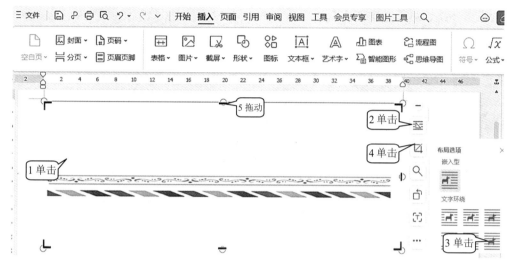

图 3.5.3

## 3. 设置图片大小

设置图片大小的方法有以下两种。

方法一：单击图片，在图片四周会出现 8 个控点，拖动这些控点可以调整图片的大小。另外，还可以通过输入数字的方法来精确设置图片的大小。

方法二：①单击图片；②单击【图片工具】；③取消选中【锁定纵横比】复选框，这样可以随意地设置图片的高度和宽度；④输入高度值 0.7；⑤输入宽度值 14.8(见图 3.5.4)，这样图片的大小就被设置为 14.8×0.7 厘米。

图 3.5.4

用上述的方法将"教材素材\WPS 文字\图片\花"插入文档,将其高和宽设置为 6×4 厘米,并将其设置为【浮于文字上方】。将"教材素材\WPS 文字\图片\瑞虎 9"插入文档,将其高和宽设置为 3.45×6.65 厘米,并将其设置为【浮于文字上方】。

### 4. 设置图片的文字环绕、层次

图片的环绕效果是指图片与文字之间的关系。这些关系分别是:四周环绕型、嵌入型、紧密型环绕、衬于文字下方、浮于文字上方等 12 种,为了使后面输入的文字和插入的表格能够在背景图片上方显示,就需要把背景图片设置为衬于文字下方。

**步骤 01** 将"教材素材\WPS 文字\图片\蓝天绿地"插入文档。

**步骤 02** ①单击图片;②单击【布局选项】按钮;③单击【衬于文字下方】;④右击图片;⑤选择【置于底层】命令,这样插入的图片就变成了背景图片;⑥拖动图片控点,将图片缩放到比纸张略微大一点(见图 3.5.5)。

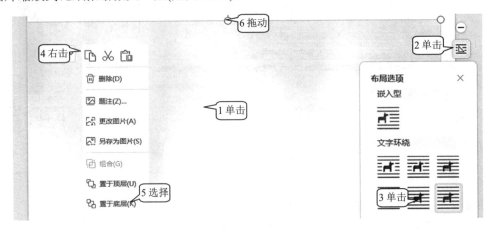

图 3.5.5

**步骤 03** 将瑞虎 9 图片下半部分裁剪到车轮部位。

### 5. 移动与复制图片

用鼠标拖动图片即可移动图片。按住 Ctrl 键拖动图片,然后释放鼠标,就可以复制一张图片。重复上述操作,可以复制多张图片。

### 6. 去除图片背景色(简单抠图)

①单击图片;②单击【图片工具】;③单击【设置透明色】按钮;④在花的白色部分单击,将白色部分设置为透明色,这样花就被从白色背景中抠出来了;⑤单击【布局选项】按钮;⑥单击【浮于文字上方】(见图 3.5.6)。

### 7. 设置图片边框

①单击图片;②单击【图片工具】;③单击【边框】下拉按钮;④单击【线型】;⑤选择 1.5 磅;⑥单击【边框】下拉按钮;⑦选择紫色(见图 3.5.7)。

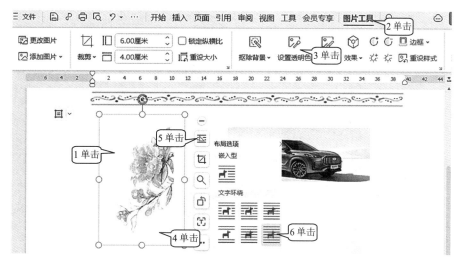

图 3.5.6

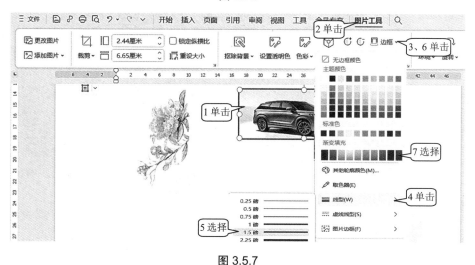

图 3.5.7

**8. 设置图片发光效果**

①单击图片；②单击【图片工具】；③单击【效果】下拉按钮；④单击【发光】；⑤选择【橙色，18pt 发光，着色 3】(见图 3.5.8)。

**9. 设置图片三维旋转效果**

①单击图片；②单击【图片工具】；③单击【效果】下拉按钮；④单击【三维旋转】；⑤选择【适度宽松】(见图 3.5.9)。

**10. 设置图片倒影效果**

①单击图片；②单击【图片工具】；③单击【效果】下拉按钮；④单击【倒影】；⑤选择【全倒影，8pt 偏移量】(见图 3.5.10)。

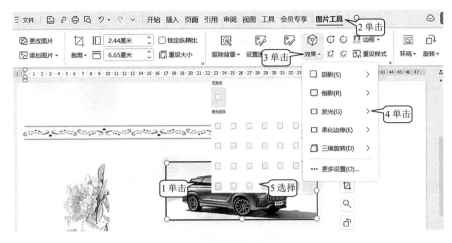

图 3.5.8

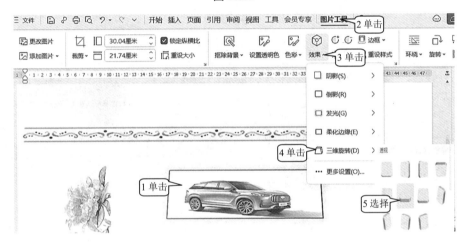

图 3.5.9

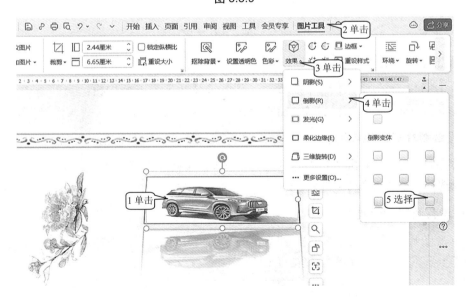

图 3.5.10

## 11. 设置图片阴影效果

①单击图片；②单击【图片工具】；③单击【效果】下拉按钮；④单击【阴影】；⑤选择【内部居中】(见图 3.5.11)。

图 3.5.11

## 12. 旋转图片、调整亮度和对比度

①单击图片；②单击【图片工具】；③拖动旋转控点旋转图片；④单击【增加亮度】按钮，可以增加图片亮度；⑤单击【降低亮度】按钮，可以降低图片亮度；⑥单击【增加对比度】按钮，可以增加对比度；⑦单击【降低对比度】按钮，可以降低对比度(见图 3.5.12)。

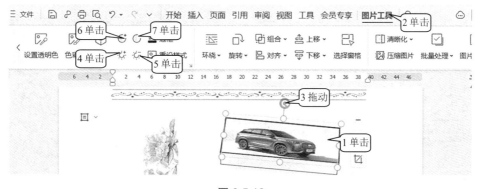

图 3.5.12

# 任务二　设置预设样式、斜线表头以及移动、复制表格

### 1. 应用表格预设样式

**步骤 01**　插入一个 3 行 6 列的表格。

**步骤 02**　①单击表格选定柄，选定整个表格；②单击【表格样式】；③单击【预设样式】按钮；④选中【首行】复选框；⑤选中【首列】复选框；⑥单击橙色；⑦选择样式(见图 3.5.13)。

**步骤 03**　将表格的第 1 列列宽设置为 3.5，其他各列的列宽设置为 1.74。

**步骤04** 在首行首列分别输入图 3.5.14 中的文字，将各类型号设置为隶书、小四、紫色、加粗，其他设置为宋体、5 号、紫色。

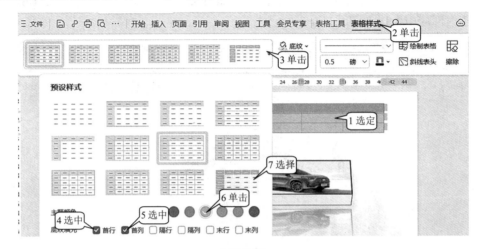

图 3.5.13

2．制作斜线表头

**步骤01** ①选定第 1 个单元格；②单击【表格样式】；③单击【斜线表头】按钮，弹出【斜线单元格类型】对话框；④选择所要的斜线表头样式；⑤单击【确定】按钮；⑥分别在斜线两侧输入文字"型号"和"变速箱"（见图 3.5.14）。

**步骤02** 将斜线表头文字设置为隶书、六号、紫色。

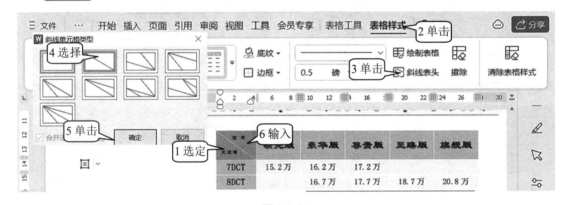

图 3.5.14

3．移动和复制表格

拖动表格的选定柄可以移动表格；按住 Ctrl 键，同时拖动表格的选定柄，就可以复制一张表格。

## 任务三　设置分栏

**步骤01** 输入文字：瑞虎 9 在人工智能技术的应用上表现突出，尤其在智能驾驶辅助系统和语音识别方面。瑞虎 9 搭载了高通骁龙 8155 芯片和 5G 千兆以太网业内顶级硬件设备，配合 L2.9 级智能驾驶辅助系统，为用户带来无与伦比的智能用车体验。此外，瑞虎 9 能在 5 秒内完成开机，并在 0.5 秒内对用户的语音指令做出快速响应。这种高效的反馈机制使驾驶更加流畅、舒适，显著提升了驾驶体验。

**步骤 02** 将输入的文字下移到第 13 行，并将其设置为隶书、小四、蓝色。

**步骤 03** ①选定输入的文字；②单击【页面】；③单击【分栏】下拉按钮；④选择【更多分栏】命令，弹出【分栏】对话框；⑤单击【两栏】；⑥单击【确定】按钮(见图 3.5.15)。

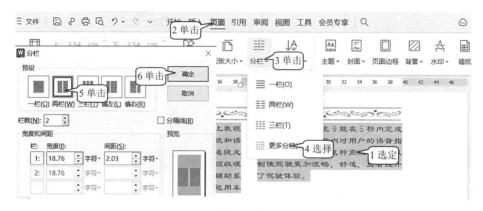

图 3.5.15

**步骤 04** 拖动花边到第 8 行上方。

## 任务四　设置首字下沉

**步骤 01** ①选定文字；②单击【插入】；③单击【首字下沉】按钮，弹出【首字下沉】对话框；④单击【下沉】按钮；⑤输入下沉行数 2；⑥单击【确定】按钮(见图 3.5.16)。

图 3.5.16

**步骤 02** 拖动花图片到页面的右上方。
**步骤 03** 拖动汽车图片到适当的位置。

## 任务五　插入与设置形状

### 1. 形状的插入、大小的设置、移动与复制

**步骤01** ①单击【插入】；②单击【形状】下拉按钮；③选择【缺角矩形】；④拖动鼠标绘制缺角矩形；⑤拖动黄色控点◇，调整缺角大小；⑥拖动黄色控点◦，调整图形；⑦拖动旋转控点◦，调整图形的旋转角度；⑧把鼠标指针移到形状的边框线上使其变为十字箭头拖动，就可以移动形状（见图 3.5.17）。如果按住 Ctrl 键的同时拖动形状就可以复制同样的形状。

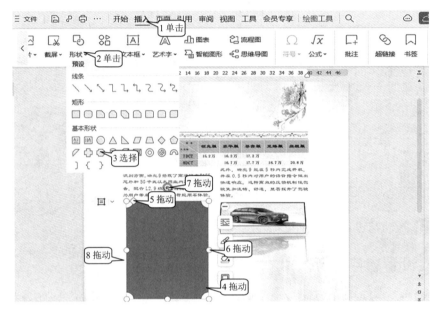

图 3.5.17

**步骤02** ①单击图形；②单击【绘图工具】；③输入高度值 8.63；④输入宽度值 7.46（见图 3.5.18）。

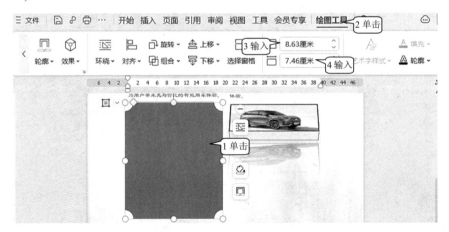

图 3.5.18

步骤 03 拖动缺角矩形到合适的位置。

### 2. 设置形状的轮廓与填充

步骤 01 ①单击图形；②单击【绘图工具】；③单击【轮廓】下拉按钮；④单击【线型】；⑤选择【2.25磅】；⑥单击【轮廓】下拉按钮；⑦选择橙色（见图3.5.19）。

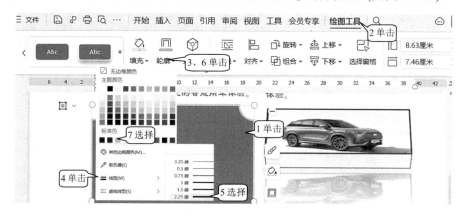

图 3.5.19

步骤 02 ①单击图形；②单击【绘图工具】；③单击【填充】下拉按钮；④单击【图片或纹理】，在级联菜单中选择【本地图片】命令，弹出【选择纹理】面板；⑤单击【此电脑】，找到"教材素材\图片\花边框 1"；⑥双击"花边框 1"文件(见图3.5.20)，这样缺角矩形中就填充了一个图片。

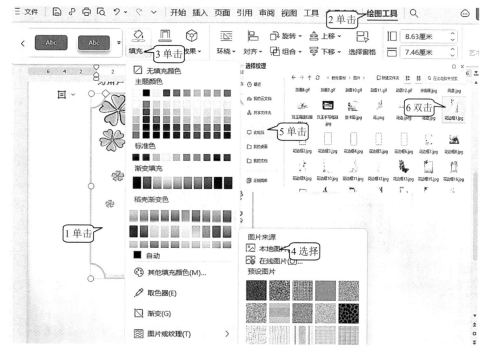

图 3.5.20

### 3. 设置形状的发光和阴影效果

**步骤01** ①单击图形；②单击【绘图工具】；③单击【效果】下拉按钮；④单击【发光】；⑤选择【橙色，18pt 发光，着色 3】(见图 3.5.21)。

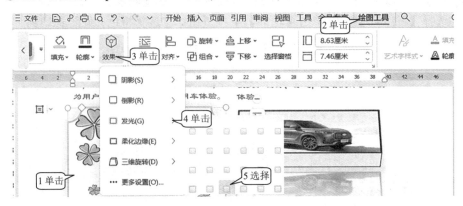

图 3.5.21

**步骤02** ①单击图形；②单击【绘图工具】；③单击【效果】下拉按钮；④单击【阴影】；⑤选择【内部向左】(见图 3.5.22)。

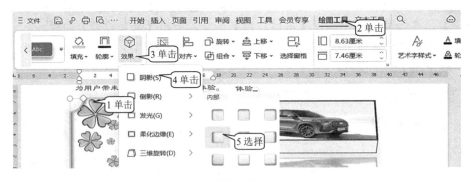

图 3.5.22

### 4. 形状中的文字输入与设置

**步骤01** 单击形状，并输入文字：瑞虎 9 配备了前麦弗逊、后多连杆式前后双独立悬架。为了提供更好的滤振效果，瑞虎 9 开发了 CDC"磁悬浮"悬架技术，这是一种基于自适应调节电子阻尼的技术，可以实现毫秒级的调节响应。此外，车身与底盘之间采用了控制臂液压衬套、后副车架衬套等"软连接"技术，使得整车的异常冲击衰减能力提升了 32%，隔震能力提升了 30%。这种设计搭配抓地能力良好的米其林轮胎，可以进一步降低路噪和胎噪。

**步骤02** 将形状内的文字设置为华文新魏、四号，颜色设置为【矢车菊蓝，着色 5，深色 50%】。

**步骤03** ①单击图形；②单击【设置文本效果格式】按钮；③单击【文本选项】；④单击【文本框】；⑤选择【中部对齐】；⑥选择【水平方向】；⑦输入左边距 0；⑧输入右边距 0；⑨输入上边距 0；⑩输入下边距 0(见图 3.5.23)。

学习模块三　WPS 文字的应用

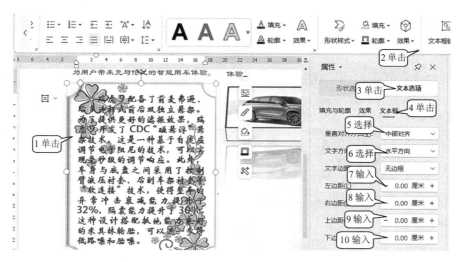

图 3.5.23

**步骤 04** ①单击图形中的文字；②单击【段落】按钮 ；③单击【行距】下拉按钮，选择【固定值】；④输入行距 14.5；⑤单击【确定】按钮(见图 3.5.24)。

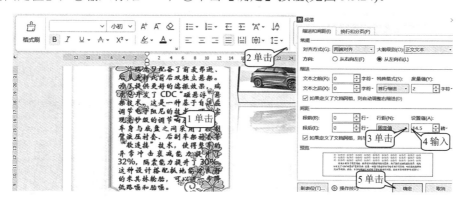

图 3.5.24

## 任务六　插入与设置艺术字

### 1. 艺术字的插入、移动、大小的设置

**步骤 01** ①单击【插入】；②单击【艺术字】下拉按钮；③选择【填充-金色，着色 2，轮廓-着色 2】；④输入"奇瑞瑞虎 9"；⑤拖动控点可以改变艺术字的大小；⑥拖动旋转控点可以旋转艺术字(见图 3.5.25)。

**步骤 02** ①将鼠标指针移动到艺术字的边框线上拖动，将艺术字移到适当的位置；②选定艺术字"奇瑞瑞虎 9"；③单击【字体】下拉按钮，选择【华文行楷】选项；④输入字号 62(见图 3.5.26)。

### 2. 设置艺术字的填充

**步骤 01** 拖动艺术字到合适的位置。

**步骤 02** ①选定文字；②单击【填充】下拉按钮；③单击【渐变】，弹出【属性】面

99

板；④单击【文本选项】按钮；⑤单击【文本填充】下拉按钮，选择【中海洋绿-森林绿渐变】(见图3.5.27)。

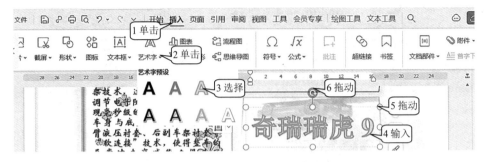

图 3.5.25

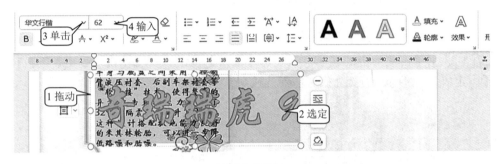

图 3.5.26

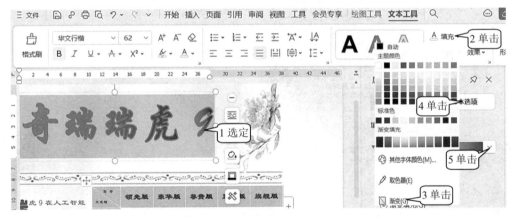

图 3.5.27

**步骤03** ①选定艺术字；②单击【文本选项】按钮；③选中【渐变填充】单选按钮；④单击【渐变样式】选项区域的【矩形渐变】按钮；⑤选择【中心辐射】(见图3.5.28)。

**3. 设置艺术字的轮廓和发光**

**步骤01** ①选定艺术字；②单击【文本选项】按钮；③拖动滚动条寻找【文本轮廓】；④单击【文本轮廓】展开按钮；⑤选中【实线】单选按钮；⑥单击【颜色】下拉按钮，选择红色 (见图3.5.29)。

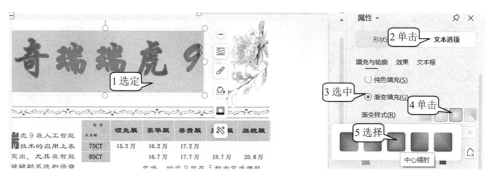

图 3.5.28

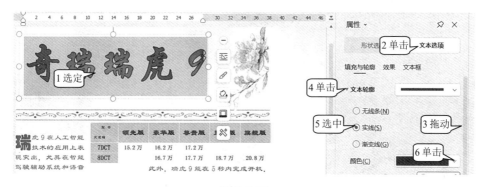

图 3.5.29

**步骤02** ①选定艺术字；②单击【效果】下拉按钮；③单击【发光】；④选择【橙色，18pt 发光，着色 3】(见图 3.5.30)。

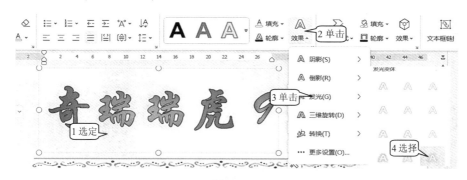

图 3.5.30

### 4. 设置艺术字的倒影和三维旋转

**步骤01** ①选定艺术字；②单击【效果】下拉按钮；③单击【倒影】；④选择【紧密倒影，4pt 偏移量】(见图 3.5.31)。

**步骤02** ①选定艺术字；②单击【效果】下拉按钮；③单击【三维旋转】；④选择【适度宽松】(见图 3.5.32)。

### 5. 设置艺术字背景填充和边框

**步骤01** ①单击艺术字边框选定艺术字；②单击【填充】下拉按钮；③单击【图片或

纹理】；④选择【旧棉布】(见图 3.5.33)。

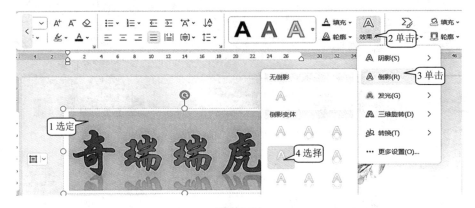

图 3.5.31

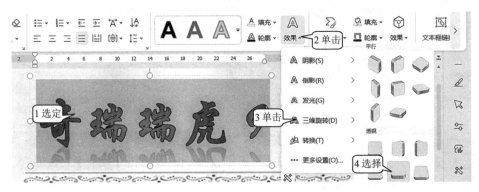

图 3.5.32

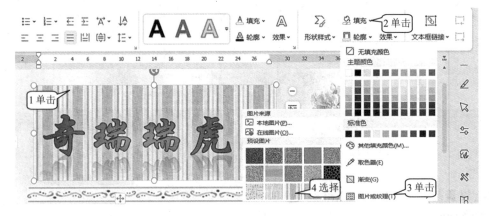

图 3.5.33

**步骤 02** ①选定艺术字；②单击【轮廓】下拉按钮；③选择【更多设置】(见图 3.5.34)，就会在窗口右侧弹出【属性】面板。

**步骤 03** ①单击【形状选项】按钮；②选中【实线】单选按钮；③单击【线条】下拉按钮，选择实线类型；④单击【颜色】下拉按钮，选择绿色；⑤在【宽度】文本框中输入 2.25(见图 3.5.35)。

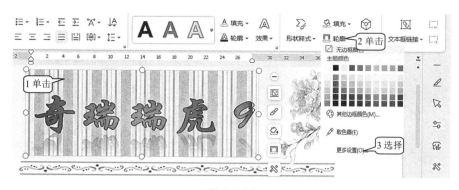

图 3.5.34

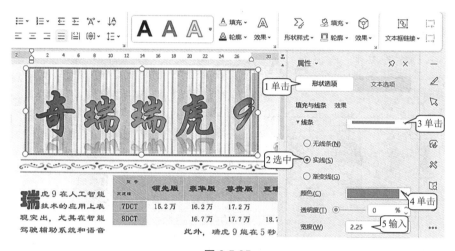

图 3.5.35

## 6. 设置艺术字背景发光和三维旋转

**步骤 01** ①单击艺术字；②单击【效果】下拉按钮；③单击【发光】；④选择【巧克力黄，18pt 发光，着色 2】(见图 3.5.36)。

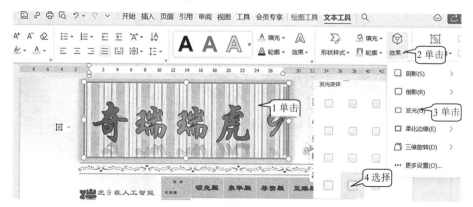

图 3.5.36

**步骤 02** ①单击艺术字；②单击【效果】下拉按钮；③单击【三维旋转】；④选择【适度宽松】(见图 3.5.37)。

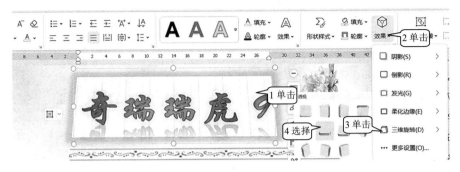

图 3.5.37

**步骤03** ①单击艺术字；②单击【效果】下拉按钮；③选择【更多设置】(见图 3.5.38)，窗口右侧将弹出【属性】面板。

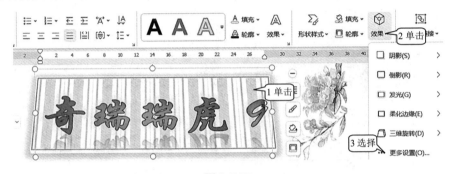

图 3.5.38

**步骤04** ①单击【形状选项】按钮；②拖动滚动条寻找【三维格式】；③单击【三维格式】展开按钮 ▶；④单击【效果】下拉按钮；⑤选择【深度】为【茶色，着色 6，浅色 40%】；⑥输入深度值 28；⑦在【曲面图】中选择绿色；⑧输入曲面图值 2；⑨单击【光照】下拉按钮；⑩选择日照效果(见图 3.5.39)。

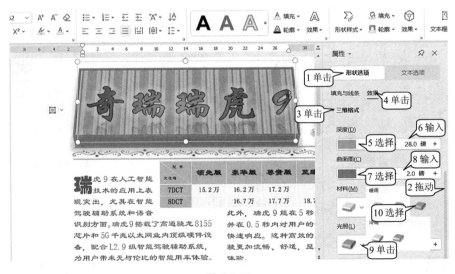

图 3.5.39

## 学习模块三 WPS 文字的应用

### 7. 设置艺术字的转换效果

**步骤 01** 插入艺术字"瑞虎 9"。

**步骤 02** 将插入的艺术字设置为华文琥珀、小二；艺术字内部填充色设置为橙色；艺术字边框线设置为红色；并加上【浅绿, 18pt 发光, 着色 4】发光效果。

**步骤 03** ①选定艺术字；②单击【效果】下拉按钮；③单击【转换】；④选择【停止】(见图 3.5.40)。

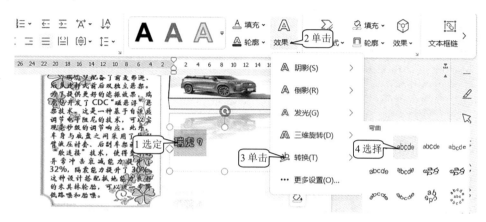

图 3.5.40

**步骤 04** ①拖动黄色控点◇，改变形状；②拖动白色控点○，改变大小，如图 3.5.41 所示。

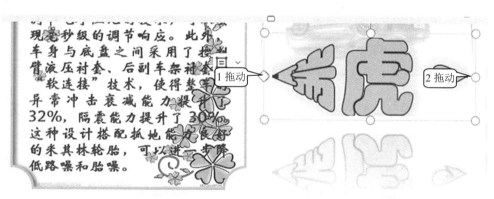

图 3.5.41

**步骤 05** 将艺术字的倒影设置为【全倒影, 8pt 偏移量】，效果如图 3.5.41 所示。

### 任务七 插入与设置文本框

#### 1. 文本框的插入、移动与大小设置

**步骤 01** ①单击【插入】；②单击【文本框】下拉按钮；③选择【横向】；④拖动鼠标绘制一个矩形框；⑤拖动空心控点○，可以改变文本框的大小；⑥拖动旋转控点◎，可

以旋转文本框；⑦拖动文本框边线，可以移动文本框；⑧在文本框中输入"瑞虎 9 不仅在技术上追求创新，还在舒适性上下足了功夫。它配备了 0 重力超感副驾，为乘客提供沉浸式的 SPA 级按摩体验，确保每次出行都能享受到舒适的旅程。同时，车内还采用了 C-PURE 奇瑞净立方绿色座舱和纯净呼吸系统，确保车内空气始终保持清新。"，如图 3.5.42 所示。

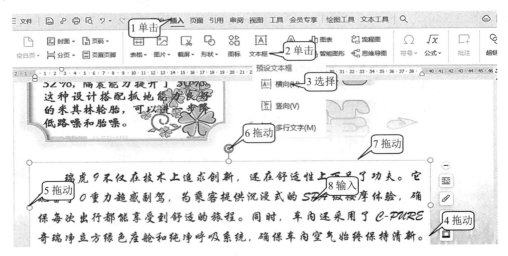

图 3.5.42

**步骤 02** 将文本框内文字设置为华文行楷、14、紫色，行间距设置为固定值 22。

**步骤 03** ①单击文本框边框，选中文本框；②单击【绘图工具】；③输入高度值 3.5；④输入宽度值 15，这样文本框的大小就设置成了高度为 3.5 厘米、宽度为 15 厘米(见图 3.5.43)。

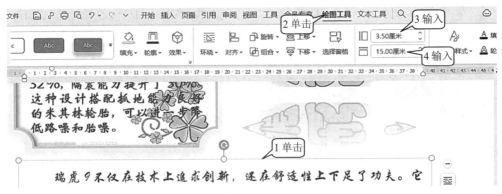

图 3.5.43

### 2. 设置文本框内文字和文本框的发光效果

**步骤 01** ①选定文本框内文字；②单击【开始】；③单击【文字效果】下拉按钮；④选择【橙色，11pt 发光，着色 3】(见图 3.5.44)。

**步骤 02** ①单击文本框边线，选定文本框；②单击【绘图工具】；③单击【效果】下拉按钮；④单击【发光】；⑤选择【矢车菊蓝，18pt 发光，着色 5】(见图 3.5.45)。

学习模块三　WPS 文字的应用

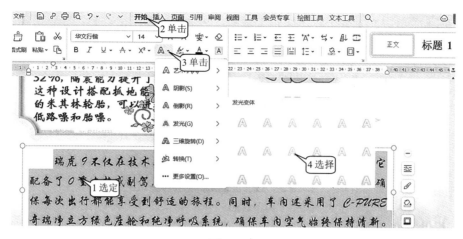

图 3.5.44

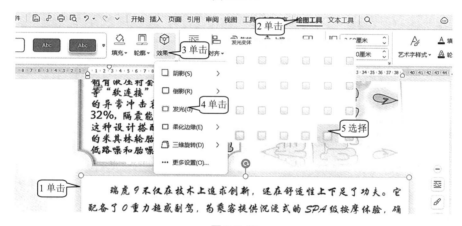

图 3.5.45

### 3. 设置文本框边线和纹理填充

**步骤 01** ①单击文本边线，选定文本框；②单击【绘图工具】；③单击【轮廓】下拉按钮；④选择【猩红，着色 6，浅色 40%】(见图 3.5.46)。

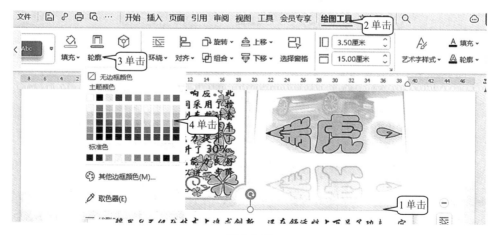

图 3.5.46

**步骤02** ①单击文本框边线，选定文本框；②单击【绘图工具】；③单击【轮廓】下拉按钮；④单击【线型】；⑤选择【4.5磅】(见图3.5.47)。

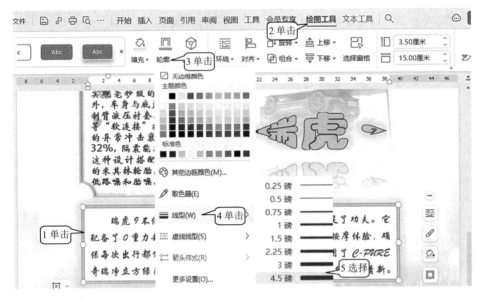

图 3.5.47

**步骤03** ①单击文本框边线，选定文本框；②单击【绘图工具】；③单击【轮廓】下拉按钮；④单击【虚线线型】；⑤选择【圆点】(见图3.5.48)。

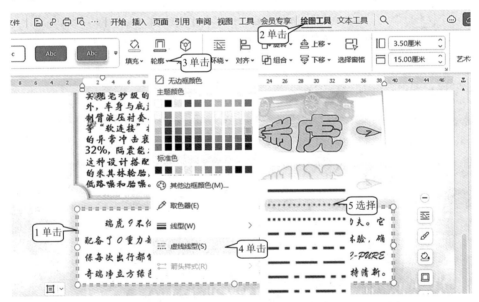

图 3.5.48

**步骤04** ①单击文本框边线，选定文本框；②单击【绘图工具】；③单击【填充】下拉按钮；④单击【图片或纹理】；⑤选择【本地图片】命令，弹出【选择纹理】对话框；⑥单击【此电脑】，找到图片所在的文件夹；⑦双击"双花"图片文件，则该图片就被作为文本框的底图放入文本框，结果如图 3.5.49 所示。

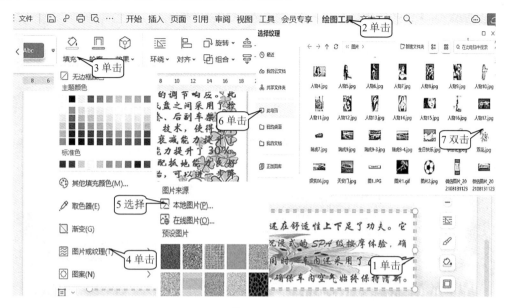

图 3.5.49

## 任务八  页面边框的插入与设置

**步骤 01** ①单击【页面】；②单击【页面边框】(见图 3.5.50)，弹出【边框和底纹】对话框。

图 3.5.50

**步骤 02** ①单击【页面边框】标签；②单击【方框】；③输入宽度值 15；④单击【艺术型】下拉按钮，选择【冰淇淋】图案；⑤单击【选项】按钮(见图 3.5.51)，弹出【边框和底纹选项】对话框。

**步骤 03** ①在【上】微调框中输入 31；②在【下】微调框中输入 24；③在【左】微调框中输入 31；④在【右】微调框中输入 31；⑤单击【确定】按钮(见图 3.5.52)，返回【边框和底纹选项】对话框。

**步骤04** 在【边框和底纹】对话框中单击【确定】按钮。

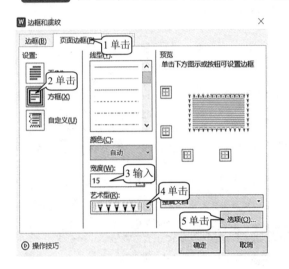
图 3.5.51

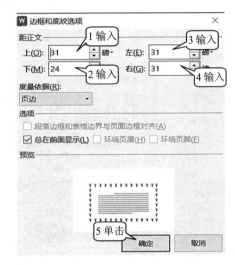
图 3.5.52

**步骤05** 将宣传页中的艺术字、图片、文本框、形状位置调整到适当的位置，即可完成宣传页的制作。

### 知识点延展

| | |
|---|---|
| 通过参数设置，调整图片立体三维旋转效果 | 步骤一：①单击图片；②单击【图片工具】，单击【效果】，选择【更多设置】命令，打开【属性】面板；③单击【三维格式】左边的三角按钮；④单击【深度】下拉按钮，选择颜色；⑤单击【曲面图】下拉按钮，选择颜色；⑥在【深度】右边的【大小】文本框中输入数值；⑦在【曲面图】右边的【大小】文本框中输入数值；⑧单击【材料】下拉按钮，选择材料类型；⑨单击【光照】下拉按钮，选择光照类型；⑩在【角度】文本框中输入数值。<br>步骤二：①单击【三维旋转】左边的三角按钮；②单击【预设】下拉按钮，选择预设类型；③在【X 旋转】文本框中输入数值；④在【Y 旋转】文本框中输入数值；⑤在【Z 旋转】文本框中输入数值；⑥在【透视】文本框中输入数值；⑦在【距底边高度】文本框中输入数值 |
| 设置文本框填充的渐变效果 | 步骤一：①单击文本框；②单击【绘图工具】；③单击【形状填充】；④单击【渐变】，会在窗口右侧打开【属性】面板；⑤单击【形状选项】按钮。<br>步骤二：①单击【停止点 1】滑块；②选择渐变样式；③单击【色标颜色】下拉按钮，选择色标颜色；④单击【停止点 2】滑块；⑤单击【色标颜色】下拉按钮，选择色标颜色；⑥单击【停止点 3】滑块；⑦单击【色标颜色】下拉按钮，选择色标颜色；⑧单击【停止点 4】滑块；⑨单击【色标颜色】下拉按钮，选择色标颜色 |

## 思考与联想讨论

请同学们讨论下列问题并给出答案。

1. 如何在图形中插入竖排的文字？
2. 如何将文本框的填充色设置为由红到黄再到绿色最后到蓝的渐变色？
3. 如何将艺术字的背景填充为由红到蓝到黄的渐变色？

## 开拓探索行动

扫描右侧的二维码打开案例，自行探索完成。

# 项目六 WPS 文字——页面设置与打印

## 项目剖析

**应用场景：** 同样多的文字在不同的纸张上所占的行数和每行的字数是不一样的，根据对实际文档外观效果的要求，可以将纸张设置成 A3、A4 等不同的大小和版式。为了节省纸张，可以将页边距设得小一点，以使每页能够容纳更多的文字。为了装订需要还可以将左边距设置大一点，留出装订空间。为了便于在纸质稿上进行修改，可以按照中文习惯打印成方格稿纸形式。打印预览可以在未打印之前能就看到打印在纸上的效果，通过打印设置可以打印指定的页、指定范围的页以及奇数页或偶数页。

**设计思路与方法技巧：** 根据实际工作需要设置纸张的大小、版式和页边距，并按照中文编辑习惯使用方格形式排版和打印文档。同时在打印之前先进行预览，根据预览结果及时对文档的排版形式进行修改。为了节约纸张，应学会设置只打印需要页码的方法。

**应用到的相关知识点：** 纸张大小设置、打印、打印预览、插入页码、打印指定页码、页边距设置、稿纸设置、版式设置。

## 即学即用的可视化实践环节

### 任务一 设置页边距、纸张大小和版式

**1. 设置页边距与纸张大小**

**步骤 01** 打开教材素材\WPS 文字\双碳目标。

**步骤 02** ①单击【页面】；②单击【纸张方向】；③单击【横向】；④输入上边距数值 3；⑤输入左边距数值 2；⑥输入下边距数值 3；⑦输入右边距数值 2，如图 3.6.1 所示。

**步骤 03** ①单击【页面】；②单击【纸张大小】；③单击【其他页面大小】，弹出【页面设置】对话框；④单击【纸张】标签；⑤单击【纸张大小】下拉按钮，选择【自定义大小】；⑥输入宽度数值 21；⑦输入高度数值 20；⑧单击【确定】按钮，如图 3.6.2 所示。

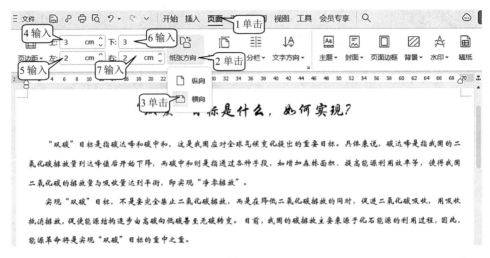

图 3.6.1

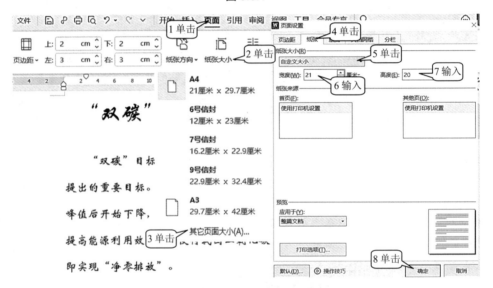

图 3.6.2

## 2. 设置版式

①单击【页面】；②单击【纸张大小】；③单击【其他页面大小】，弹出【页面设置】对话框；④单击【版式】标签；⑤选中【奇偶页不同】复选框，可以设置奇数页和偶数页的页眉和页脚各不相同。如果取消选中该复选框，当设置了页眉和页脚之后，所有页面的页眉和页脚都将是相同的；⑥选中【首页不同】复选框，选中该复选框后文档第 1 页的页眉和页脚会和其他页面不同。如果取消选中该复选框，当设置了页眉和页脚之后，首页的页眉和页脚就会和其他页面完全相同；⑦单击【确定】按钮，如图 3.6.3 所示。

学习模块三　WPS 文字的应用

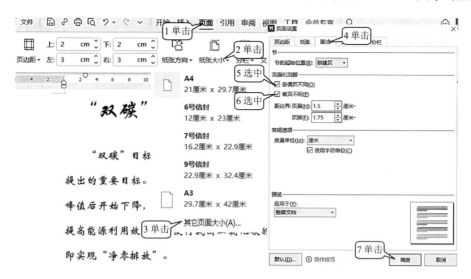

图 3.6.3

## 任务二　设置页码和稿纸

### 1. 页码的插入与删除

**步骤 01** ①单击【页面】；②单击【页码】下拉按钮；③单击【页脚中间】，即可插入页码，并进入页脚编辑状态；④双击文档，将返回文档编辑状态，如图 3.6.4 所示。

图 3.6.4

**步骤 02** ①单击【页面】；②单击【页码】下拉按钮；③选择【删除页码】命令，即可删除页码，并进入页眉编辑状态；④双击文档，将返回文档编辑状态，如图 3.6.5 所示。

### 2. 稿纸的设置与取消

**步骤 01** ①单击【页面】；②单击【稿纸】，弹出【稿纸设置】对话框；③单击【规格】下拉按钮；④选择 20×20(400 字)选项；⑤单击【确定】按钮，如图 3.6.6 所示。

**步骤 02** 在【稿纸设置】对话框中，取消选中【使用稿纸方式】复选框，即可取消稿纸方式。

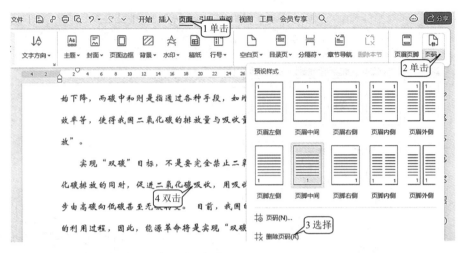

图 3.6.5

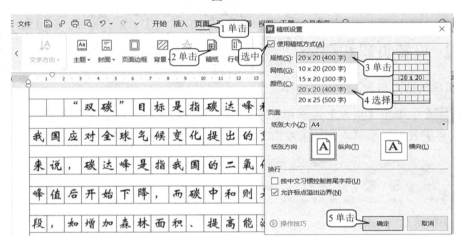

图 3.6.6

### 任务三　打印与打印设置

**1. 打印预览与打印**

**步骤01**　①单击【文件】；②单击【打印】；③单击【打印预览】(见图 3.6.7)，会弹出打印预览窗口。

**步骤02**　单击图 3.6.8 中的【打印(Enter)】按钮，即可打印文件。

**步骤03**　单击图 3.6.8 中的【退出预览】按钮，可以结束预览。

**2. 打印设置**

①输入打印的份数；②单击【顺序】下拉按钮，选择【逐份打印】选项；③单击【逐份打印】按钮，可以一份一份地打印；④单击【打印方式】下拉按钮，选择【单面打印】选项，可以单面打印；⑤单击【打印范围】下拉按钮，选择【全部】选项(选择【所选内容】选项，可以打印选定的文字；选择【双面打印】选项，可以正反面打印；选择【指定页码】选项，并在【指定页码】文本框中输入"2-28"或"2,5,8"，可以打印 2～28 页或 2、

5、8 页)；⑥单击【奇偶页面】下拉按钮，选择【页码范围中的所有页面】选项(选择【仅奇数】选项，可以打印奇数页；选择【仅偶数】选项，可以打印偶数页)，如图 3.6.8 所示。

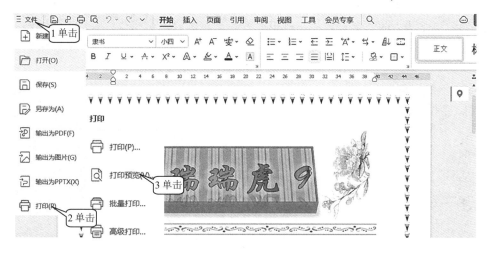

图 3.6.7

图 3.6.8

知识点延展

| 设置页面边框 | ①单击【页面】；②单击【页面边框】；③单击【艺术型】下拉按钮，在下拉列表中选择一种图案 |
|---|---|
| 设置页面颜色 | ①单击【页面】；②单击【背景(页面颜色)】；③选择一种颜色 |
| 设置分栏效果 | ①单击【页面】；②单击【分栏】；③单击【更多分栏】；④单击【两栏】或【三栏】等；⑤单击【确定】按钮 |

## 思考与联想讨论

请同学们讨论下列问题并给出答案。

1. 如何将文档中的文字设置成竖排形式？
2. 分栏排版一般用在什么地方？

## 开拓探索行动

扫描右侧的二维码打开案例，自行探索完成。

# 学习模块四
# WPS 表格的应用

### 本模块学习要点

- WPS 表格的界面组成与功能。
- 工作簿、工作表、单元格的美化和设置。
- 公式和函数、数据运算与分析。
- 数据排序、筛选和汇总。
- 图表的制作与设置。

### 本模块技能目标

- 掌握 WPS 表格的基本功能。
- 熟练掌握工作簿、工作表、单元格的基本操作。
- 掌握美化工作表、使用公式和函数对工作表数据进行运算的方法。
- 能够运用 WPS 表格的排序、筛选、分类汇总等功能对数据进行处理。
- 掌握图表的制作。

# 项目一　WPS表格——初级基础

**项目剖析**

**应用场景：** WPS表格的基本工作平台是工作表，它类似人们日常工作中的表格，表格是由一个个相互连在一起的单元格组成。掌握工作簿和工作表的本质关系，对于后面更好地应用表格非常重要。本节我们会学习工作表的复制、移动、删除、新建操作，工作簿的新建、保存和打开，以及使用模板来快速创建满足要求的表格，同时需要掌握单元格的选定方法，这对我们后面制作各种复杂的工作表是非常有用的。

**设计思路与方法技巧：** 了解工作簿、工作表、单元格的关系；熟练工作簿的新建、保存和打开操作；学会工作表的复制、移动、删除、新建；掌握单元格的选定方法。

**应用到的相关知识点：** 工作簿的新建、保存和打开；工作表的复制、移动、删除、新建；单元格的选定。

**即学即用的可视化实践环节**

## 任务一　了解WPS表格

在WPS表格中，用户可以通过函数和公式对数据进行运算、分析和统计，生成数据表、图表和透视表。图表的可视化分析有助于获取有用信息，为决策提供依据。WPS表格以其简单易学、功能强大的特点，广泛应用于社会各领域，不仅适用于个人事务处理，而且在财务、统计和分析等领域具有广泛的应用。

WPS表格的界面美观、操作简便，集电子数据表、图表与数据库功能于一体，是一款优秀的办公软件。它不仅能胜任各种表格制作和数据统计，还具备图形、图表、数据分析、检索和管理功能。宏功能的自动化处理进一步提升了其效率。

WPS表格的丰富财务、统计和数据库函数，以及强大的图形图表功能，使其特别适合制作财务表格和进行经济信息分析。它不仅是一个表格制作工具，也是一个具备计算、统计、分析功能的数学工具。如果表中的数据是运算结果，它会随着相关数据的变化而自动更新，这对于创建通用公式、具有计算功能的表格，或根据原始数据的变化快速得到结果的表格，提供了极大的便利。

## 任务二　掌握WPS表格的启动、界面与退出

**步骤01** 双击桌面上的图标，将弹出如图4.1.1所示的界面。

**步骤02** ①单击【新建】；②单击【表格】，将弹出如图4.1.2所示的界面。

**步骤03** 单击【空白表格】将弹出如图4.1.3所示的界面。

**步骤04** 单击WPS Office窗口中的【关闭】按钮×，即可退出WPS表格。

学习模块四　　WPS 表格的应用

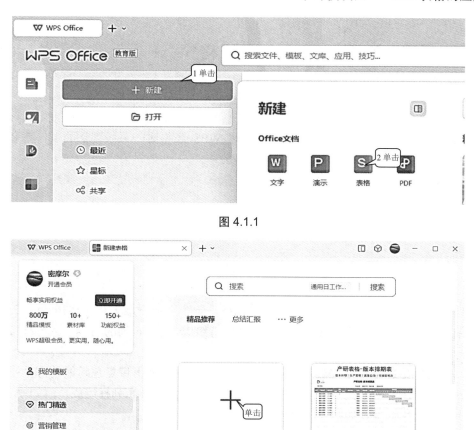

图 4.1.1

图 4.1.2

WPS 表格界面的最上面为功能区名称，下面是功能区，其中有多个用于排版的命令按钮。功能区下面是表格编辑区，用户录入的表格数据，以及对表格的排版都是在这个区域中进行的。窗口下面的视图按钮用于在不同的视图间进行切换；缩放按钮用于放大或缩小编辑区显示的大小。

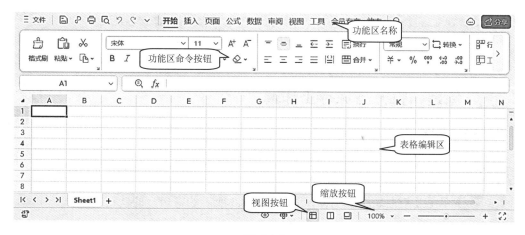

图 4.1.3

## 任务三 认识工作簿、工作表和单元格

### 1. 工作簿

工作簿是指在 WPS 表格环境中用来储存并处理工作数据的文件,其扩展名为.xlsx,在兼容模式下,扩展名也可以为.xls。第一次启动 WPS 表格时,系统默认的工作簿名为"工作簿 1.xlsx",在一个工作簿中,有多个工作表。

### 2. 工作表

在一个工作簿中默认包含一个工作表,工作表名称为 Sheet1。工作表是由一个个单元格组成的。用户可以根据需要增加或者减少工作表的数量,一个工作簿内最多可以有 255 个工作表。

### 3. 单元格

工作区中行号和列号相交的每一格为单元格,一个工作表最多有 65536 行、256 列。行号的编号为 1~65536,列号是由 26 个英文字母组成,前 26 列的列号为 A~Z,27~256 列的列号为 AA~IV。

活动单元格是指当前正在使用的单元格,在工作表中常用带黑色粗线的方框指示其位置。编辑栏中显示活动单元格里的信息。单元格的名称由行号和列标组成,例如 A1,单元格名称又叫单元格地址,如图 4.1.4 所示。

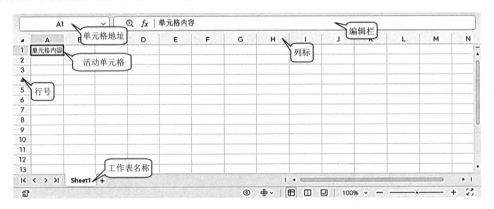

图 4.1.4

## 任务四 新建、打开与保存工作簿

### 1. 新建工作簿

**步骤 01** 单击【文件】按钮,在打开的下拉菜单中选择【新建】命令,在其子菜单中选择【新建】,弹出图 4.1.2 所示的窗口。

**步骤 02** 单击【空白表格】图标,弹出图 4.1.3 所示的窗口,即新建了一个工作簿。

## 2. 使用模板创建工作簿

模板是定义了格式信息的特殊 WPS 表格文档，用户可以根据工作需要使用不同的模板。常用的模板有财务核算、进销存、日常办公、生产制造、个人常用等类型。模板可以使我们在电子表格编辑中节省时间，不用从空白页面开始设计表格。

**步骤 01** ①单击【文件】；②单击【新建】；③单击【新建】(见图 4.1.5)，出现图 4.1.6 所示的窗口。

图 4.1.5

图 4.1.6

**步骤 02** ①拖动滚动条找到【个人常用】选项；②单击【个人常用】；③拖动滚动条找到【版本规划排期计划表】；④单击【版本规划排期计划表】，效果如图 4.1.7 所示。

## 3. 打开已有的工作簿

①单击【文件】；②单击【打开】，弹出【打开文件】对话框；③单击【此电脑】，找到要打开文件所在的文件夹；④双击要打开的文件，如图 4.1.8 所示。

信息技术基础可视化教程(WPS 版 MOOC 教程)

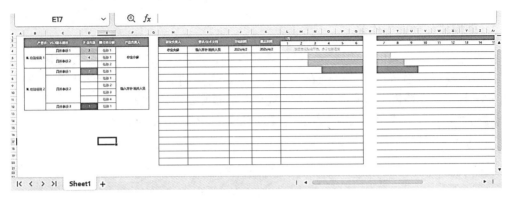

图 4.1.7

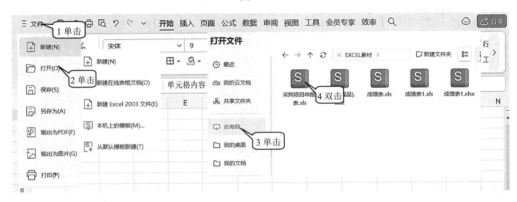

图 4.1.8

### 任务五　掌握工作表的各种操作

#### 1. 插入工作表

单击【插入工作表】按钮(见图 4.1.9)，即可插入一张新的工作表。

#### 2. 重命名工作表

①右击工作表名称，弹出快捷菜单；②选择【重命名】命令；③输入新工作表名称"我的表格"，然后按 Enter 键或单击工作表其他地方，则工作表名被命名为"我的表格"，如图 4.1.10 所示。

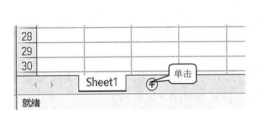

图 4.1.9

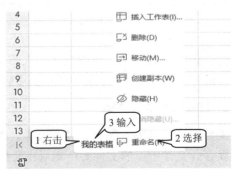

图 4.1.10

## 3. 移动工作表

**步骤 01** 在打开的工作簿中插入 5 张工作表。

**步骤 02** 用鼠标选择"我的表格"并拖动到 Sheet1 工作表名称右边，如图 4.1.11 所示，则"我的表格"就被移动到 Sheet1 工作表名称后了。

## 4. 删除工作表

①右击要删除的工作表 Sheet1，弹出如图 4.1.12 所示的快捷菜单；②选择【删除】命令，则工作表 Sheet1 被删除。

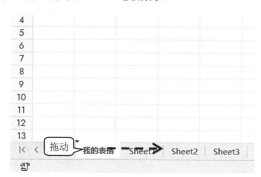

图 4.1.11

图 4.1.12

## 5. 复制工作表

用鼠标选择"我的表格"，按住 Ctrl 键，并拖动"我的表格"到 Sheet2 工作表名称前，释放鼠标(见图 4.1.13)，就复制了一份同样的工作表，工作表名称被自动命名为"我的表格(2)"。

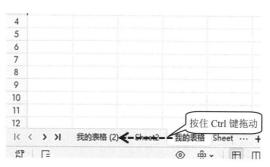

图 4.1.13

### 任务六　学会单元格的选定方法

#### 1. 选定单个单元格

单击要选定的单元格即可选定单个单元格。

## 2. 选定单元格区域

拖动鼠标可选定单元格区域(见图 4.1.14)，如果在行号或列标上拖动，则可以选定工作表的若干行或若干列(见图 4.1.15)。

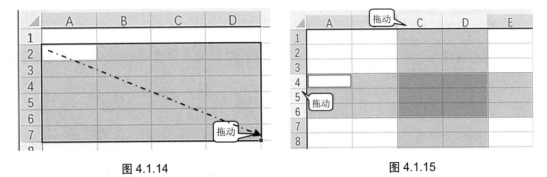

图 4.1.14　　　　　　　　　　　图 4.1.15

## 3. 选定整个表格

单击工作表左上角行号与列标相交处的【全部选定】按钮 (见图 4.1.16)，则可以选定工作表中的所有单元格。

## 4. 选定离散的单元格区域

①拖动鼠标选定第 1 个连续区域；②按住 Ctrl 键，拖动鼠标选定第 2 个连续区域；③按住 Ctrl 键，拖动鼠标选定第 3 个连续区域；④按住 Ctrl 键，拖动鼠标选定第 4 个连续区域(见图 4.1.17)。

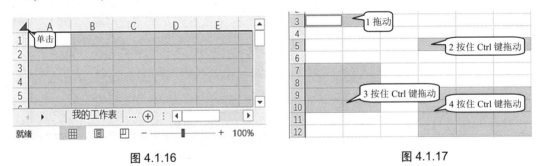

图 4.1.16　　　　　　　　　　　图 4.1.17

## 5. 选定离散的多行多列区域

①按住 Ctrl 键在列标上拖动鼠标；②按住 Ctrl 键在列标上拖动鼠标；③按住 Ctrl 键在列标上拖动鼠标；④按住 Ctrl 键在行标上拖动鼠标；⑤按住 Ctrl 键在行标上拖动鼠标(见图 4.1.18)，即可选定离散的多行多列区域。

## 6. 取消单元格的选定

在任意单元格上单击即可取消选定。

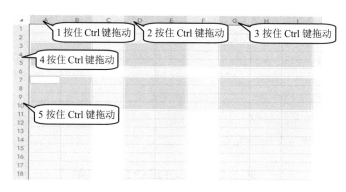

图 4.1.18

 **知识点延展**

| 自定义功能区 | ①单击【文件】按钮；②单击【选项】；③单击【自定义功能区】；④选中【自定义功能区】列表框中功能区名前的复选框，打√的表示该功能区名会显示在标题栏上，去除√则表示该功能区名将会从标题栏上消失 |
|---|---|
| 自定义快速访问工具栏 | ①单击【文件】按钮；②单击【选项】；③单击【快速访问工具栏】；④选中所要添加到快速访问工具栏的命令名称；⑤单击【添加】按钮；⑥单击【确定】按钮 |

**思考与联想讨论**

请同学们讨论下列问题并给出答案。

1. WPS 表格的定时保存有何用处？
2. 如果 WPS 表格每一行保存一个人的信息，那么一个工作表能够保存多少个人的信息？
3. 一个工作簿文件最多有多少个工作表？

**开拓探索行动**

扫描右侧的二维码打开案例，自行探索完成。

## 项目二　WPS 表格——学生基本信息表

 **项目剖析**

**应用场景：**WPS 表格的基本工作平台是工作表，用户可以在工作表的单元格中输入数据，输入的数据可以是数字、文本、分数、日期和时间等各种类型，比如输入身份证号码、邮编、电话号码，这些数据该如何输入呢？学校的学生信息表是教学管理工作最基本的、必不可少的表格。制作这样的表格，就会遇到上面各种类型数据的输入。本项目通过制作一个学生信息表，来讲解表格的基本制作方法。

**设计思路与方法技巧：** 通过学习输入数字、文本、分数、日期、时间、身份证号码(邮编、电话号码)等数据，掌握各种类型数据的输入方法。对于表格中的规律数据，还可以通过数据自动填充功能提高输入效率。通过对单元格数据进行复制、移动和删除，以及同时在多个单元格中输入同样的数据可以简化输入操作。利用行和列的大小调整、增加行(列)、删除行(列)，以及单元格的合并，可以把表格设置得更符合要求。

**应用到的相关知识点：** 各种数据输入方法、数据的自动填充、行和列大小调整、增加行(列)、删除行(列)，以及单元格的合并。

 即学即用的可视化实践环节

## 任务一　输入数据

### 1. 常规数据的输入

**步骤 01** 打开教材素材\WPS 表格\学生基本信息表(初)。
**步骤 02** 将 Sheet1 工作表更名为"学生基本信息表"。
**步骤 03** 输入图 4.2.1 所示的数据，制作一个工作表。

| | A | B | C | D | E | F | G | H | I | J |
|---|---|---|---|---|---|---|---|---|---|---|
| 1 | 学号 | 姓名 | 性别 | 身份证号 | 入学日期 | 所属系部 | 预计入学日期 | 班级名称 | 学费 | 联系方式 |
| 2 | 182020201 | 王娇 | 女 | 340202199910107788 | | 财务金融系 | | 金融管理181 | | 05535979999 |
| 3 | | 李丽 | 男 | 340101200005058866 | | 财务金融系 | | 金融管理182 | | 05535979999 |
| 4 | | 陈星宇 | 女 | 340201199906067766 | | 财务金融系 | | 金融管理183 | | 05535979999 |
| 5 | | 任洁 | 男 | 34020220000202101X | | 财务金融系 | | 市场营销181 | | 05535978888 |

图 4.2.1

### 2. 小数位数千位分隔符的设定

**步骤 01** ①选定单元格；②单击【开始】；③单击【单元格格式】按钮，弹出【单元格格式】对话框；④单击【数字】标签；⑤选择【分类】中的【数值】选项；⑥在【小数位数】微调框中输入 2，表示保留 2 位小数；⑦选中【使用千位分隔符】复选框；⑧单击【确定】按钮；⑨输入 4500，如图 4.2.2 所示。

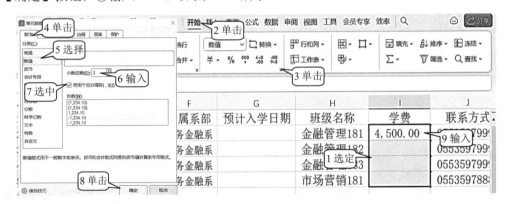

图 4.2.2

**步骤 02** 在下面的 3 个单元格中也输入 4500。

### 3. 日期、时间的输入

(1) 输入日期，可以用斜杠"/"或者"-"来分隔日期中的年、月、日部分。比如要输入"2018 年 9 月 10 日"，可以在单元格中输入"2018/9/10"或者"2018-9-10"，如图 4.2.3 所示。

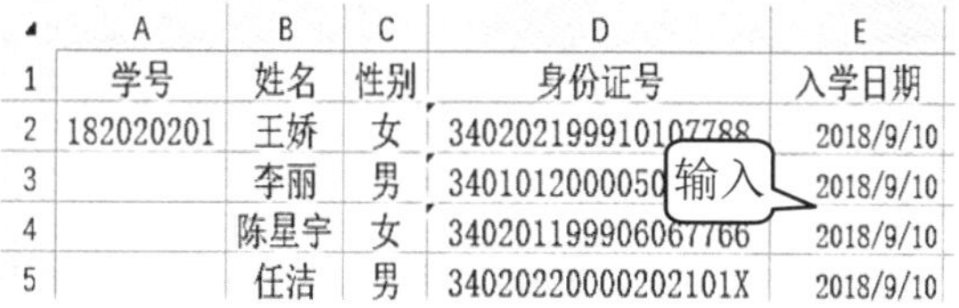

图 4.2.3

(2) 输入时间。若采用 24 小时制，则输入格式为 18:00；若采用 12 小时制，则输入格式为 9:30 AM，字母 AM 和时间之间有一个空格。

**注意**：如果要在单元格中插入当前日期，可以按 Ctrl+;组合键。如果要在单元格中插入当前时间，则按 Ctrl+Shift+;组合键。

### 4. 分数的输入

输入分数时，要在分数前输入 0 以示区别，并且在 0 和分子之间用一个空格隔开。比如，输入"0 1/4"，在单元格中显示 1/4，而在编辑栏中显示的则是 0.25，如图 4.2.4 所示；再比如，在图 4.2.5 所示的 E8 单元格中输入"3 3/4"，则显示"3 3/4"，而在编辑栏中显示的则是 3.75。

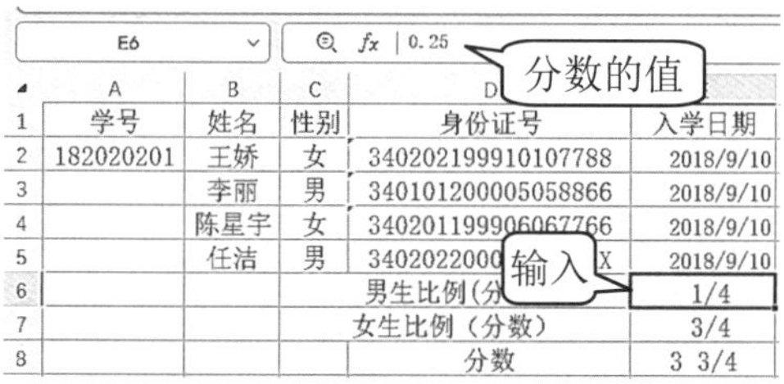

图 4.2.4　　　　　　　　　　图 4.2.5

### 5. 在单元格内输入多行字符

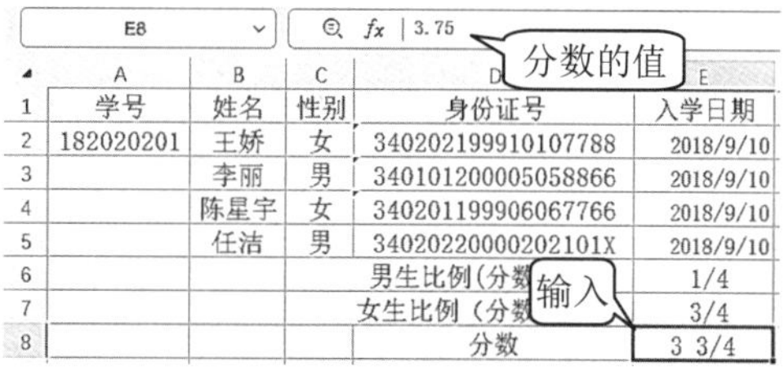

一个单元格内输入的内容默认情况下只在一行显示，输入时不会自动换行。如果需要分多行显示，则需要换行，应按住 Alt 键不放，再按 Enter 键。

如果多个单元格需要输入多行字符，需要进行如下设置。

**步骤 01** 新建一个空白工作簿。

**步骤 02** ①选定单元格；②单击【开始】；③单击【单元格格式】按钮，将弹出【单元格格式】对话框；④单击【对齐】标签；⑤选中【自动换行】复选框；⑥单击【确定】按钮，如图 4.2.6 所示，这样就可以在 A1~A6 单元格中像 D1~D6 单元格中一样输入多行字符了。

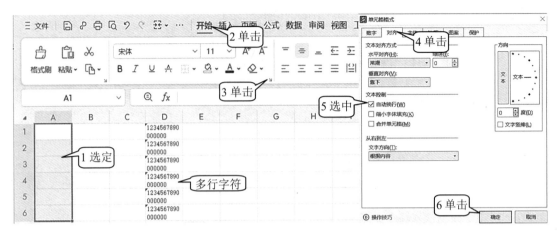

图 4.2.6

## 任务二　填充单元格中的数据

### 1. 自动填充

1) 自动填充有规则的数据

①选定 A2 单元格；②将鼠标指针放在 A2 单元格的右下角，当鼠标指针变成实心十字形状时(这里称黑十字为填充柄)，向下拖动填充柄至所有要填充数据的单元格，则数据会按递增规律自动填入相应的单元格中，如图 4.2.7 所示。

2) 多个单元格填充相同的数据

①在两个单元格中分别输入"信息"和"技术基础"；②选定两个单元格；③将鼠标指针放在选定单元格的右下角，当鼠标指针变成黑十字形状时，向下拖动填充柄至所有需填充的单元格，如图 4.2.8 右侧所示。

图 4.2.7

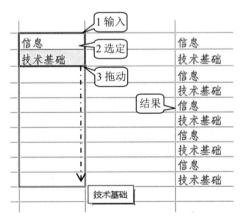

图 4.2.8

3) 修改单元格内容

双击单元格，然后在单元格或编辑栏中输入新的内容。

## 2. 单元格中数据的移动

选定要移动数据的单元格，然后将鼠标指针移至选定单元格的边框，当鼠标指针变成形状时，拖动鼠标到目标单元格，释放鼠标即可。

## 3. 单元格中数据的复制

①选定要复制数据的单元格；②将鼠标指针移至选定单元格的边框，当鼠标指针变成形状时，按住 Ctrl 键，同时拖动要复制的单元格到目标单元格，松开 Ctrl 键并释放鼠标，如图 4.2.9 所示。

图 4.2.9

## 4. 单元格中数据的删除

选定要删除数据的单元格，然后按 Delete 键，即可删除数据。

## 5. 在不同的单元格区域中同时输入相同的数据

**步骤 01** ①选定单元格；②在单元格中输入"信息技术"，如图 4.2.10 所示。

**步骤 02** 按 Ctrl+Enter 组合键，则选定的单元格中将全部输入"信息技术"，如图 4.2.11 所示。

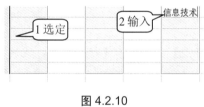

图 4.2.10                    图 4.2.11

## 任务三  设置单元格字符格式

**步骤 01** 打开教材素材\WPS 表格\学生基本信息表(原)。

**步骤 02** 选定 A1:I1 单元格；②单击【开始】；③单击【字体】下拉按钮；④选择【华文行楷】；⑤单击【字号】下拉按钮，选择 12(见图 4.2.12)。在 WPS 中对于字符格式的详细设置，还可以通过单击【字体设置】组右下角的 按钮，在弹出的【设置单元格格式】对话框进行设置，方法和 WPS 文字中的设置一样。

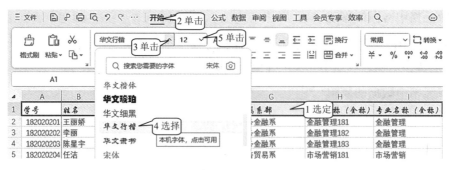

图 4.2.12

## 任务四 调整行和列

### 1. 调整行列大小

①将鼠标指针移到行的分界线上，使其变为双箭头，拖动鼠标，改变行的高度，使其高度为需要的值或适合的高度；②将鼠标指针移到列的分界线上，使其变为双箭头，然后拖动鼠标改变列的宽度，使其宽度为需要的值或适合的宽度。如果同时选定几行或者几列，将鼠标指针移到选定的行和列的任何一条线上，拖动鼠标就可以同时改变几行或者几列的宽度和高度，如图 4.2.13 所示。

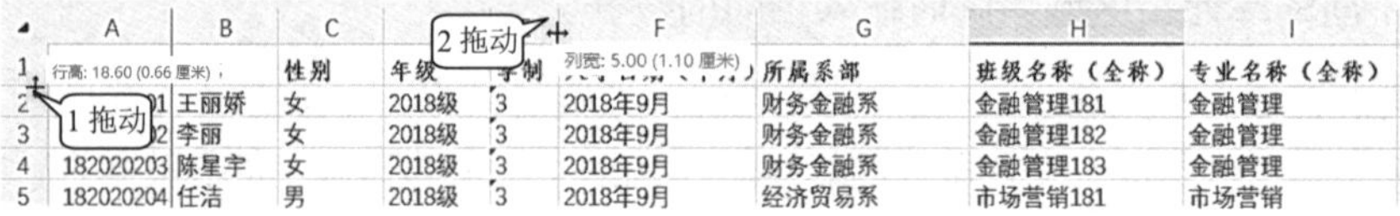

图 4.2.13

### 2. 精确设置行高

①在行标上拖动鼠标选定 2～15 行；②单击【开始】；③单击【行和列】；④选择【行高】，将弹出【行高】对话框；⑤输入行高 15；⑥单击【确定】按钮，如图 4.2.14 所示。

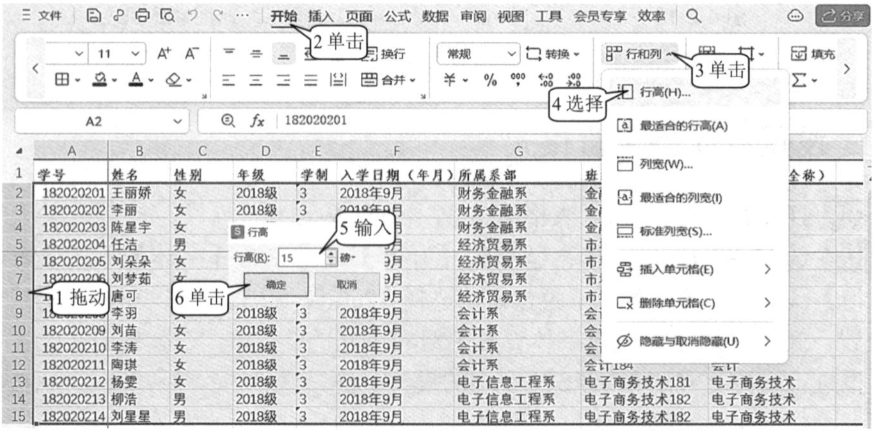

图 4.2.14

### 3. 精确设置列宽

①选定 C、E 列；②单击【开始】；③单击【行和列】；④选择【列宽】，将弹出【列宽】对话框；⑤输入列宽 5；⑥单击【确定】按钮，如图 4.2.15 所示。

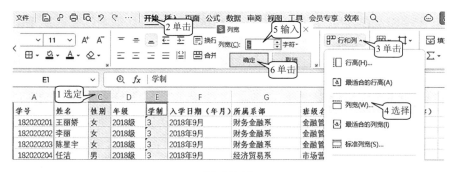

图 4.2.15

## 任务五　增加或删除行

### 1. 增加行

①选定第 1～3 行(选定几行，就会插入几行)；②单击【开始】；③单击【行和列】；④选择【插入单元格】；⑤选择【在上方插入行】命令，如图 4.2.16 所示。

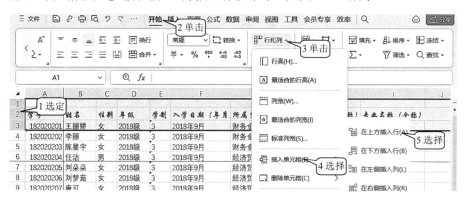

图 4.2.16

### 2. 删除行

①选定第 2～3 行(选定几行，就会删除几行)；②右击选定的行；③选择【删除】命令，如图 4.2.17 所示。

图 4.2.17

## 任务六　增加或删除列

### 1. 增加列

①选定 C～E 列(选定几列，就会插入几列)；②右击选定的列；③选择【在左侧插入列】命令，如图 4.2.18 所示。

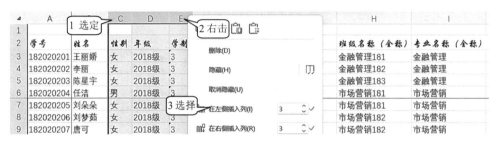

图 4.2.18

### 2. 删除列

①选定 C～E 列(选定几列，就会删除几列)；②右击选定的列；③选择【删除】命令，如图 4.2.19 所示。

图 4.2.19

## 任务七　合并单元格

**步骤 01** 在 A1 单元格中输入"学生基本信息表"。

**步骤 02** ①选定 A1～I1；②单击【开始】；③单击【合并】下拉按钮；④选择【合并居中】(见图 4.2.20)，则第 1 行的 A1～I1 单元格被合并，而单元格中的文字将被居中，效果如图 4.2.21 所示。

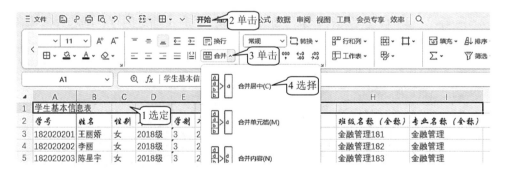

图 4.2.20

| 1 | | | | | | 学生基本信息表 | | | |
|---|---|---|---|---|---|---|---|---|---|
| 2 | 学号 | 姓名 | 性别 | 年级 | 学制 | 入学日期（年月） | 所属系部 | 班级名称（全称） | 专业名称（全称） |
| 3 | 182020201 | 王丽娇 | 女 | 2018级 | 3 | 2018年9月 | 财务金融系 | 金融管理181 | 金融管理 |
| 4 | 182020202 | 李丽 | 女 | 2018级 | 3 | 2018年9月 | 财务金融系 | 金融管理182 | 金融管理 |
| 5 | 182020203 | 陈星宇 | 女 | 2018级 | 3 | 2018年9月 | 财务金融系 | 金融管理183 | 金融管理 |

图 4.2.21

知识点延展

| WPS自带序列的填充 | ①输入自带序列的第一项，如"星期一"；②将鼠标指针移动到单元格右下角的实心点(填充柄)；③向下拖动或者向左右拖动，即可将序列中的其他项 (星期二、星期三、星期四、星期五、星期六、星期日)填充到单元格中 |
|---|---|
| 设置单元格自动换行 | ①单击【单元格格式】按钮；②单击【对齐】标签；③选中【自动换行】复选框；④单击【确定】按钮 |
| 自定义序列的设置 | ①单击【文件】；②单击【选项】；③单击【自定义序列】；④在【输入序列】栏中输入序列名称(每行输入一个序列项名称)；⑤单击【添加】；⑥单击【确定】按钮 |

请同学们讨论下列问题并给出答案。

1. 如果会经常输入全班同学的名字，那么如何利用自定义序列来快速地完成名字的输入？
2. 如何利用拖动鼠标的方式来精确地设定行高和列宽？
3. 除了本书中介绍的插入行和列的方法，还有其他插入行和列的方法吗？

开拓探索行动

扫描右侧的二维码打开案例，自行探索完成。

## 项目三　WPS 表格——美化"学生基本信息表"

### 项目剖析

**应用场景：** 一个表格除了设计合理、功能完善之外，还应该美观。美观的表格便于读者阅读，并能快捷地找到自己所需要的信息。另外，还可以为表格设计具有便于查看和防错误输入的功能。

**设计思路与方法技巧：** 通过设置边框、背景和底纹，可以改善表格的外观和视觉效果，通过线条和颜色的搭配可以美化表格。使用快速复制格式可以提高设置速度，应用条件格式可以赋予表格防止错误输入的功能。利用拆分窗格和冻结窗格功能可以完成大表格的清晰查看和分析。

**应用到的相关知识点：** 设置表格边框和底纹、快速复制格式、条件格式、拆分窗格、冻结窗格。

## 即学即用的可视化实践环节

### 任务一 设置表格边框

**步骤01** 打开教材素材\WPS 表格\学生基本信息表(原)。

**步骤02** 将表格标题设置为华文彩云、22。

**步骤03** ①选定要设置边框的 A2~I16 单元格；②单击【开始】；③单击【字体设置】按钮，打开【单元格格式】对话框；④单击【边框】标签；⑤选择【样式】列表框中的双细线；⑥单击【颜色】下拉按钮，选择【猩红,着色 6,深色 25%】；⑦单击【外边框】按钮；⑧单击【确定】按钮，如图 4.3.1 所示。

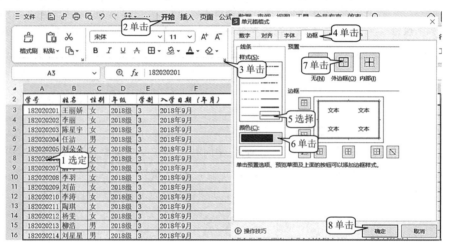

图 4.3.1

**步骤04** ①选定 A2~I2 单元格；②单击【开始】；③单击【字体设置】按钮，打开【单元格格式】对话框；④单击【边框】标签；⑤选择【样式】列表框中的双细线；⑥单击【颜色】下拉按钮，选择【猩红,着色 6,深色 25%】；⑦单击【下边框】按钮；⑧单击【确定】按钮，如图 4.3.2 所示。

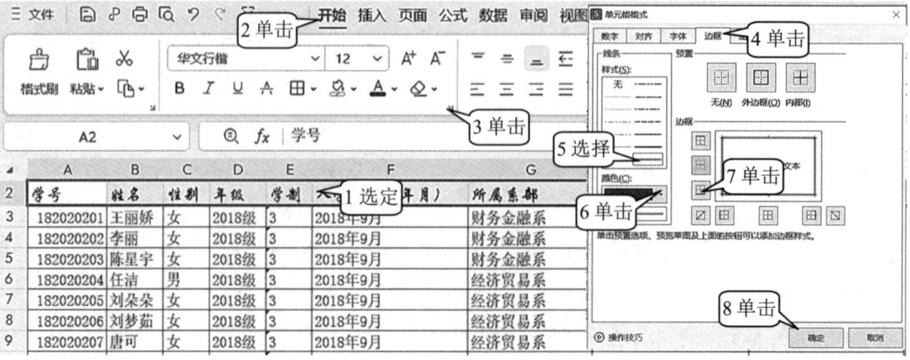

图 4.3.2

**步骤 05** 按照同样的方法将表格的内部线设置为【浅色，着色 4，深色 25%】、细实线。

## 任务二　设置背景色和表格底纹

**步骤 01** ①选定 A3～I16 单元格；②单击【开始】；③单击【字体设置】按钮，打开【单元格格式】对话框；④单击【图案】标签；⑤选择【颜色】区域中的粉红色；⑥单击【图案样式】下拉按钮，选择【细 垂直 条纹】；⑦单击【图案颜色】下拉按钮，选择【浅绿，着色 4，浅色 80%】；⑧单击【确定】按钮，如图 4.3.3 所示。

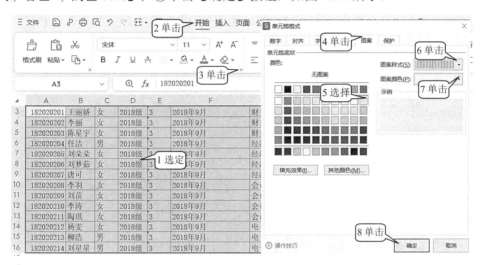

图 4.3.3

**步骤 02** ①选定 A2 到 I2 单元格；②单击【开始】；③单击【字体设置】按钮，打开【单元格格式】对话框；④单击【图案】标签；⑤选择【颜色】区域中的橙色；⑥单击【图案样式】下拉按钮，选择【6.5%灰色】；⑦单击【图案颜色】下拉按钮，选择黄色；⑧单击【确定】按钮(见图 4.3.4)。

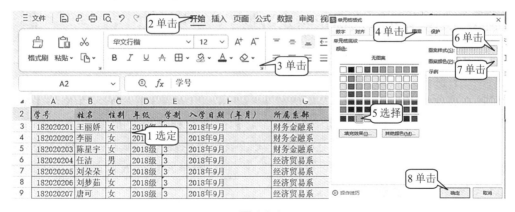

图 4.3.4

## 任务三 快速复制格式

利用"格式刷"功能可以将工作表中选中区域的字符格式、表格线格式等快速复制到其他区域,达到快速设置字符格式和表格线格式的目的。我们既可以将被选中区域的格式复制到连续的目标区域,也可以将被选中区域的格式复制到不连续的多个目标区域。

**步骤 01** 将第 2 行内部线设置成和外框线一样。

**步骤 02** 将 D3 单元格的字符设置为华文隶书、紫色、10。

**步骤 03** ①选定 D3 单元格;②单击【格式刷】按钮,鼠标指针将变成刷子状✚🖌;③用刷子状鼠标从 D4 单元格拖动到 D16,则 D4~D16 单元格的字符格式就与 D3 单元格中的相同了(见图 4.3.5)。

图 4.3.5

**步骤 04** 单击【格式刷】按钮,格式刷只能使用一次;双击【格式刷】按钮,可以多次使用格式刷进行格式设置,使用完后按 Esc 键退出,或再次单击【格式刷】按钮即可退出格式刷状态。

## 任务四 使用条件格式标记特定数据

通过设置突出显示表格中符合一定条件的数据,可以帮助用户快速识别、分析特定的数据。其方法如下。

①选定要应用条件格式的单元格区域 A3~I16;②单击【开始】;③单击【条件格式】按钮 ;④选择【突出显示单元格规则】;⑤选择【重复值】,将打开【重复值】对话框;⑥选择【重复】;⑦选择【浅红填充色深红色文本】;⑧单击【确定】按钮,如图 4.3.6 所示,则有相同数据(重复值数据)的单元格都被设置成了浅红填充色深红色文本。

学习模块四　WPS表格的应用

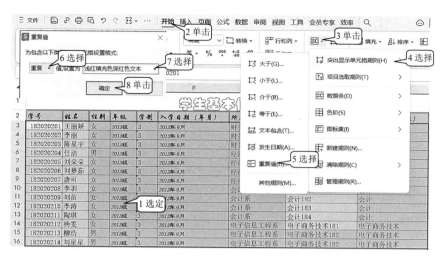

图 4.3.6

## 任务五　拆分和冻结窗格

### 1. 拆分窗格

通过拆分窗格，可以将表格最上面的栏目和最左边的栏目固定，使用户能够看清楚大的表格左侧的和下面的数据所对应的栏目。是下面的数据所对应的栏目，便于准确地输入、比对数据。

**步骤01**　①任选一个单元格，这里选定 F7 单元格；②单击【视图】；③单击【拆分窗口】按钮(见图 4.3.7)，则窗口将从选中的单元格处拆分为四个窗格。

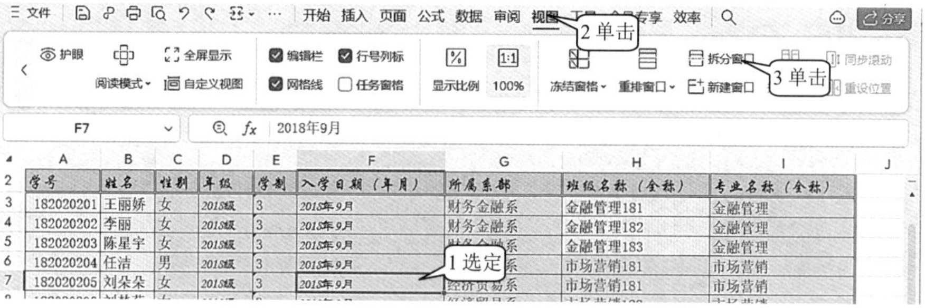

图 4.3.7

**步骤02**　①拖动水平拆分线到第 2 行；②拖动垂直拆分线到 B 列，如图 4.3.8 所示。

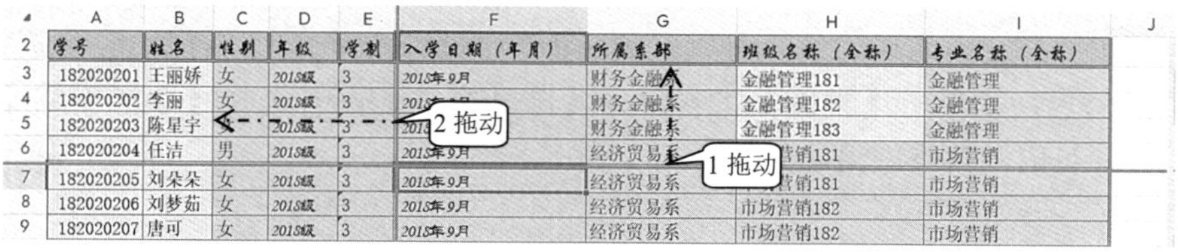

图 4.3.8

**步骤03** ①向下拖动滚动条，可以看到后面学生的信息；②向右拖动滚动条可以看到表格右边的信息；③单击【取消拆分】(见图 4.3.9)，即可取消拆分窗口功能。

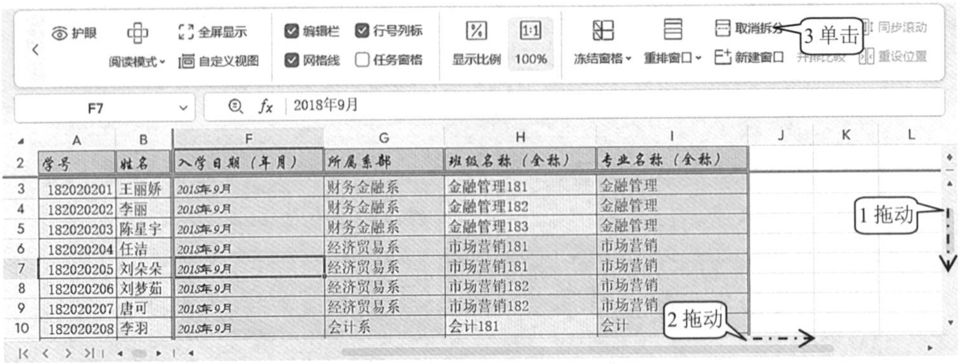

图 4.3.9

### 2. 冻结窗格

冻结窗格是指冻结窗口中的某一部分，冻结后，被冻结的部分将不会因为拖动滚动条而移动。冻结操作可以冻结选定的单元格上面和左面的部分。在拖动水平和垂直滚动条时这部分的内容将不会移动。冻结窗格主要用在表格栏目较多以及表格较大的情况，使得垂直或水平栏目名称不随滚动条移动，便于将后面不在栏目附近的数据能与栏目名称对应起来。

**步骤01** ①选定 C3 单元格；②单击【视图】；③单击【冻结窗格】；④选择【冻结至第 2 行 B 列】(见图 4.3.10)，将第 2 行和 A、B 列固定，同时出现水平和垂直分割线。

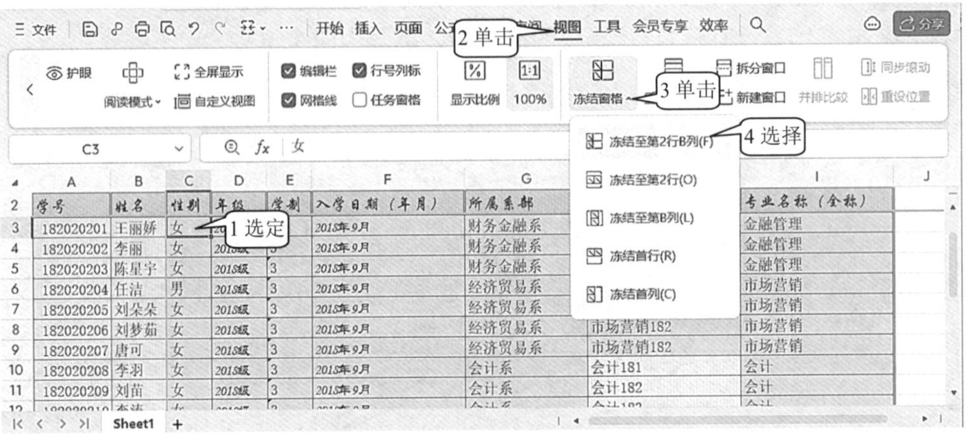

图 4.3.10

**步骤02** ①向下拖动滚动条，可以看到后面学生的信息；②向右拖动滚动条可以看到表格右边的信息；③单击【视图】；④单击【冻结窗格】；⑤选择【取消冻结窗格】(见图 4.3.11)，即可取消窗格冻结功能。

学习模块四　WPS 表格的应用

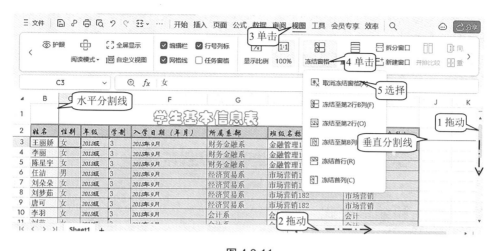

图 4.3.11

 知识点延展

| 套用已有的表格样式 | ①选定整个表格；②单击【开始】；③单击【套用表格样式】；④选择一种样式 |
|---|---|
| 设置单元格字符对齐方式 | ①选定要设置格式的单元格；②单击【单元格格式】按钮；③单击【对齐】标签；④单击【水平对齐】下拉按钮，选择【居中】或其他对齐方式；⑤单击【垂直对齐】下拉按钮，选择【居中】或其他对齐方式；⑥单击【确定】按钮 |

思考与联想讨论

请讨论下列问题并给出答案。

1. 如何将单元格里面的数据设置成只能输入 100～5000 万的数值？
2. 如何给单元格里面的数值快速添加货币符号？

开拓探索行动

扫描右侧的二维码打开案例，自行探索完成。

## 项目四　WPS 表格——"学生成绩统计表"

 项目剖析

**应用场景**：WPS 表格具有强大的计算功能，它提供了诸如财务、统计、逻辑、数学、三角函数、数据库、引用等 100 多种函数。灵活应用这些函数对表格中的数据进行处理时，能使操作变得快捷而高效。在学生成绩统计表中运用公式和函数来进行学生成绩的计算和统计，可以使表格更具灵活性、通用性和实用性。

**设计思路与方法技巧**：利用平均函数、求和函数自动获得成绩统计表中相应的平均分和总分。利用条件函数自动判断学生成绩所属的等级。通过条件计数函数统计总分大于某个数值的学生数量。运用公式复制功能将公式复制到所有要运用公式的单元格，这样可以大大提高公式输入效率。

**应用到的相关知识点**：公式、运算符、引用的概念、函数(公式)的复制、平均函数、求和函数、条件函数、条件计数函数。

 即学即用的可视化实践环节

## 任务一 输入和编辑公式

在 WPS 表格中可以利用公式进行数值计算。通过在单元格中输入公式、函数可以计算相应单元格的数值。公式必须以"="开头，由常量、单元格地址、函数和运算符组成。

WPS 表格有 4 种类型的运算符：算术运算符、关系运算符、连接运算符和引用运算符。

### 1. 算术运算符

算术运算符用来对数值型数据进行算术运算，其运算结果也是数值型数据。算术运算符的作用是完成基本的数学运算，它包括：加(+)、减(−)、乘(*)、除(/)、百分号(%)和乘方(^)几种运算符，算术运算符的优先级是先乘除后加减。例如，在单元格中输入：=3+5*5，其结果为 28。

### 2. 关系运算符

关系运算符用来比较两个操作数，比较的结果为逻辑值 TRUE 或 FALSE，即关系运算成立，结果为 TRUE，否则为 FALSE。关系运算符包括=(等于)、>(大于)、<(小于)、>=(大于或等于)、<=(小于或等于)、<>(不等于)。例如，在单元格中输入：=5>3，其结果为 TRUE。

### 3. 连接运算符

连接运算符号为"&"，用来连接两个字符串，其结果为一个新的字符串。例如，在单元格中输入：="中国" & "上海"，其结果为：中国上海。注意，其中的双引号必须是英文输入法状态下的双引号。

### 4. 引用运算符

引用运算符用来对单元格或单元格区域进行引用。引用运算符有以下 3 种。

1) 区域运算符

区域运算符为":"，表示起始单元格到终止单元格的连续单元格区域。例如 A1:B2，表示由 A1、A2、B1 和 B2 这 4 个单元格组成的单元格区域。

2) 联合运算符

联合运算符为","，表示由分隔的所有单元格组成的相互不在一起的独立的单元格区域。例如，A1,B2,D5 表示由 A1、B2、D5 这三个单元格组成的不连续区域，又如 A1:B2,C1:D2 表示由 A1、A2、B1、B2 和 C1、C2、D1、D2 这两块区域的 8 个单元格组成的单元格区域。

3) 交叉运算符

交叉运算符为空格，表示将同时属于两个单元格区域的那部分单元格区域(公共部分)加以引用。例如，公式 SUM(B1:C2 C2:D4)中只有 C2:C2 同时属于两个引用区域 B1:C2 和 C2:D4，其结果只是将 C2:C2 的数据拿来计算。

### 5. 运算顺序

算术运算符、关系运算符、连接运算符和引用运算符这四类运算符的运算优先级依次为：引用运算符、算术运算符、连接运算符、关系运算符。如果公式中同时用到多个运算符，则按一定的顺序(优先级由高到低)进行运算。相同类型的运算符优先级为从左到右进行计算。

### 6. 公式输入

公式一般可以直接输入。例如，A1 单元格中的数值为 23，A2 单元格中的数值为 19，若在 A3 单元格中计算出 A1 和 A2 单元格中的数值之和，具体操作步骤如下。

① 选定单元格 A3。

② 输入运算公式"=A1+A2"，其中 A1、A2 单元格中的数值可以通过单击 A1、A2 单元格来输入。

③ 按 Enter 键确认，也可以按 Tab 键或单击编辑栏上的 ✓ 按钮确认。

由于按 Enter 键确认，活动单元格将会跳转到 A4 单元格。此时，单击 A3 单元格，则在 A3 单元格中显示计算结果 42，并且在编辑栏中会显示输入的公式"=A1+A2"。如果单击编辑栏上的 ✓ 按钮确认，则活动单元格仍然为 A3。

### 7. 编辑公式

选定需要编辑公式的单元格，可在编辑栏中对公式进行编辑。也可双击要编辑公式的单元格，再对公式进行编辑。

### 8. 输入与显示公式

在默认情况下，有公式的单元格显示的是计算结果，相应的，编辑栏中显示的则是公式。

下面以"学生成绩统计表"为例，介绍公式的使用。

**步骤01** 打开教材素材\WPS 表格\学生成绩统计表(初)。

**步骤02** ①选定 J3 单元格，②在编辑栏中输入公式=F3+G3+H3+I3，如图 4.4.1 所示。

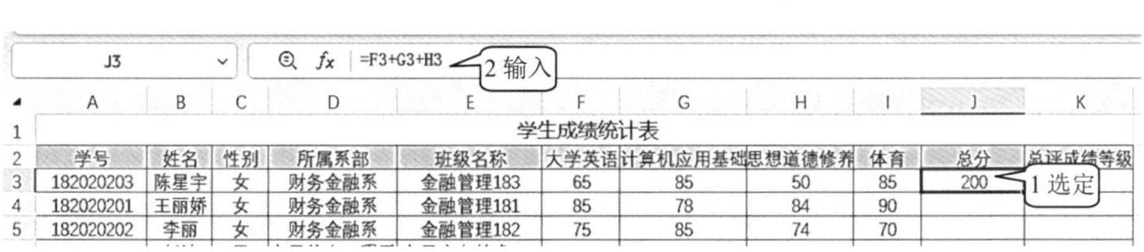

图 4.4.1

**步骤03** 按 Enter 键，或者单击编辑栏中的 ✓ 按钮，则 J3 中显示各科成绩之和。

## 任务二 使用函数

函数由函数名和参数组成，其标准格式为：函数名(参数 1, 参数 2, ...)，参数可以是具体的数值、字符或逻辑值，也可以是常量、公式或者其他函数等。

WPS 表格中有各种类型的函数，其中常用的函数有：财务函数、逻辑函数、文本函数、日期和时间函数、查找与引用函数、数学和三角函数等。

**1．常用函数**

1) 数学函数

(1) 取整数函数 INT($x$)。

功能：将数值向下取整为最接近的整数。例如，在单元格中输入：=int(10.5)，其结果为 10。

(2) 四舍五入函数 ROUND($x1, x2$)。

功能：按指定位对数值进行四舍五入，即对数值 $x1$ 四舍五入，小数部分保留 $x2$ 位。例如，在单元格中输入：=ROUND(88.888, 2)，其结果为 88.89。

(3) 求余函数 MOD($x, y$)。

功能：计算两数相除后的余数，其结果的正负号与除数相同。例如，在单元格中输入：=MOD(10, 3)，其结果为 1。

2) 逻辑函数

(1) 逻辑"与"函数 AND($x1, x2, ...$)。

功能：当所有参数的逻辑值为真时，则函数返回值为 TRUE；只要有一个参数的逻辑值为假，则函数返回值为 FALSE。例如，在单元格中输入：=AND(5<10,10<5)，其结果为 FALSE。

(2) 逻辑"或"函数 OR($x1, x2, ...$)。

功能：该函数中任何一个参数逻辑值为真，则函数返回值为 TRUE。例如，在单元格中输入：=OR(5<10,10<5)，其结果为 TRUE。

(3) "非"函数 NOT($x$)。

功能：对参数 $x$ 的逻辑值求相反值，如果参数 $x$ 为逻辑值 TRUE，则函数返回值为 FALSE，否则返回值为 TRUE。例如，在单元格中输入：=NOT(5<8)，其结果为 FALSE。

3) 日期与时间函数

(1) 取年份函数 YEAR($x$)。

功能：函数结果为日期数据所代表的年份。

参数 $x$ 为日期数据，可以为数值型的日期也可以为文本型的日期。例如，在单元格中输入：=YEAR("2019-8-15")=2019。

(2) 取月份函数 MONTH($x$)。

功能：将日期数据转换为对应的月份数。例如，在单元格中输入：=MONTH("2019-8-15")=8。

(3) 取当前时间函数 NOW()。

功能：函数结果为计算机系统内部时钟的当前日期和时间。例如，在单元格中输入：=now()，其结果为当天日期和时间。

4) 文本函数

(1) RIGHT(*x*, *n*)。

功能：取出文本字符串 *x* 右边 *n* 个字符。

例如，在单元格中输入：=RIGHT(2019, 2)，其结果为 19。

(2) LEFT(text,num)。

功能：取出文本字符串 *x* 左边 *n* 个字符。

例如，在单元格中输入：=LEFT(2019, 2)，其结果为 20。

## 2. 条件函数

1) 条件函数 IF(*x*,*n*1,*n*2)

功能：对条件 *x* 进行逻辑判断，若 *x* 的值为 TRUE，则将 *n*1 的值作为函数的结果，否则将 *n*2 的值作为函数的结果，其中 *n*2 有时可以省略，注意：*n*1 和 *n*2 是运算式。

例如，在学生成绩统计表中让总分大于等于 300 的学生，显示"优秀"，否则显示"良好"。

①选定 K3 单元格；②在编辑栏中单击【插入函数】按钮 fx，将弹出【插入函数】对话框；③选择条件函数 IF；④单击【确定】按钮，弹出【函数参数】对话框；⑤在【测试条件】文本框中输入"J3>=300"；⑥在【真值】文本框中输入"优秀"；⑦在【假值】文本框中输入"良好"；⑧单击【确定】按钮(见图 4.4.2)，则 K3 单元格中显示判断的结果是"良好"。

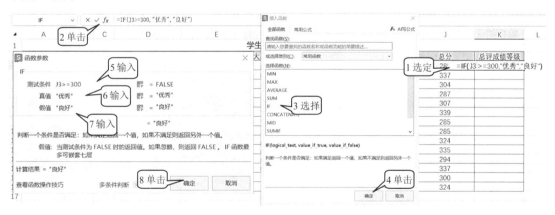

图 4.4.2

2) 条件计数函数 COUNTIF(*r*,*x*)

功能：在数据区域 *r* 内，统计符合条件 *x* 的单元格个数，条件表达式 *x* 用英文双引号括起来。例如，在单元格中输入"=COUNTIF(F3:F16,">=80")"，统计 F3~F16 单元格区域中大于或等于 80 的单元格个数。

3) 条件求和函数 SUMIF(*r*,*x*)

功能：在数据区域 *r* 内，将符合条件 *x* 的单元格中的数据相加求和。例如，在单元格中输入"=SUMIF(F3:F16,">=80")",将 F3~F16 单元格区域中大于或等于 80 的数据相加求和。

### 3. 常用函数的使用

1) 求和函数

①选定 J4 单元格;②在编辑栏中单击【插入函数】按钮 fx,将弹出【插入函数】对话框;③选择求和函数 SUM;④单击【确定】按钮,弹出【函数参数】对话框;⑤在【数值1】文本框中输入 F4:I4;⑥单击【确定】按钮,如图 4.4.3 所示。

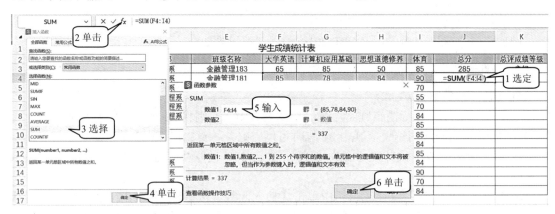

图 4.4.3

2) 平均值函数

①选定 F17 单元格;②在编辑栏中单击【插入函数】按钮 fx,将弹出【插入函数】对话框;③选择平均函数 AVERAGE;④单击【确定】按钮,弹出【函数参数】对话框;⑤在【数值1】文本框中输入 F3:F16;⑥单击【确定】按钮,如图 4.4.4 所示。

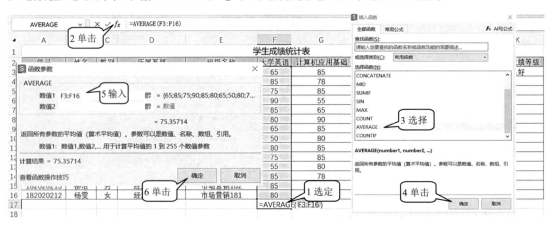

图 4.4.4

3) 最大值函数

①在 L2 单元格中输入"最高分";②选定 L3 单元格;③在编辑栏中单击【插入函数】按钮 fx,将弹出【插入函数】对话框;④选择【统计】;⑤选择求最大值函数 MAX;

⑥单击【确定】按钮，弹出【函数参数】对话框；⑦拖动鼠标选中 F3:I3，则【数值 1】文本框中就自动给出求最大值的单元格区域 F3:I3；⑧单击【确定】按钮，如图 4.4.5 所示。

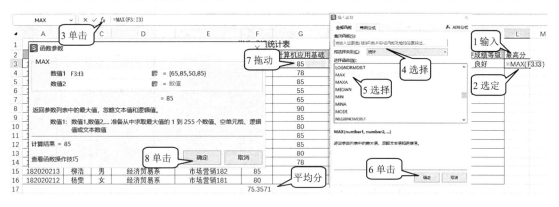

图 4.4.5

4) 最小值函数

函数还可以直接在编辑栏中输入，下面就以最小值函数为例来讲解。

①选定 M3 单元格；②在编辑栏中输入"=MIN(F3:I3)"，然后按 Enter 键(见图 4.4.6)，其结果 M3 中的值为 50。

图 4.4.6

## 任务三　复制公式

**步骤 01**　①选定 J4 单元格；②将鼠标指针移到 J4 单元格的右下角，使其变为十字形状，按住鼠标左键向下拖动到 J16，然后释放鼠标，则从 J4~J16 单元格被复制了求"总分"的公式；③选定 K3 单元格；④将鼠标指针移到 K3 单元格的右下角，使其变为十字形状，按住鼠标左键向下拖动到 K16，然后释放鼠标，则从 K3~K16 单元格被复制了求"总评成绩等级"的公式；⑤选定 L3 单元格；⑥将鼠标指针移到 L3 单元格的右下角，使其变为十字形状，按住鼠标左键向下拖动到 L16，然后释放鼠标，则从 L3~L16 单元格被复制了求"最高分"的公式；⑦选定 M3 单元格；⑧将鼠标指针移到 M3 单元格的右下角，使其变为十字形状，按住鼠标左键向下拖动到 M16，然后释放鼠标，则从 M3~M16 单元格被复制了求"最低分"的公式；⑨选定 F17 单元格；⑩将鼠标指针移到 F17 单元格的右下角，使其变为十字形状，按住鼠标左键向右拖动到 I17，然后释放鼠标，则从 F17~I17 单元格被复制了求"平均值"的公式，如图 4.4.7 所示，结果如图 4.4.8 所示。

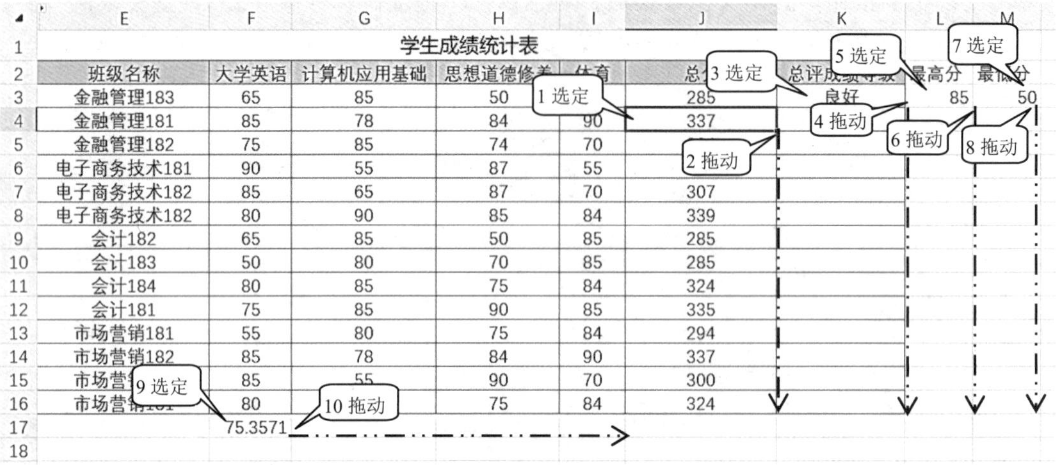

图 4.4.7

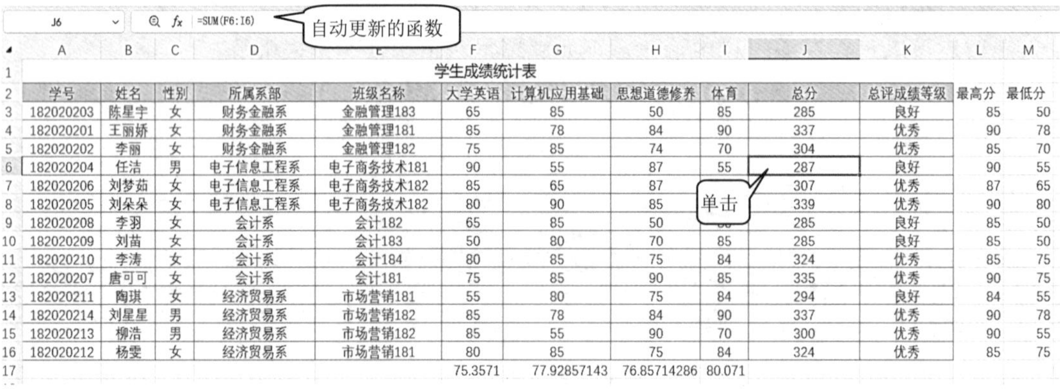

图 4.4.8

**步骤 02** 单击 J6 单元格，即可在编辑栏中看到函数 SUM(F6:I6)与 J4 单元格的函数 SUM(F4:I4)是不一样的，WPS 表格对函数进行了自动修正，确保计算的正确性。这是由于在函数中我们使用了相对引用。

## 任务四 引用单元格

在公式中使用单元格地址称为单元格引用，通过单元格引用可以使用单元格中的数据，公式中引用的单元格称为引用单元格。单元格引用主要有相对引用、绝对引用、混合引用和跨表引用几种，下面介绍前两种。

1) 相对引用

公式中引用相对地址，表示公式单元格与引用单元格之间的相对位置，进行公式复制时，当公式单元格发生变化时，引用单元格也会相应地发生变化。例如，单元格 B1 中有公式"=A1*5"，将 B1 中的公式复制到 B2 中，公式变为"=A2*5"，引用单元格变为 A2。

2) 绝对引用

公式中引用绝对地址，表示引用单元格本身的位置，与公式单元格无关，当进行公式复制时，引用单元格保持不变。例如，单元格 B1 中有公式"=$A$1*5"，其中 A 和 1 都为绝对地址，将 B1 中公式复制到 B2 中，公式还是"=$A$1*5"，内部的公式和引用单元格不发生变化。

下面我们来计算学生成绩统计表中男女学生占总人数的比例，总人数等于男生和女生之和。

相对引用时直接使用单元格的名字，如 E3、D3 等，而绝对引用需在单元格名字的每个字符前加上"$"符号，如$E$3 表示绝对引用单元格 E3，也可以直接单击单元格 E3 后按 F4 功能键，系统会自动在 E 和 3 字符前加上"$"符号。

**步骤 01** ①输入图 4.4.9 中的字符；②选定 F22 单元格；③在编辑栏中输入"=E22/$E$24"，按 Enter 键，则 F22 中显示男生比例为 0.214285714；④将鼠标指针移到 F22 单元格的右下角，使其变为十字形状，向下拖动到 F23，即可计算出女生的比例。

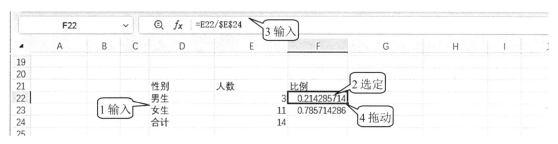

图 4.4.9

**步骤 02** 当我们选中 F23 单元格时，就会发现里面的公式为"=E23/$E$24"，被除数自动进行修正发生了变化，而除数未变，确保了计算的正确性，这因为除数采用了绝对引用。

 **知识点延展**

| | |
|---|---|
| 混合引用 | 如果公式中的单元格地址写法是$A1、B$1，就叫作"混合引用"。例如，$A1+$B5*C$8 公式中引用的单元格地址就是混合引用。在这里行号或列号前面加了$，加了$的行号或列号是绝对不会发生变化的，不论是复制公式还是进行其他的操作。如公式$A1+$B1 在复制时列号是不变的而行号是变化的，再如 A$1+B$1 在复制时行号是不变的而列号是变化的。从下面的例子我们可以看出混合引用的用法。<br>在 A1:B5 单元格中输入一组数据，A1～A5 里面是 1、2、3、4、5，B1～B5 里面是 6、7、8、9、10。在 C1 单元格中输入"=$A1+B$1"，按 Enter 键，则 C1 单元格中就存放了公式$A1+B$1，C1 是$A1+B$1 的结果。<br>单击 C1 单元格，向下拖动 C1 右下角的填充柄到 C5 单元格，结果 C1～C5 单元格里面就是 7、8、9、10、11。<br>这样 C1 单元格中的公式就被复制到了 C2～C5。单击 C3 单元格，在编辑栏里就有 C3 中的公式"=$A3+B$1"，同样，单击 C2、C4、C5 也会看到公式为"=$A2+B$1""=$A4+B$1""=$A5+B$1"，仔细比较这几个公式的差异，并分析一下各行的计算结果，就可发现这里只有第一项的行号发生了变化 |

续表

| | |
|---|---|
| 表格中格式刷和F4键的妙用 | 1. 格式刷用来复制单元格的格式。F4 键用来重复上一步的操作。在表格中熟练使用格式刷和 F4 键可以大大提高我们的工作效率。<br>2. 单次使用格式刷：①选择(单击、拖动)你喜欢的格式内容；②单击格式刷；③在要应用该格式的单元格上单击或拖动。<br>3. 多次使用格式刷：①选择(单击、拖动)你喜欢的格式内容；②双击格式刷；③在要应用该格式的单元格上拖动。<br>4. F4 键的用法：F4 键在表格中是非常重要的，能够免去非常多的烦琐操作。比如，在某个单元格中设置了底纹，那么当要在其他单元格中设置同样的底纹时就不需要一个一个地去设置，只需要选择要设置的单元格，然后按 F4 键即可 |

## 思考与联想讨论

请讨论下列问题并给出答案。

1. 根据图 4.4.10 完成以下题目：

| | A | B | C | D | E | F | G | H |
|---|---|---|---|---|---|---|---|---|
| 1 | 学生成绩统计表 | | | | | | | |
| 2 | 学号 | 姓名 | 性别 | 大学英语 | 思想道德修养 | 体育 | 总分 | 总评成绩等级 |
| 3 | 182020203 | 陈星宇 | 女 | 65 | 50 | 85 | | |
| 4 | 182020201 | 王丽娇 | 女 | 85 | 84 | 90 | | |
| 5 | 182020202 | 李丽 | 女 | 75 | 74 | 70 | | |
| 6 | 182020204 | 任洁 | 男 | 90 | 87 | 55 | | |
| 7 | 182020206 | 刘梦茹 | 女 | 85 | 87 | 70 | | |
| 8 | 182020205 | 刘朵朵 | 女 | 80 | 85 | 84 | | |

图 4.4.10

(1) 制作一份成绩表，并对表格进行美化。

(2) 计算每位同学的总分。

(3) 计算每位同学的总评成绩等级。

(4) 使用 SUMIF 函数计算每门课程成绩大于 80 分的成绩之和。

(5) 使用 COUNTIF 函数计算男生人数和女生人数。

2. 如何在图 4.4.10 中应用函数 MAX 和 MIN 为每位同学增加最高分和最低分栏目？

## 开拓探索行动

扫描右侧的二维码打开案例，自行探索完成。

# 项目五　WPS 表格——分析“学生成绩统计表”

## 项目剖析

**应用场景：**在实际工作中，我们常常需要对表格中的数据进行各种分析和处理，如按条件排序数据、按条件筛选数据、对数据进行分类汇总计算等。通过筛选和分类汇总功能完成对学生成绩表的分析，以便从学生成绩表中获得更多的信息。为了使成绩统计表中的数据观察更为直观,可以通过图表来展现数据的整体状态和趋势规律。另外,还可以通过函数来对表格的数据进行相应的统计和分析。

**设计思路与方法技巧:** 数据排序可以帮助我们分析表格中的数据规律,按照设置的排序条件进行数据排序,我们能够更加方便地查找数据,这给我们的工作带来了较大的便利。当对一个较大的数据表进行阅读和分析时,如果只想关注某些特定的数据,就会希望那些我们所不关注的数据自动隐藏起来,以使其不干扰我们的分析和阅读,这就会用到数据筛选功能。数据经过筛选后,就能够直观地查看我们关注的数据。这相当于从数据表中将我们所关心的数据抽取出来,并且重新制作出了一个新表格。通过设置不同的筛选条件,我们可以得到不同的表格,以满足我们对数据的不同需求。分类汇总是在排序的基础上对表格的相同栏目进行数据汇总运算,得出我们所需要该栏目的数据的求和、求平均值、求最大值、求最小值的运算结果,从而达到对数据的分析和挖掘的目的,最终得到我们所需要的各种基于表格数据运算的不同新数据。通过插入柱形图表,并对该图表的标题、图例、XY轴的格式和字体、颜色、位置等进行美化,使得图表更美观、内容表达更清晰、数据状态展示更直观透彻。

**应用到的相关知识点:** 创建图表、图表标题、图例、XY轴格式的字体、颜色、位置的设置、数据排序、数据筛选、数据汇总。

## 即学即用的可视化实践环节

### 任务一 排序数据

我们可以将一列或多列的数据按升序或降序进行排序。

#### 1. 简单排序

简单排序是指对单一字段按升序或降序进行排列,一般直接使用工具栏中的【排序】按钮  来快速实现排序。

**步骤01** 打开教材素材\WPS表格\学生成绩统计表。

**步骤02** ①选定"学生成绩表统计表"的J3单元格;②单击【数据】;③单击【排序】按钮,选择【降序】命令,则表格各行就会依据"总分"列的值(J列)按分数从高到低顺序重新进行排列(见图4.5.1)。

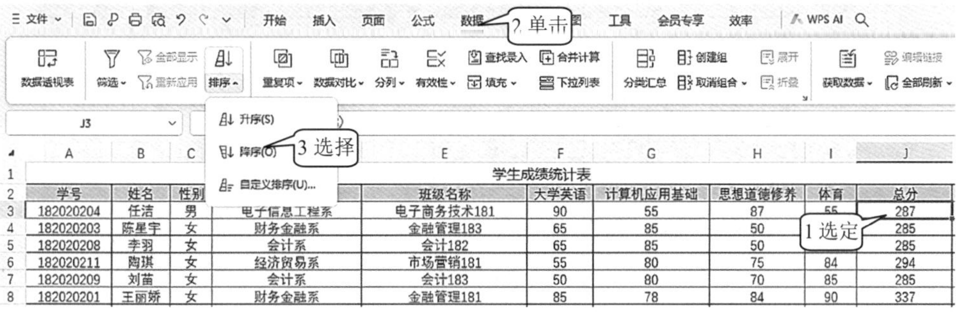

图 4.5.1

## 2. 复杂数据排序

复杂数据排序是指当排序条件不是单一字段时，可使用复杂数据排序。

**步骤01** ①选定 A2:J16 单元格区域；②单击【数据】；③单击【排序】按钮，选择【自定义排序】命令(见图 4.5.2)，将弹出【排序】对话框。

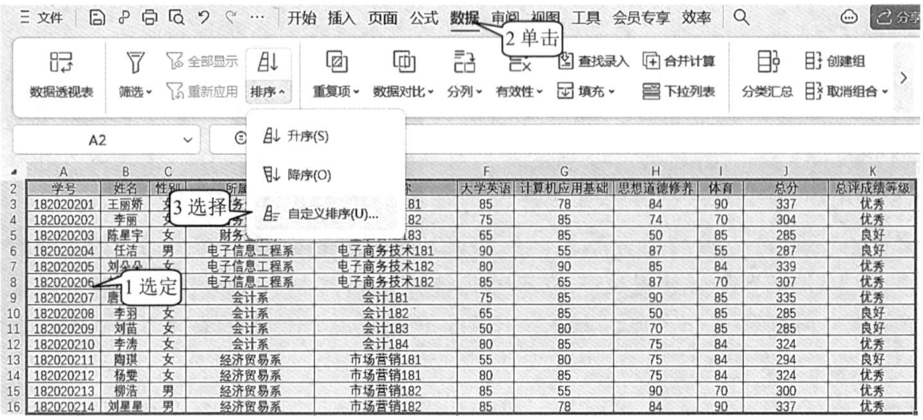

图 4.5.2

**步骤02** ①单击【主要关键字】下拉按钮，选择【大学英语】；②单击【添加条件】；③单击【次要关键字】下拉按钮，选择【计算机应用基础】；④单击【添加条件】；⑤单击【次要关键字】下拉按钮，选择【思想道德修养】；⑥单击【次序】下拉按钮，选择【降序】；⑦单击【次序】下拉按钮，选择【降序】；⑧单击【次序】下拉按钮，选择【降序】；⑨单击【确定】按钮(见图4.5.3)，效果如图 4.5.4 所示。

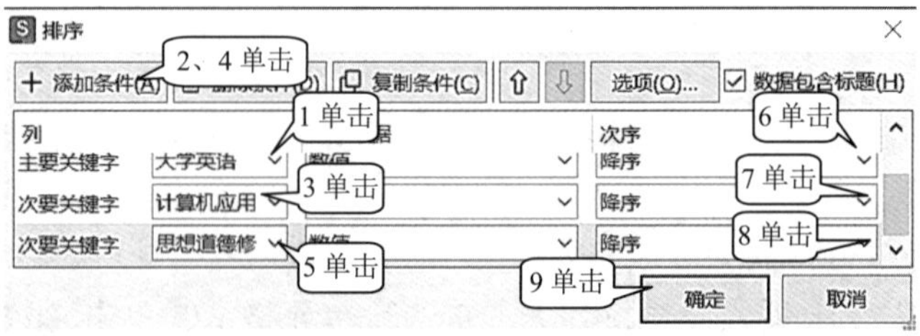

图 4.5.3

图 4.5.4

从图 4.5.4 中可以看出，表格内容进行了重新排列，排列的顺序是根据"大学英语"成绩从高到低顺序先排列，如果“大学英语”成绩相同的话，再根据“计算机应用基础”成绩从高到低的顺序排列，如果“计算机应用基础”成绩又相同的话，则根据“思想道德修养”成绩的高低顺序排列。

## 任务二　筛选数据

### 1. 筛选

**步骤 01** 选中表格中任意一个单元格；①单击【数据】；②单击【筛选】按钮，则每一列上就会出现筛选按钮，如图 4.5.5 所示。

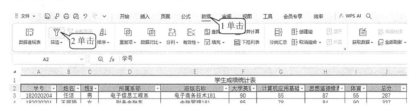

图 4.5.5

**步骤 02** ①单击【所属系部】筛选按钮，将弹出【文本筛选】对话框；②单击【全选】复选框，取消选中全部复选框；③选中【经济贸易系】复选框；④单击【确定】按钮(见图 4.5.6)，筛选后表中只有【所属系部】为【经济贸易系】的学生数据，筛选结果如图 4.5.7 所示。

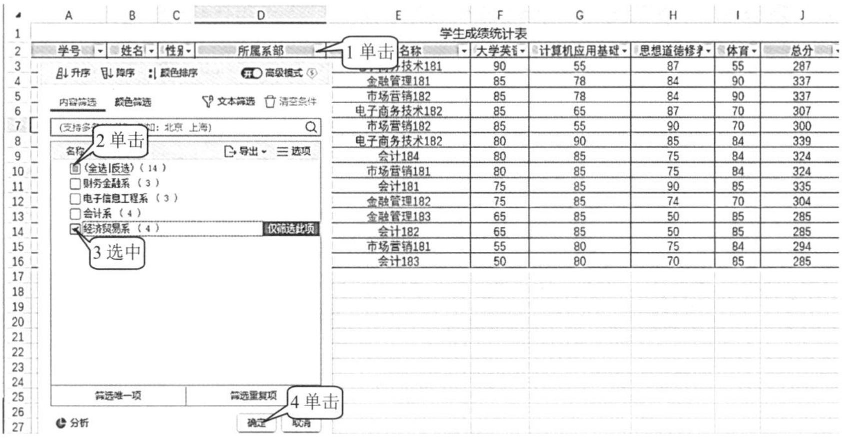


图 4.5.6

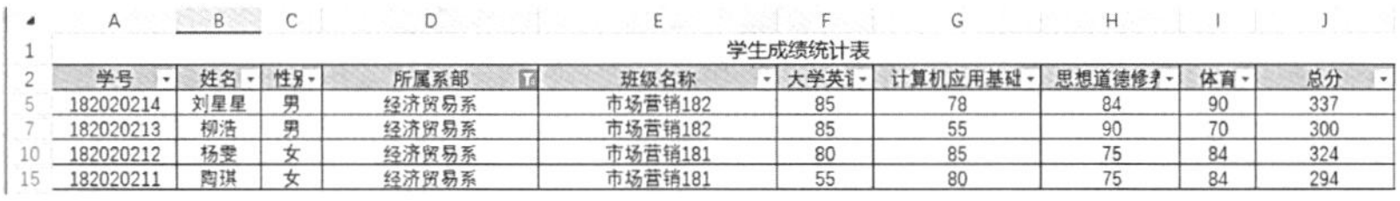

学生成绩统计表

| 学号 | 姓名 | 性别 | 所属系部 | 班级名称 | 大学英语 | 计算机应用基础 | 思想道德修养 | 体育 | 总分 |
|---|---|---|---|---|---|---|---|---|---|
| 182020214 | 刘星星 | 男 | 经济贸易系 | 市场营销182 | 85 | 78 | 84 | 90 | 337 |
| 182020213 | 柳浩 | 男 | 经济贸易系 | 市场营销182 | 85 | 55 | 90 | 70 | 300 |
| 182020212 | 杨雯 | 女 | 经济贸易系 | 市场营销181 | 80 | 85 | 75 | 84 | 324 |
| 182020211 | 陶琪 | 女 | 经济贸易系 | 市场营销181 | 55 | 80 | 75 | 84 | 294 |

图 4.5.7

### 2. 清除筛选

在表格上有筛选按钮时，单击【筛选】按钮，可以清除筛选。

### 3. 高级筛选

①在 M5、N5 单元格中分别输入“大学英语”“计算机应用基础”，在 M6、N6 单元格中分别输入“>=75”、“>=75”；②单击【数据】；③选定 A2:K16 单元格区域；④单击【筛选】按钮，选择【高级筛选】命令，弹出【高级筛选】对话框；⑤单击【确定】按钮(见图 4.5.8)，筛选结果如图 4.5.9 所示。从图中可以看出，筛选后只显示“大学英语”大于等于 75 分并且“计算机应用基础”大于等于 75 分的学生信息。其他人的信息则被隐藏起来，筛选结果则被放到 L8 右侧的单元格上。

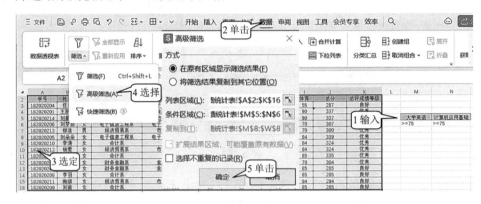

图 4.5.8

学生成绩统计表

| 学号 | 姓名 | 性别 | 所属系部 | 班级名称 | 大学英语 | 计算机应用基础 | 思想道德修养 | 体育 | 总分 | 总评成绩等级 |
|---|---|---|---|---|---|---|---|---|---|---|
| 182020201 | 王丽娇 | 女 | 财务金融系 | 金融管理181 | 85 | 78 | 84 | 90 | 337 | 优秀 |
| 182020214 | 刘星星 | 男 | 经济贸易系 | 市场营销182 | 85 | 78 | 84 | 90 | 337 | 优秀 |
| 182020205 | 刘朵朵 | 女 | 电子信息工程系 | 电子商务技术182 | 80 | 90 | 85 | 84 | 339 | 优秀 |
| 182020210 | 李涛 | 女 | 会计系 | 会计184 | 80 | 85 | 75 | 84 | 324 | 优秀 |
| 182020212 | 杨雯 | 女 | 经济贸易系 | 市场营销181 | 80 | 85 | 75 | 84 | 324 | 优秀 |
| 182020207 | 唐可可 | 女 | 会计系 | 会计181 | 75 | 85 | 90 | 85 | 335 | 优秀 |
| 182020202 | 李丽 | 女 | 财务金融系 | 金融管理182 | 75 | 85 | 74 | 70 | 304 | 优秀 |



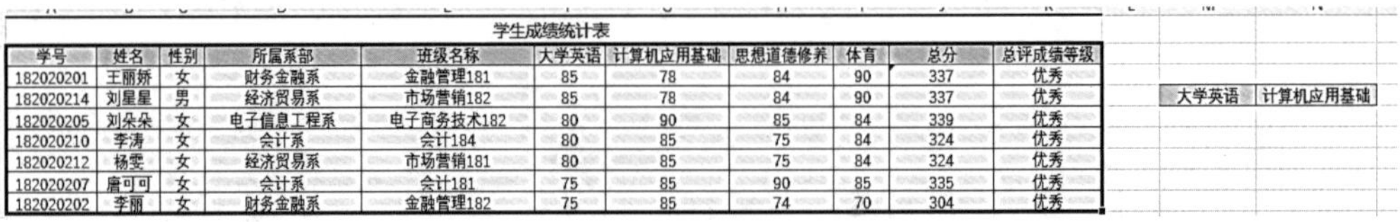

图 4.5.9

### 4. 取消高级筛选

①单击【数据】；②单击【全部显示】(见图 4.5.10)，表格将恢复原样。

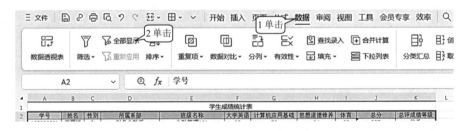

图 4.5.10

## 任务三 分类汇总数据

### 1. 分类汇总

**步骤 01** ①选定 A2:K16 单元格区域；②单击【数据】；③单击【排序】按钮，选择【自定义排序】命令，弹出【排序】对话框；④单击【主要关键字】下拉按钮；⑤选择

【总评成绩等级】；⑥单击【确定】按钮(见图 4.5.11)，则表格以"总评成绩等级"为【主要关键字】进行排序，这样等级相同的就被排在一起了。

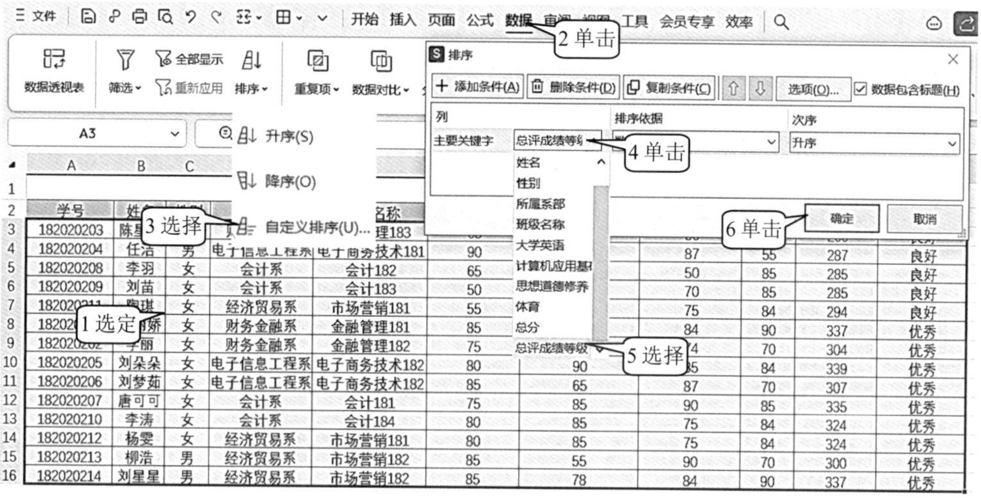

图 4.5.11

**步骤 02** ①选定 A2:K16 单元区域；②单击【数据】；③单击【分类汇总】按钮，弹出【分类汇总】对话框；④单击【分类字段】下拉按钮，选择【总评成绩等级】，表示按"总评成绩等级"对成绩进行分类汇总；⑤单击【汇总方式】下拉按钮，选择【平均值】；⑥选中【大学英语】复选框；⑦选中【计算机应用基础】复选框；⑧选中【思想道德修养】复选框；⑨选中【体育】复选框；⑩单击【确定】按钮(见图 4.5.12)，表示对上面这几项成绩进行分类求平均值运算。从图中可以看出，汇总后"总评成绩等级"为"良好"的学生各科平均和总分平均成绩被显示在第 8 行，等级为"优秀"的学生各科总平均和总分平均成绩被显示在第18 行。

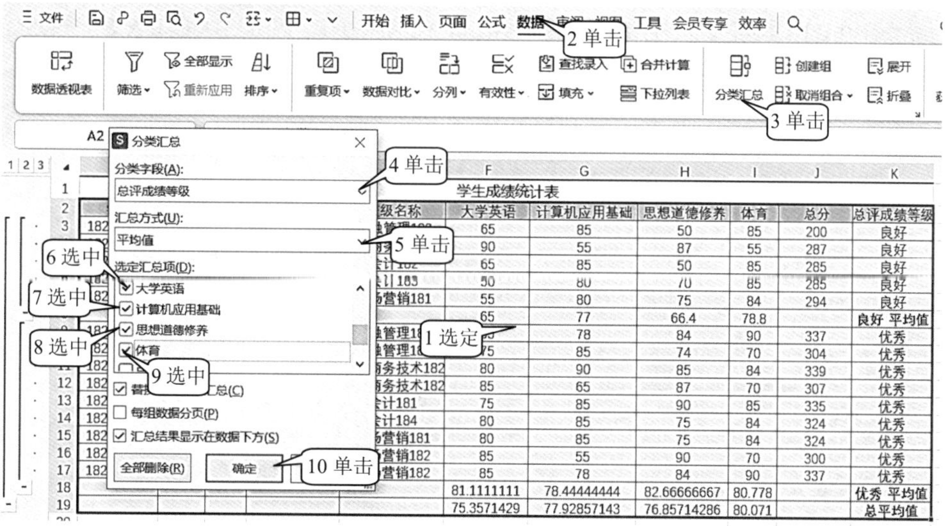

图 4.5.12

### 2. 删除分类汇总

①单击已经分类汇总表格的任意单元格；②单击【数据】；③单击【分类汇总】按钮，弹出【分类汇总】对话框；④单击【全部删除】按钮(见图 4.5.13)，即可删除汇总结果。

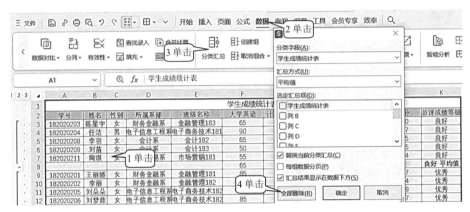

图 4.5.13

### 任务四 创建图表

将工作表中的数据以图形表示，能够更容易理解和说明工作表数据。WPS 表格中的图表有两种：一种是嵌入式的图表，图表和创建图表的数据源放置在同一张工作表中，打印的时候也同时打印数据源所在的工作表；另一种是独立图表，它是一张独立的工作表，打印时与产生图表的数据源所在的工作表是分开打印的。

图表主要由图表标题、数值轴、分类轴、数据系列、图例等组成。

### 1. 创建图表

①选定 B2:B16 单元格；②按住 Ctrl 键拖动选定 F2:I16；③单击【插入】；④单击【插入柱形图】按钮 ；⑤选择图表样式(见图 4.5.14)即可创建柱形图表。

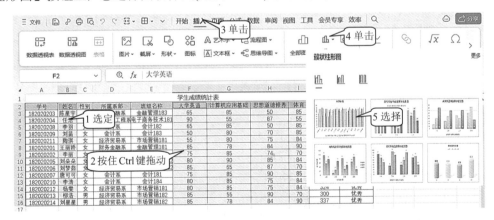

图 4.5.14

## 2. 图表大小的调整与坐标标题的添加

①拖动图表边框线，可以移动图表；②拖动图表边框线上的控点，可以改变图表的大小；③单击【图表元素】按钮；④选中【坐标轴】复选框；⑤选中【轴标题】复选框；⑥选中【主要横坐标轴】复选框；⑦选中【主要纵坐标轴】复选框；⑧选中【图表标题】复选框，则图表中就会添加两个坐标轴标题和一个图表标题框。调整图表大小和添加标题框后的结果如图 4.5.15 所示。

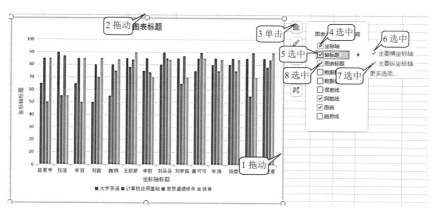

图 4.5.15

## 3. 图表标题、坐标轴标题的输入与设置

**步骤 01** ①单击【开始】；②单击图表标题输入框；③选定里面的字符；④输入"成绩表"；⑤单击【字号】下拉按钮，选择 18；⑥单击【字体】下拉按钮，选择【华文隶书】；⑦单击【加粗】按钮；⑧单击【填充颜色】下拉按钮，选择黄色，如图 4.5.16 所示。

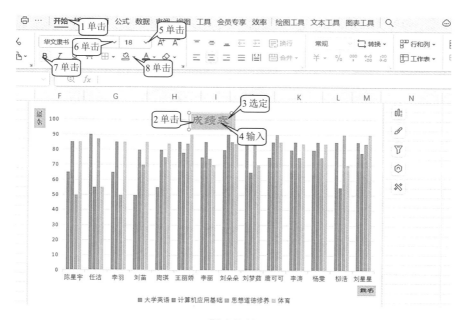

图 4.5.16

**步骤02** 按照同样的方法将纵坐标标题和横坐标标题设置为蓝色、华文隶书,将背景色设置为橙色。

## 任务五 统计分析数据

利用"学生成绩统计表"制作一张成绩统计分析表。

**步骤01** 打开教材素材\WPS 表格\学生成绩统计表(成品)。

**步骤02** ①单击【成绩统计分析表】标签,切换到成绩统计分析表;②选定 C3 单元格;③单击【插入函数】按钮 $f_x$,弹出【插入函数】对话框;④单击【或选择类别】下拉按钮,选择【统计】;⑤在【选择函数】下拉列表框中,选择条件计数函数 COUNTIF;⑥单击【确定】,将弹出【函数参数】对话框;⑦在【条件】文本框中输入">=90";⑧在【区域】文本框中输入"学生成绩统计表!F3:F16";⑨单击【确定】按钮,如图 4.5.17 所示。

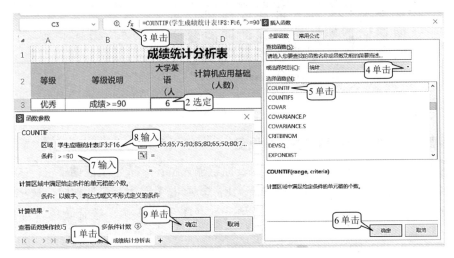

图 4.5.17

"学生成绩统计表!F3:F16"表示将"学生成绩统计表"中的 F3:F16 单元格中的数据与 90 比较,凡是大于等于 90 的单元格都拿来计数,这样就可以得到大于等于 90 的学生的数量。

**步骤03** ①选定 C4 单元格;②在编辑栏中输入"=COUNTIF(学生成绩统计表!F3:F16,">=80")-C3"(见图 4.5.18)。COUNTIF(学生成绩统计表!F3:F16,">=80")函数得出的是>=80 分的学生,去除>=90 分的就是成绩>=80 且成绩<90 的学生人数了。

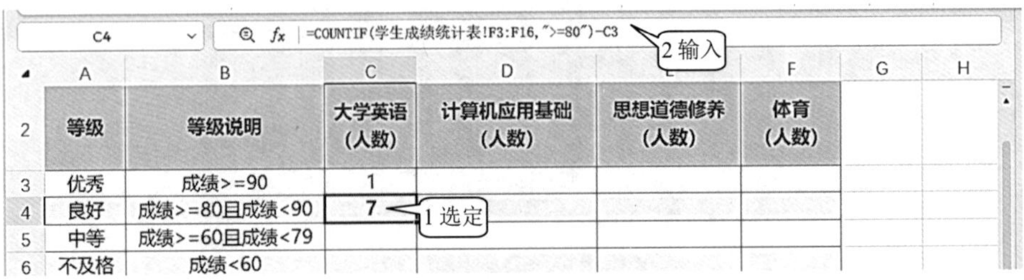

图 4.5.18

**步骤 04** ①选定 C5 单元格；②在编辑栏中输入"=COUNTIF(学生成绩统计表!F3:F16,">=60")-C3-C4"（见图 4.5.19）。COUNTIF(学生成绩统计表!F3:F16,">=60")函数得出的是>=60 分的学生，去除>=90 分和>=80 分的，剩下的就是成绩>=60 且成绩<79 的学生人数了。

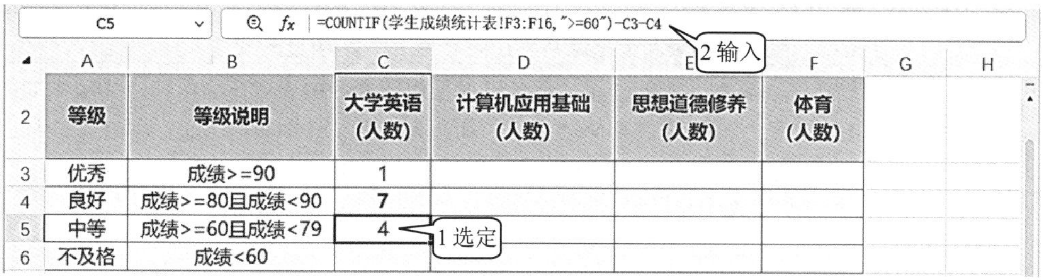

图 4.5.19

**步骤 05** ①选定 C6 单元格；②在编辑栏中输入"=COUNTIF(学生成绩统计表!F3:F16,"<60")"（见图 4.5.20）。COUNTIF(学生成绩统计表!F3:F16,"<60")函数得出的是<60 分的人。

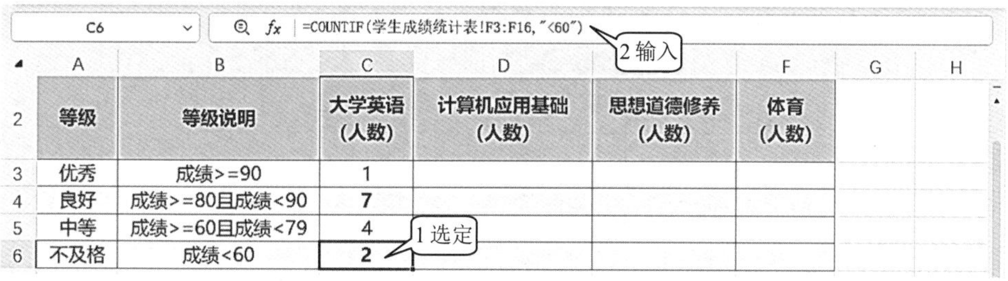

图 4.5.20

**步骤 06** ①选定 C3 单元格；②拖动 C3 单元格右下角的填充柄 ✚ 到 F3，将公式复制到 D3、E3、F3；③选定 C4 单元格；④拖动 C4 单元格右下角的填充柄 ✚ 到 F4，将公式复制到 D4、E4、F4；⑤选定 C5 单元格；⑥拖动 C5 单元格右下角的填充柄 ✚ 到 F5，将公式复制到 D5、E5、F5；⑦选定 C6 单元格；⑧拖动 C6 单元格右下角的填充柄 ✚ 到 F6，将公式复制到 D6、E6、F6，结果如图 4.5.21 所示。

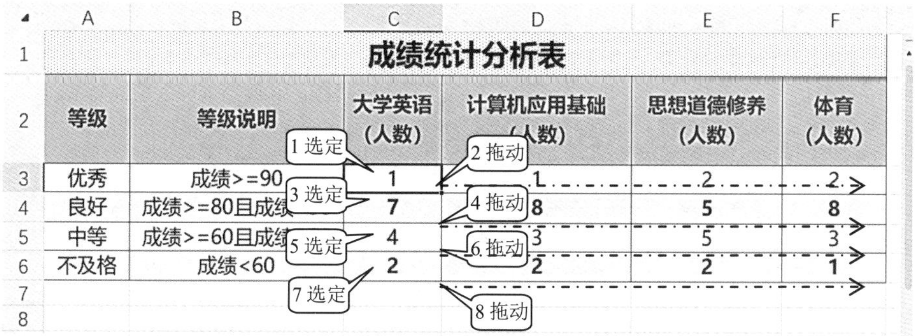

图 4.5.21

### 知识点延展

| | |
|---|---|
| WPS生成图表的快捷方法 | 如果需要制作工作表的默认图表，只需把光标定位到含有数据的单元格区域内，按F11快捷键或者Alt+F1组合键，就可以快速制作图表。在这里需要注意的是，F11快捷键生成的图表是作为新工作表(图表工作表)插入的；Alt+F1组合键是按普通的图表生成的，生成的图表和数据源共存在同一个工作表内(嵌入式图表) |
| 使用WPS设计图表的注意事项 | (1)制作图表要有明确的作用，避免过度使用图表，图表贵在少而精；(2)要考虑到所做图表的受众；(3)图表要简洁易懂，能让人一目了然地获得信息；(4)在图表标题中直接说明观点和需要强调的重点；(5)在图表中应有脚注区，体现专业性 |

### 思考与联想讨论

请讨论下列问题并给出答案。

1. 表格中的数据排序有什么作用？
2. 将数据制作成图表是否多余？
3. 数据汇总共有多少种计算形式？
4. 在WPS表格中按图4.5.22要求建立数据表格和图表。

| | A | B | C |
|---|---|---|---|
| 1 | 成分 | 含量 | 比例 |
| 2 | 碳 | 0.4 | |
| 3 | 氢 | 5 | |
| 4 | 镁 | 25.6 | |
| 5 | 氧 | 69 | |

图 4.5.22

具体要求如下。

(1) 将某种药品成分构成情况的数据建成一个数据表(存放在 A1:C5 区域内)，然后对表格进行格式化，并计算出各类成分所占比例(保留小数点后面 2 位)，其计算公式是：

比例=含量(mg)/含量的总和(mg)

(2) 对创建的数据表建立簇状条形图，图表标题为"药品成分构成图"，并在图表下方显示数据表。

5. 在WPS表格中按图4.5.23要求建立数据表格和图表。

| | A | B | C | D |
|---|---|---|---|---|
| 1 | 排名 | 城市 | 2019上半年GDP（亿元） | 名义增速 |
| 2 | 1 | 合肥 | 3752.2 | 10.01% |
| 3 | 2 | 芜湖 | 1694.4 | 8.73% |
| 4 | 3 | 安庆 | 995.8 | 11.29% |
| 5 | 4 | 马鞍山 | 993.4 | 9.91% |
| 6 | 5 | 阜阳 | 973.8 | 10.71% |
| 7 | 6 | 滁州 | 960.6 | 11.75% |
| 8 | 7 | 蚌埠 | 874 | 10.02% |
| 9 | 8 | 宿州 | 841.2 | 10.79% |

图 4.5.23

具体要求如下：

(1) 将图 4.5.23 中城市 2019 年 GDP 情况的数据构建成一个数据表，并对表格进行格式化。

(2) 创建一个复合饼图，显示数据表中各个城市的 GDP 占总 GDP 的百分比，要求百分比和城市名均显示在图表扇区中，主扇区只显示 3 个城市，其余城市显示在次扇区饼图中。

**开拓探索行动**

扫描右侧的二维码打开案例，自行探索完成。

## 项目六 WPS 表格——保护和打印"学生基本信息表"

**应用场景：** 为了防止工作表中的数据被有意或无意地更改或删除，我们需要对工作表进行加密保护；在打印之前，通常需要预览一下表格打印在纸上的效果，并且根据预览的效果对表格的底纹线条、行高和列宽做适当的调整，以避免最终打印的表格无法完整地显示在一页纸上的情况发生。

**设计思路与方法技巧：** 利用保护工作表功能设置，可以防止工作表中的数据被有意或无意地更改或删除。为避免一个表格在打印时在最后一页只打印几行的情况发生，可以通过预览发现问题，并再次对表格的行高和列宽进行适当的调整，即将最后一页的内容放到前一页。

**应用到的相关知识点：** 工作表的保护、打印和预览。

**即学即用的可视化实践环节**

**任务一** 保护工作表与撤销工作表的保护

为了防止用户更改工作表中的数据，可以通过设定密码的方法将工作表保护起来。为了防止无权限用户打开工作簿，还可以为工作簿设定一个密码，打开工作簿时要求必须输入密码。如果工作簿和工作表无须保护的话，则可以取消对工作簿和工作表的保护，从而使用户能够打开工作簿并修改工作表中的数据。

1. 工作表的保护

**步骤01** 打开教材素材\WPS 表格\学生基本信息表(成品)。

**步骤02** ①单击【审阅】；②单击【保护工作表】，弹出【保护工作表】对话框；③输入密码"123"，系统默认选中【选定锁定单元格】和【选定未锁定单元格】复选框，但是我们可以根据需要选中其他复选框。这里的设置表示保护所有的单元格；④单击【确定】按钮，会弹出【确认密码】对话框；⑤再次输入密码"123"；⑥单击【确定】按钮

(见图4.6.1),则工作表被保护起来。被保护起来的工作表是不允许其他人对其进行修改的。

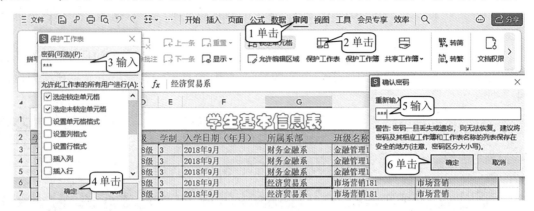

图 4.6.1

**2. 撤销工作表保护**

①单击【审阅】;②单击【撤销工作表保护】,弹出【撤销工作表保护】对话框;③输入密码"123";④单击【确定】按钮(见图4.6.2),即可撤销工作保护表。

图 4.6.2

## 任务二 设置页面和打印预览

**1. 页面设置**

**步骤01** ①单击【页面】;②单击【打印标题】(见图4.6.3),将弹出【页面设置】对话框。

图 4.6.3

**步骤 02** ①选中【横向】单选按钮；②单击【页边距】标签(见图 4.6.4)，切换到【页边距】选项卡。

**步骤 03** ①在【上】微调框中输入 1；②在【右】微调框中输入 1；③在【左】微调框中输入 1；④在【下】微调框中输入 1；⑤单击【确定】按钮(见图 4.6.5)。

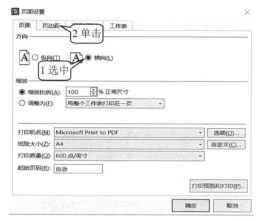

图 4.6.4

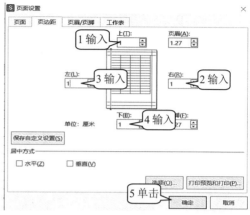

图 4.6.5

## 2. 打印预览与打印

**步骤 01** ①选定打印区域；②单击【页面】；③单击【打印预览】(见图 4.6.6)，将弹出【打印预览】对话框。

图 4.6.6

**步骤 02** ①输入打印份数 5；②单击【打印范围】下拉按钮，选择【选中的单元格】；③单击【缩放】下拉按钮，选择 50%；④单击【打印】；⑤单击【退出预览】(见图 4.6.7)。

选择【文件】菜单中的【打印】命令，也会出现打印预览效果。

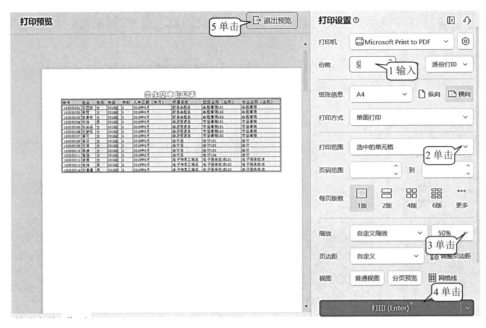

图 4.6.7

 知识点延展

| | |
|---|---|
| 给工作簿加密 | ①选择【文件】菜单中的【文档加密】命令，再选择【密码加密】；②输入打开文件密码 2 次；③输入修改文件密码 2 次；④单击【应用】；⑤选择【文件】菜单中的【保存】命令 |
| 全屏显示工作表 | ①单击【视图】；②单击【全屏显示】 |
| 取消工作表网格线 | ①单击【视图】；②取消选中【网格线】复选框 |
| 进入护眼模式 | ①单击【视图】；②单击【护眼】 |

### 思考与联想讨论

请讨论下列问题并给出答案。
1. 如何撤销工作簿的保护？
2. 如何更改工作簿的密码？
3. 数据透视表的作用是什么？

### 开拓探索行动

扫描右侧的二维码打开案例，自行探索完成。

# 学习模块五
# WPS 演示的应用

### 本模块学习要点

- 用向导模板制作幻灯片。
- 插入文本框与设置段落和字符格式。
- 图片、艺术字、视频、音频的插入与设置。
- 幻灯片动画效果设置。
- 表格与图表编辑。
- 幻灯片放映、打包与打印。

### 本模块技能目标

- 熟练掌握利用向导模板制作幻灯片的方法。
- 学会多媒体对象的插入与设置。
- 熟练设置图片、艺术字、文本框效果。
- 灵活运用动画效果和链接。
- 掌握表格线与底纹设置以及图表处理。
- 能熟练设置各种幻灯片切换效果和放映方式。

# 项目一 WPS 演示——简单幻灯片

## 项目剖析

在企业宣传、员工培训、工作总结汇报、市场营销方案讨论、会议演讲、技术方案研讨会等各种场合中，经常需要我们将要表达的内容用文字、图形、图片、声音以及视频等元素通过投影机、平板电视，直观、形象地展示给观众。WPS 演示根据实际工作的需求，提供了多种类型的演示文稿模板。我们可以利用这些模板来快速制作幻灯片，同时也可以从模板中学习到各种类型幻灯片的制作方法和要领。

**设计思路与方法技巧：** 通过从简单的幻灯片制作入手，学习 WPS 演示的基本使用，能利用现有的主题模板或联机模板快速创建演示文稿，并在此基础上进一步修改幻灯片内容，可以起到事半功倍的效果。

**应用到的相关知识点：** 利用模板制作演示文稿；自己创建演示文稿；演示文稿的打开、保存和退出。

### 即学即用的可视化实践环节

## 任务一 WPS 演示的启动、界面与退出

**步骤 01** 双击桌面的 WPS 图标，就可以启动 WPS，如图 5.1.1 所示。

图 5.1.1

**步骤 02** ①单击【新建】；②单击【演示】，出现图 5.1.2 所示界面。

**步骤 03** 单击【空白演示文稿】，出现图 5.1.3 所示界面。WPS 演示的界面和各区域的功能见图上标注。

**步骤 04** 单击【关闭】按钮 ×，即可退出 WPS 演示。

学习模块五　WPS 演示的应用

图 5.1.2

图 5.1.3

## 任务二　简单幻灯片的创建、美化、打开与保存

### 1. 幻灯片的创建

**步骤 01**　从 WPS 演示启动后的界面中可以看出，WPS 演示默认提供了两个文本框。

**步骤 02**　①在文本框中输入文字"人工智能"；②选定输入的文字；③单击【字体颜色】下拉按钮；④选择【猩红，着色 6，深色 25%】；⑤单击【字体】下拉按钮，选择【华文琥珀】；⑥单击【字号】下拉按钮，选择 60；⑦拖动控点 ，可以改变文本框大小；⑧拖动旋转控点，可以旋转文本框(见图 5.1.4)。

**步骤 03**　在下面的文本框内输入其他文字。

### 2. 幻灯片的美化

**步骤 01**　①单击【智能美化】下拉按钮；②选择【单页美化】；③选择一种样式；④单击 按钮(见图 5.1.5)，结果如图 5.1.6 所示。

**步骤 02**　对文本框中的字符格式进行设置。

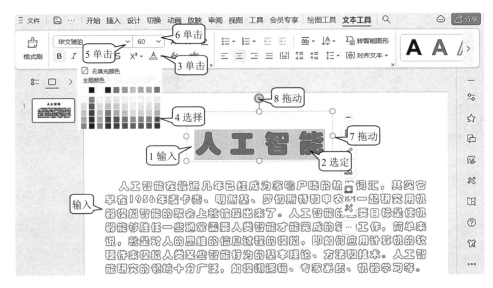

图 5.1.4

图 5.1.5

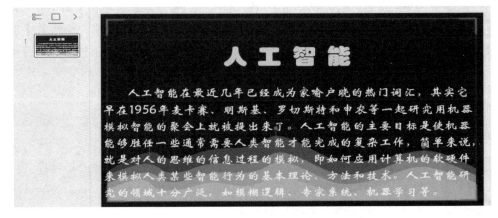

图 5.1.6

## 3. 幻灯片的保存

①单击【文件】；②单击【保存】，弹出【另存为】对话框；③单击【此电脑】，找到文件的存放位置；④输入文件名；⑤单击【保存】按钮(见图 5.1.7)。

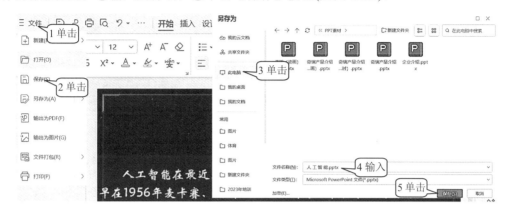

图 5.1.7

## 4. 幻灯片的打开

①单击【文件】；②单击【打开】，弹出【打开文件】对话框；③单击【此电脑】，找到文件的存放位置；④双击要打开的文件(见图 5.1.8)。

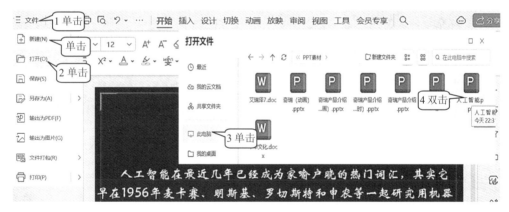

图 5.1.8

### 任务三　利用模板制作幻灯片

WPS 演示提供了多种已经设计好了幻灯片的模板，利用这些模板可以快速、简便地制作出符合要求的幻灯片，从而节约设计和制作幻灯片的时间。

**步骤 01** 在图 5.1.8 中单击【新建】，出现图 5.1.9 所示界面。

**步骤 02** ①单击【日常办公】；②拖动滚动条找到【米色中国风通用 PPT 模板】；③单击该模板，如图 5.1.10 所示。

**步骤 03** 模板给出了该风格的幻灯片组成，以及幻灯片中的各种元素的布局，输入相应的文本。或者对幻灯片做适当的修改就可以完成幻灯片的制作。

图 5.1.9

图 5.1.10

## 任务四　利用设计模板制作幻灯片

**步骤 01**　①单击【文件】；②单击【新建】；③单击【新建】（见图 5.1.11）。

图 5.1.11

**步骤 02**　在弹出的图 5.1.12 所示界面，单击【空白文档】。

**步骤 03**　在弹出的图 5.1.13 所示界面，单击【更多设计】。

图 5.1.12

图 5.1.13

**步骤 04** 在弹出的图 5.1.14 所示界面，①拖动滚动条，找到所要的样式；②单击所要的样式。

图 5.1.14

**步骤 05** 在弹出的界面中，①输入"贯彻党的二十大精神"；②单击【字体】下拉按钮，选择【华文琥珀】；③单击【字号】下拉按钮，选择 66（见图 5.1.15）。

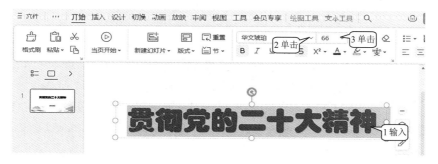

图 5.1.15

**步骤06** ①单击"贯彻党的二十大精神"文本框；②单击【文本框】预设按钮 ；③选择【填充-巧克力黄，着色2，轮廓-着色2】(见图5.1.16)。

**步骤07** ①在文本框中输入"全心全意为人民服务"；②单击"全心全意为人民服务"文本框；③单击【文本框】预设按钮 ；④选择【填充-橄榄绿，着色5，轮廓-背景1，清晰阴影-着色5】(见图5.1.17)，完成幻灯片的制作。

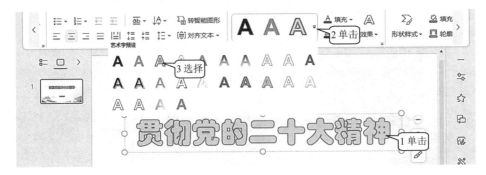

图 5.1.16

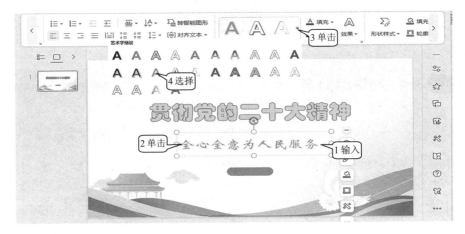

图 5.1.17

### 知识点延展

| 设置幻灯片大小 | ①单击【设计】；②单击【幻灯片大小】，可以选择幻灯片纵横比为标准的4:3或16:9，也可以自定义幻灯片的大小。幻灯片在不同的设备上播放时可能有小的移位，所以最好事先了解演讲时连接的设备 |
|---|---|
| 自定义演示文稿模板 | ①新建空白演示文稿，并设置背景、版式、字体等参数；②单击【文件】；③单击【另存为】，打开【另存为】对话框；④单击【此电脑】，找到要保存的文件夹；⑤单击【保存类型】下拉按钮；⑥选择【Microsoft PowerPoint 模板文件(*.potx)】或【WPS 演示模板文件(*.dpt)】；⑦输入文件名；⑧单击【保存】按钮。这样用户不仅可以快速创建标准化的演示文稿，也可以自定义个性化的演示文稿模板 |

## 思考与联想讨论

请讨论下列问题并给出答案。

1. 能够制作自己的模板吗？
2. 能够从网上下载更多的模板吗？
3. 你会将模板的外观加以修改吗？

## 开拓探索行动

扫描右侧的二维码打开案例，自行探索完成。

# 项目二 WPS演示——商业宣传幻灯片

## 项目剖析

**应用场景：** 在各种会议、交流、展览、宣传等场合，都需要对企业的产品、文化、经营理念、销售模式、人才需求、发展战略等进行系统介绍，这些场合是宣传展示企业形象、推广产品、争取客户的好时机。使我们的展示更具有吸引人们眼球的效果，是我们成功的关键，而利用幻灯片的图文并茂、声像俱全的特点就可以帮助我们达到目的。一个美观的幻灯片是离不开各种多媒体元素的综合应用。我们可以插入图片来美化幻灯片的背景和优化版面效果，还可以利用绘图工具绘制各种图形、利用文本框来添加文字说明，也可以插入艺术字来美化幻灯片。此外，我们能够通过插入视频、音频使展示的内容更加清晰，幻灯片更具有观赏性，观众能够生动形象地接收到更多的信息。

**设计思路与方法技巧：** 以一个企业幻灯片的制作为例，通过幻灯片的添加、复制、移动与删除，构建整个幻灯片的框架。充分利用文字传递企业产品信息，并且通过对字符与段落格式的设置将文字和段落进行美化，再加上图片、表格、图表、音频、视频等对象的巧妙应用，使幻灯片传递更多的信息，以吸引观众的注意力，提高产品的表现力。

**应用到的相关知识点：** 幻灯片的添加、复制和删除；文本框的复制、插入、移动和删除；设置文本框段落与字符格式；设置编号与项目符号；图片、艺术字、音频、视频等对象的插入和设置；表格、图表的插入和设置；设置幻灯片的背景。

### 即学即用的可视化实践环节

## 任务一 添加、复制、移动与删除幻灯片

**步骤01** 在 WPS 中新建一个空白演示文档，即生成一个只包含一张幻灯片的演示文稿 1，该幻灯片称为【标题】幻灯片，里面包含一个【标题】文本框和一个【副标题】文本框。

**步骤02** ①单击第 1 张幻灯片，然后按 Ctrl+C 组合键；②在第 1 张幻灯片下面单击，

然后按 Ctrl+V 组合键 2 次，这样可以复制出 2 张同样的幻灯片；③拖动幻灯片 3 到第 1 张幻灯片下，可以移动幻灯片 3 的位置，如图 5.2.1 所示。

图 5.2.1

**步骤 03** ①在幻灯片 3 下方单击；②单击【新建幻灯片】按钮，则在幻灯片 3 后插入了一张幻灯片。该幻灯片默认使用【标题和内容】布局版式。它包含一个【标题】文本框和一个【内容】文本框，内容文本框内有表格、图表、图片、媒体 4 个占位符，如果单击占位符则可以分别插入对应的文件；③连续单击 4 次【新建幻灯片】按钮，可以再新建 4 张【标题和内容】幻灯片，如图 5.2.2 所示。

图 5.2.2

**步骤 04** ①单击【新建幻灯片】下拉按钮；②单击【版式】；③单击【空白幻灯片】，即可新建 1 张空白幻灯片，空白幻灯片没有文本框和多媒体占位符；④按住 Ctrl 键分别单击第 2 张、第 3 张幻灯片，就选定了这 2 张幻灯片，然后按 Delete 键将其删除；⑤拖动第 7 张幻灯片到第 1 张幻灯片之后，即可将它移作第 2 张幻灯片，这样得到 7 张幻灯片，如图 5.2.3 所示。

## 学习模块五　WPS 演示的应用

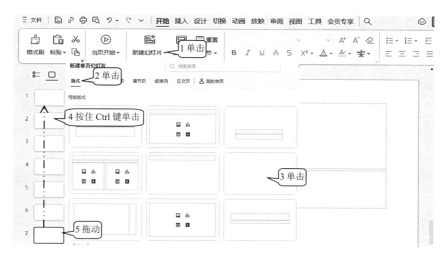

图 5.2.3

### 任务二　文本框的复制、插入、移动与删除

**步骤 01**　①在第 1 张幻灯片标题文本框中输入"奇瑞公司";②拖动文本框边框把它移到适当的位置,即可实现文本框的移动;③单击【副标题】文本框边框,按 Delete 键(见图 5.2.4),将其删除。用这种方法可以将其他幻灯片不需要的文本框删除。

图 5.2.4

**步骤 02**　①单击第 2 张幻灯片;②单击【插入】;③单击【文本框】下拉按钮;④选择【横排文本框】;⑤拖动鼠标绘制文本框(见图 5.2.5),就可以插入一个新的文本框。

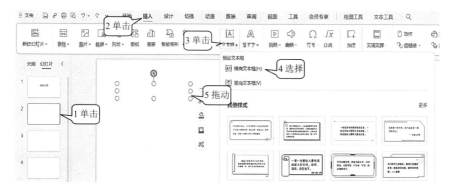

图 5.2.5

**步骤 03** ①在文本框中输入文字"公司介绍";②将鼠标指针移到文本框边框上,按住 Ctrl 键拖动文本框(见图 5.2.6),这样就可以复制出一个同样的文本框。

图 5.2.6

## 任务三 设置文本框段落与字符格式

**步骤 01** 删除图 5.2.6 中新复制文本框的文字。

**步骤 02** ①在新复制文本框中输入文字"奇瑞汽车股份有限公司(以下简称公司或奇瑞)成立于 1997 年 1 月 8 日。公司成立 20 多年来,始终坚持自主创新,逐步建立起完整的技术和产品研发体系,产品出口到全球 80 多个国家和地区,打造了艾瑞泽 ARRIZO、瑞虎 TIGGO 等知名产品系列和高端品牌 EXEED 星途及系列产品,旗下合资企业拥有捷豹、路虎、观致、凯翼等品牌。截至目前,公司累计销量达到 830 万辆,其中累计出口超过 160 万辆,连续 17 年保持中国乘用车品牌出口第一位。"②单击标题的文本框边框;③单击【字体颜色】下拉按钮,选择【橙色,着色 4,深色 25%】;④单击【字体】下拉按钮,选择【华文彩云】;⑤单击【字号】下拉按钮,选择 48,结果如图 5.2.7 所示。

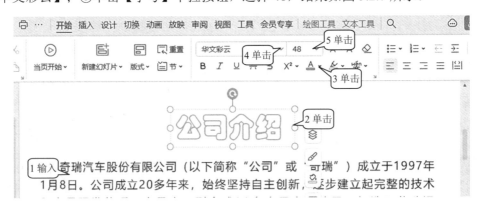

图 5.2.7

**步骤 03** 单击第 4 张幻灯片,在第 4 张幻灯片文本框中输入如图 5.2.8 所示的文字,然后选中文本框,将其文字格式设置为 28 号、楷体、【矢车菊蓝,着色 5,深色 25%】。

**步骤 04** ①选定文本框中的"瑞虎 e";②单击【开始】;③单击【字体】下拉按钮,选择【华文行楷】;④单击【字号】下拉按钮,选择 28;⑤单击【字体颜色】下拉按钮,选择红色;⑥单击【下划线】按钮,添加下划线;⑦单击【加粗】按钮;⑧单击【格式刷】按钮,将格式信息复制到格式刷上;⑨用格式刷在"艾瑞泽 e""瑞虎 3xe""奇瑞小蚂蚁"字符上拖动(见图 5.2.8),则拖动的字符就变成刚才"瑞虎 e"的格式。

## 学习模块五　WPS 演示的应用

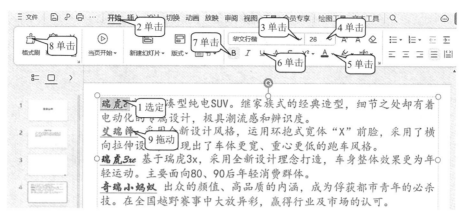

图 5.2.8

**步骤 05** 将第 4 张幻灯片的"艾瑞泽 e"设置为绿色、"瑞虎 3xe"设置为紫色、"奇瑞小蚂蚁"设置为蓝色。

**步骤 06** 选定第 2 张幻灯片文本框，单击其他对齐按钮，比较不同对齐效果。单击【左对齐】按钮，对齐效果如图 5.2.9 所示。单击【居中】按钮，对齐效果如图 5.2.10 所示。单击【右对齐】按钮，对齐效果如图 5.2.11 所示。单击【两端对齐】按钮，对齐效果如图 5.2.12 所示。

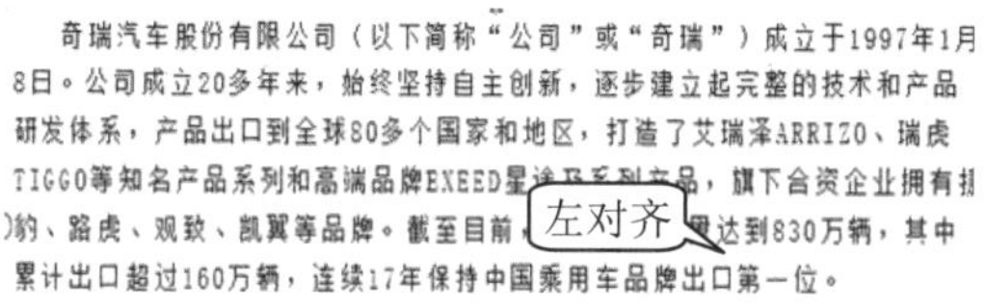

图 5.2.9

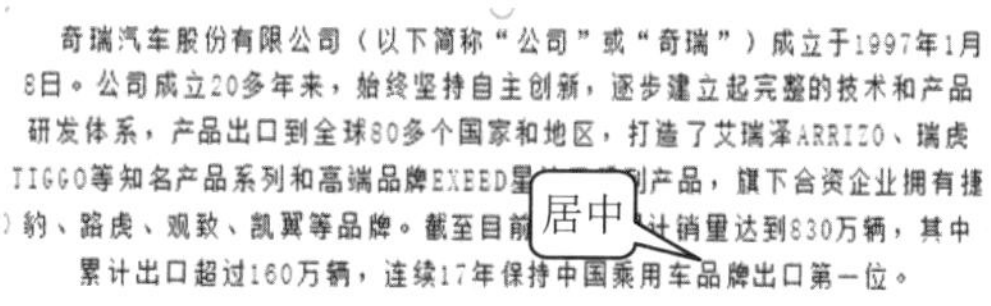

图 5.2.10

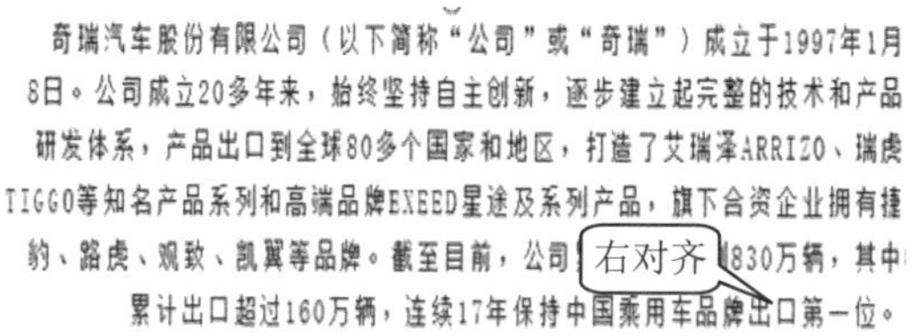

图 5.2.11

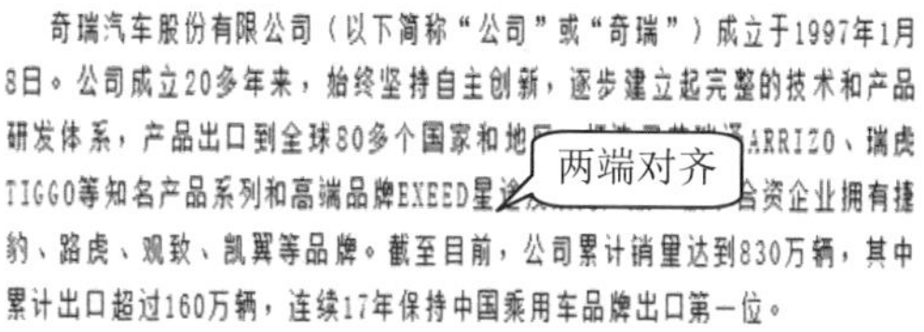

图 5.2.12

## 任务四　设置编号与项目符号

**步骤 01** ①选定第 4 张幻灯片文本框中的所有字符；②单击【开始】；③单击【编号】下拉按钮；④选择所要的编号样式，则选定的几个段落前都加入了编号(见图 5.2.13)。

**步骤 02** ①选定第 2 张幻灯片文本框内的文字；②单击【开始】；③单击【字体】下拉按钮，选择【华文行楷】；④单击【字号】下拉按钮，选择 28；⑤单击【字体颜色】下拉按钮，选择浅蓝；⑥单击【项目符号】下拉按钮；⑦选择所要的项目符号(见图 5.2.14)，这样就对该文本框设置了字体、字号、颜色和项目符号。

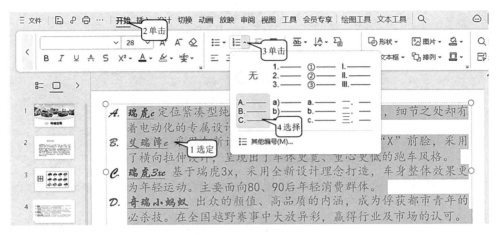

图 5.2.13

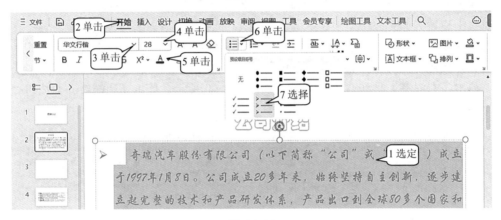

图 5.2.14

如果对所添加的项目符号和编号不满意,还可以通过单击项目符号和编号按钮,再单击【其他项目符号】和【其他编号】,打开项目符号与编号对话框,选择其他更多样式的项目符号和编号。

## 任务五  插入、设置图片与单页美化

### 1. 插入图片与单页美化

**步骤 01** ①单击第 1 张幻灯片;②单击【插入】;③单击【图片】按钮;④选择【本地图片】命令,弹出【插入图片】对话框;⑤单击【位置】,找到"教材素材\图片\奇瑞新品";⑥双击"奇瑞新品"图片文件,则图片就被插入到幻灯片中;⑦拖动插入图片的控点,调整图片的大小;⑧拖动图片上方的控点,可以旋转图片(这里不作调整);⑨拖动图片,调整图片的位置(见图 5.2.15)。

**步骤 02** ①单击【智能美化】下拉按钮;②选择【单页美化】;③单击页面属性下拉按钮,选择【正文页】;④选择所要的样式(见图 5.2.16)。

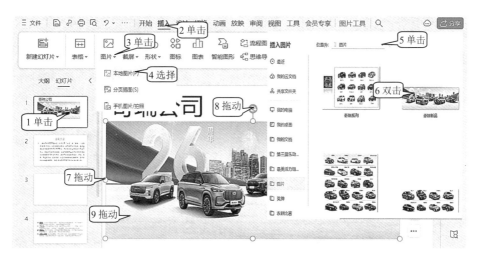

图 5.2.15

图 5.2.16

## 2. 图片设置

**步骤 01** ①在第 1 张幻灯片中插入图片素材中的"奇瑞 logo"文件；②在第 1 张幻灯片中插入图片素材中的 22 文件，并调整图片大小、位置；③选择底部图片；④单击【图片工具】；⑤单击【效果】；⑥单击【柔化边缘】；⑦选择"5 磅"(见图 5.2.17)。

**步骤 02** ①单击图片；②单击【效果】；③单击【发光】；④选择一种样式(见图 5.2.18)。

**步骤 03** 在第 3 张幻灯片中插入"教材素材\图片\奇瑞系列产品"。

**步骤 04** ①单击图片；②取消选中【锁定纵横比】复选框；③输入宽度值 18；④输入高度值 12，设置图片大小；⑤单击【效果】；⑥选择【更多设置】命令，会弹出【对象属性】面板；⑦在【效果】\【三维格式】\【曲面图】下，单击【颜色】下拉按钮，选择绿色；⑧在【大小】文本框中输入 10(见图 5.2.19)。

图 5.2.17

图 5.2.18

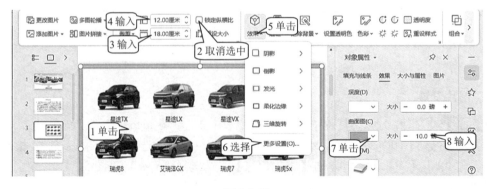

图 5.2.19

**步骤 05** 单击【效果】\【发光】\【巧克力黄, 18pt 发光, 着色 2】, 设置图片的发光效果。

**步骤 06** ①单击图片; ②单击【填充与线条】标签; ③选中【实线】单选按钮; ④单击【颜色】下拉按钮, 选择【猩红, 着色, 浅色 60%】; ⑤在【宽度】微调框输入 10, 设置 10 磅的轮廓线, 如图 5.2.20 所示。

学习模块五　WPS 演示的应用

图 5.2.20

### 3. 幻灯片背景图片的添加与去除

**步骤 01** ①单击第 2 张幻灯片；②单击【设计】；③单击【背景】按钮，会弹出 5.2.21 所示的【对象属性】面板；④选中【图片或纹理填充】单选按钮；⑤单击【图片填充】下拉按钮；⑥选择【本地文件】命令，弹出【选择纹理】对话框；⑦单击【此电脑】，找到"教材素材\图片\背景"文件；⑧双击"背景"文件；⑨单击【全部应用】按钮，则所有幻灯片的背景就被设置成一样的图片(见图 5.2.21)。

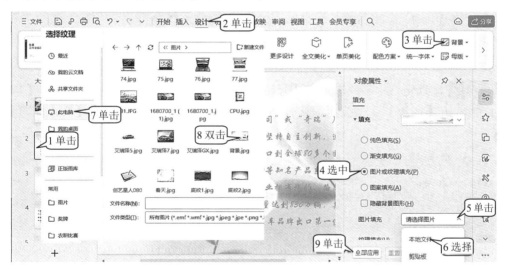

图 5.2.21

**步骤 02** ①单击第 1 张幻灯片；②单击【设计】；③单击【背景】按钮，弹出【对象属性】面板；④单击【填充】下拉按钮；⑤选择【无填充】(见图 5.2.22)，则第 1 张幻灯片的背景就被去除了。

图 5.2.22

## 任务六 插入与设置艺术字

### 1. 插入艺术字

**步骤 01** ①单击第 4 张幻灯片；②单击【插入】；③单击【艺术字】下拉按钮；④选择一种艺术字样式；⑤幻灯片中会出现一个艺术字输入框，输入文字"奇瑞新能源"（见图 5.2.23）。

图 5.2.23

**步骤 02** ①选定艺术字；②单击【开始】；③单击【字体】下拉按钮，选择【华文新魏】；④单击【字号】下拉按钮，选择 80；⑤单击【加粗】；⑥单击【文本工具】(见图 5.2.24）。

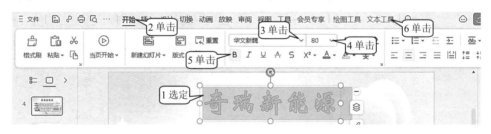

图 5.2.24

### 2. 设置艺术字轮廓、填充色、倒影

①单击【填充】下拉按钮，选择绿色；②单击【轮廓】下拉按钮，选择红色；③单击【效果】；④单击【倒影】；⑤选择【紧密倒影，接触】(见图 5.2.25）。

## 3. 设置艺术字发光、转换

**步骤 01** ①选定艺术字；②单击【效果】；③单击【发光】；④选择【巧克力黄，18pt 发光，着色 2】(见图 5.2.26)。

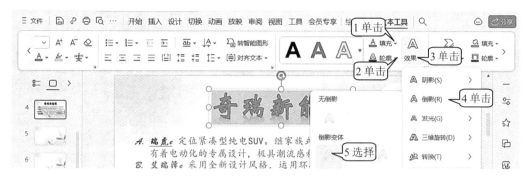

图 5.2.25

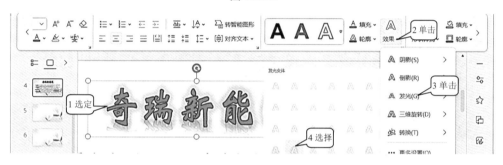

图 5.2.26

**步骤 02** ①选定艺术字；②单击【文本效果】；③单击【转换】；④选择【停止】弯曲效果；⑤拖动黄色控点调整形状(见图 5.2.27)。

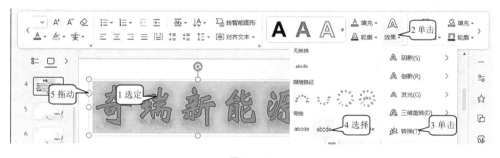

图 5.2.27

## 4. 设置艺术字背景、边框

**步骤 01** ①单击艺术字边框选定艺术字；②单击【文本工具】；③单击【形状填充】下拉按钮，④单击【图片或纹理】；⑤选择【本地图片】命令，弹出【选择纹理】对话框；⑥单击【此电脑】，找到"教材素材\图片\瑞虎 9"文件；⑦双击"瑞虎 9"文件，则艺术字背景就被填充了"瑞虎 9"图片(见图 5.2.28)。

**步骤 02** ①单击艺术字边框选定艺术字；②单击【文本工具】；③单击【轮廓】下拉

按钮；④选择【更多设置】命令(见图 5.2.29)，弹出【对象属性】面板。

图 5.2.28

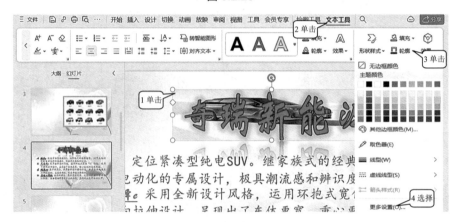

图 5.2.29

**步骤 03** ①单击【线条】下拉按钮，选择【系统点线】；②单击【颜色】下拉按钮，选择【猩红，着色 6，浅色 40%】；③输入宽度值 5；④单击【复合类型】下拉按钮，选择【双线】(见图 5.2.30)。

图 5.2.30

**步骤 04** 单击第 3 张幻灯片；单击【插入】；单击【艺术字】，选择【填充-金色，着色 2，轮廓-着色 2】，输入"产品专区"。

**步骤 05** 将"产品专区"【字体】设置为【华文琥珀】;【字号】设置为 80;拖动艺术字控点调整其形状。

**步骤 06** 将"产品专区"文字内部颜色填充为【矢车菊蓝,着色 5,深色 25%】,轮廓设置为【黄色】;发光设置为【橙色,18pt 发光,着色 3】。

**步骤 07** 将"产品专区"形状的发光设置为【黄色】。

**步骤 08** ①单击艺术字边框选定艺术字;②单击【文本工具】;③单击【形状填充】下拉按钮,④单击【图片或纹理】;⑤选择【方格 1】纹理(见图 5.2.31)。

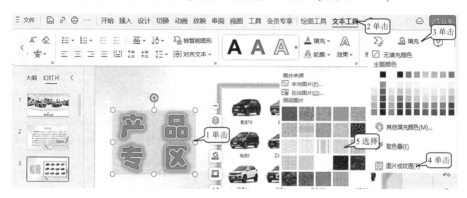

图 5.2.31

### 5. 精确设置艺术字大小

**步骤 01** 在第 5 张幻灯片中插入"奇瑞汽车纵横大江南北"和"奇瑞汽车寄情祖国山水"两行艺术字,将 2 个艺术字设置为【华文楷体】、54 磅、【橙色】填充、【绿色】边框、【加粗】、【猩红,18pt 发光,着色 6】发光;形状填充为【传统 2】纹理,发光效果设置为【猩红,18pt 发光,着色 6】。

**步骤 02** 单击艺术字边框选中艺术字,单击【绘图工具】\【效果】,单击【转换】,选择【倒 V 形】艺术字排列效果。

**步骤 03** 用同样的方法将另一个艺术字形状设置为【正 V 形】排列效果。

**步骤 04** ①单击艺术字边框选中艺术字;②单击【文本工具】;③单击【形状效果】;④选择【更多设置】命令,打开【对象属性】面板;⑤输入高度 4;⑥输入宽度 24,如图 5.2.32 所示。

图 5.2.32

## 任务七 插入与设置音视频

### 1. 视频的插入与设置

**步骤01** ①单击第 5 张幻灯片；②单击【插入】；③单击【视频】按钮；④选择【嵌入视频】命令，弹出【插入视频】对话框；⑤单击【此电脑】，选择"教材素材\视频"；⑥双击"奇瑞"视频文件；⑦拖动插入视频的控点调整大小；⑧右击插入的视频；⑨选择【置于底层】命令，就可将艺术字放在视频之上；⑩单击【播放】按钮即可播放视频(见图 5.2.33)。

图 5.2.33

**步骤02** ①单击视频；②单击【视频工具】；③单击【开始】下拉按钮；④选择【自动】选项，表示视频会自动播放；⑤单击【音量】下拉按钮；⑥选择【高】选项，表示视频音量设置为高(见图 5.2.34)。

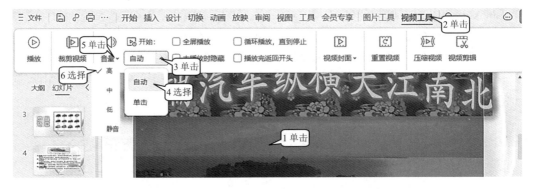

图 5.2.34

### 2. 音频的插入与设置

**步骤01** ①单击第 1 张幻灯片；②单击【插入】；③单击【音频】按钮；④选择【嵌入音频】命令，弹出【插入音频】对话框；⑤单击【此电脑】，选择"教材素材\音乐"；⑥双击 01 音乐文件，则幻灯片中就会出现一个代表该音乐文件的小喇叭；⑦拖动小喇叭将其移动到右下角；⑧拖动小喇叭控点调整大小；⑨单击【播放】按钮，就会播放音乐(见图 5.2.35)。

图 5.2.35

**步骤 02** ①单击小喇叭；②单击【音频工具】；③选中【跨幻灯片播放:至】单选按钮，这样在播放幻灯片时，音乐就不会由于幻灯片的切换而停止，最终到幻灯片播放完以后音乐才会停止；④选中【循环播放直至停止】复选框，以设置音乐在幻灯片放完之前会自动重头循环播放，只有当幻灯片播放完之后音乐才会停止；⑤选中【播放完返回开头】复选框，这样幻灯片播放完以后会自动回到第一张幻灯片；⑥选中【放映时隐藏】复选框，表示放映时小喇叭图标会隐藏；⑦在【淡入】文本框中输入 5，表示音乐播放时将从 0 开始经过 5s 达到正常音量；⑧在【淡出】文本框中输入 5，表示音乐在结束时将经过 5s；⑨单击【音量】；⑩选择【中】选项，表示音乐播放音量为中等(见图 5.2.36)。

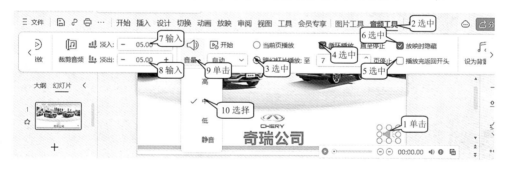

图 5.2.36

## 任务八 插入与设置表格和图表

### 1. 表格的插入与设置

**步骤 01** ①单击第 6 张幻灯片；②单击【插入】；③单击【表格】按钮；④选择【插入表格】命令，弹出【插入表格】对话框；⑤输入行数 10；⑥输入列数 7；⑦单击【确定】按钮；⑧在插入的表格中输入表格内容(见图 5.2.37)。

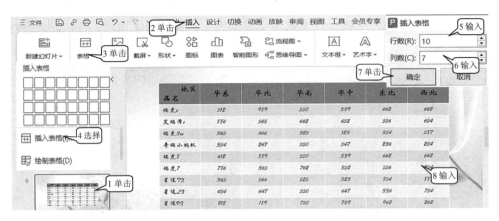

图 5.2.37

**步骤 02** 将表格第 1 行设置为【华文新魏】、18 磅，其他设置为【华文行楷】、16 磅。

**步骤 03** ①单击"品名地区"单元格；②单击【表格样式】；③单击【预设样式】右侧的下拉按钮，弹出各种样式；④选择【中度样式 2-强调 4】样式，则表格就被套用成了所选择的样式；⑤单击【笔颜色】下拉按钮，选择白色；⑥单击【边框】下拉按钮；⑦选择【斜下框线】选项，则"品名地区"就被加上了斜线(见图 5.2.38)。

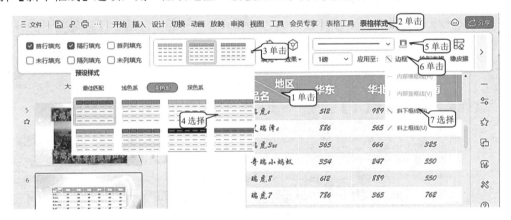

图 5.2.38

**步骤 04** 将除第 1 行的其他行字的颜色设置为"紫色"。

**步骤 05** 在第 6 张幻灯片中插入一个文本框，并输入"销售业绩"，将其设置为【华文隶书】、66 磅。

**步骤 06** ①选定文本框内字符；②选择【填充-金色，着色 2，轮廓-着色 2】样式；③单击【效果】下拉按钮；④单击【发光】；⑤选择【矢车菊蓝，8pt 发光，着色 5】发光效果(见图 5.2.39)。

**步骤 07** ①单击文本框边框选定文本框；②单击【填充】下拉按钮；③单击【图片或纹理】；④选择【水】纹理(见图 5.2.40)，可以看出文本框的设置方法和艺术字的设置基本是一样的。

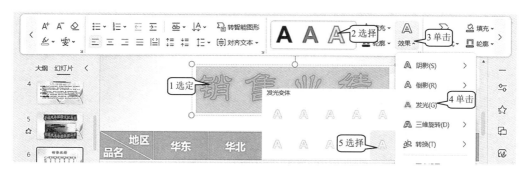

图 5.2.39

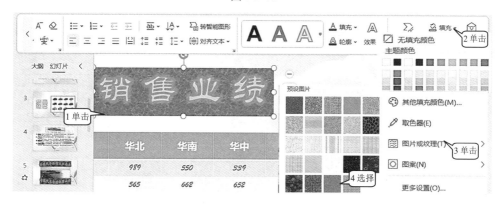

图 5.2.40

## 2. 图表的插入与设置

**步骤01** ①单击第 7 张幻灯片；②单击【插入】；③单击【图表】按钮，弹出【图表】对话框；④选择一种样式(见图 5.2.41)，即可插入一个没有真实数据的图表，如图 5.2.42 所示。

**步骤02** ①单击插入的图表；②单击【图表工具】；③单击【编辑数据】按钮，会打开无数据的 WPS 表格，如图 5.2.43 所示。

**步骤03** 在 WPS 表格中打开"教材素材\WPS 演示\销售业绩"表格，如图 5.2.44 所示。

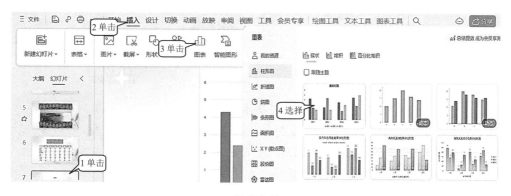

图 5.2.41

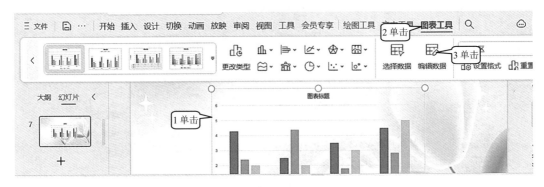

图 5.2.42

| | A | B | C | D | E | F |
|---|---|---|---|---|---|---|
| 1 | | 1 | 系列 2 | 系列 3 | | |
| 2 | 类别 1 | 4.3 | 2.4 | 2 | | |
| 3 | 类别 2 | 2.5 | 4.4 | 2 | | |
| 4 | 类别 3 | 3.5 | 1.8 | 3 | | |
| 5 | 类别 4 | 4.5 | 2.8 | 5 | | |
| 6 | | | | | | |
| 7 | | | | | | |
| 8 | | | | | | |
| 9 | | | | | | |
| 10 | | | | | | |
| 11 | | | | | | |

图 5.2.43

| | A | B | C | D | E | F | G |
|---|---|---|---|---|---|---|---|
| 1 | | 华东 | 华北 | 华南 | 华中 | 东北 | 西北 |
| 2 | 瑞虎e | 512 | 989 | 550 | 339 | 662 | 662 |
| 3 | 艾瑞泽e | 886 | 565 | 662 | 652 | 556 | 654 |
| 4 | 瑞虎3xe | 365 | 666 | 325 | 123 | 354 | 587 |
| 5 | 奇瑞小蚂蚁 | 354 | 247 | 550 | 547 | 236 | 254 |
| 6 | 瑞虎8 | 612 | 889 | 550 | 339 | 662 | 662 |
| 7 | 瑞虎7 | 786 | 365 | 762 | 352 | 556 | 254 |
| 8 | 星途TX | 365 | 566 | 525 | 323 | 854 | 887 |
| 9 | 星途LX | 454 | 647 | 550 | 647 | 336 | 754 |
| 10 | 星途VX | 212 | 189 | 750 | 739 | 962 | 262 |

图 5.2.44

**步骤 04** ①选定“销售业绩”表格的 A1:G10 单元格区域；②按 Ctrl+C 组合键，将数据复制到剪贴板(见图 5.2.45)。

**步骤 05** 单击图 5.2.43 所示的无数据的 WPS 表格，切换到无数据的 WPS 表格。

**步骤 06** ①单击 A1 单元格；②按 Ctrl+V 组合键，将剪贴板中的数据粘贴进来；③拖动 D5 单元格右下角到 G10(见图 5.2.46)，则 WPS 演示中的图表就会依据粘贴来的数据重新生成图表。

| | A | B | C | D | E | F | G |
|---|---|---|---|---|---|---|---|
| 1 | | 华东 | 华北 | 华南 | 华中 | 东北 | 西北 |
| 2 | 瑞虎e | 512 | 989 | 550 | 339 | 662 | 662 |
| 3 | 艾瑞泽e | 886 | 565 | 662 | 652 | 556 | 654 |
| 4 | 瑞虎3xe | 365 | 666 | 325 | 123 | 354 | 587 |
| 5 | 奇瑞小蚂蚁 | 354 | 247 | 550 | 547 | 236 | 254 |
| 6 | 瑞虎8 | 612 | 889 | 550 | 339 | 662 | 662 |
| 7 | 瑞虎7 | 786 | 365 | 762 | 352 | 556 | 254 |
| 8 | 星途TX | 365 | 566 | 525 | 323 | 854 | 887 |
| 9 | 星途LX | 454 | 647 | 550 | 647 | 336 | 754 |
| 10 | 星途VX | 212 | 189 | 750 | 739 | 962 | 262 |

图 5.2.45

| | A | B | C | D | E | F | G |
|---|---|---|---|---|---|---|---|
| 1 | | | 华北 | 华南 | 华中 | 东北 | 西北 |
| 2 | 瑞虎e | | 989 | 550 | 339 | 662 | 662 |
| 3 | 艾瑞泽e | 886 | 565 | 662 | 652 | 556 | 654 |
| 4 | 瑞虎3xe | 365 | 666 | 325 | 123 | 354 | 587 |
| 5 | 奇瑞小蚂蚁 | 354 | 247 | 550 | | 236 | 254 |
| 6 | 瑞虎8 | 612 | 889 | 550 | 339 | 662 | 662 |
| 7 | 瑞虎7 | 786 | 365 | 762 | 352 | 556 | 254 |
| 8 | 星途TX | 365 | 566 | 525 | 323 | 854 | 887 |
| 9 | 星途LX | 454 | 647 | 550 | 647 | 336 | 754 |
| 10 | 星途VX | 212 | 189 | 750 | 739 | 962 | 262 |

图 5.2.46

**步骤 07** ①拖动图表的控点，将图表调整适当的大小；②选定文本框中的字符；③单击【文本工具】；④单击【艺术字预设】下拉按钮；⑤选择【填充-矢车菊蓝，着色 5，轮廓-背景 1，清晰阴影-着色 5】样式(见图 5.2.47)。完成后的演示文稿幻灯片如图 5.2.48 所示。

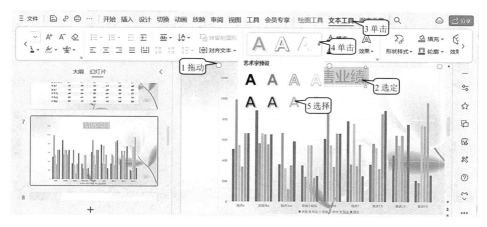

图 5.2.47

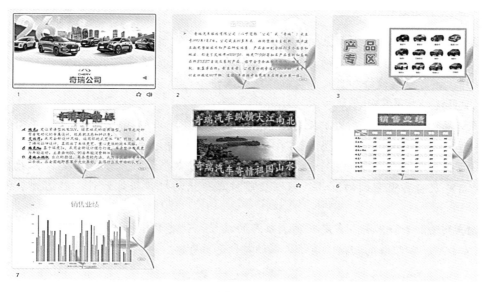

图 5.2.48

 **知识点延展**

| 幻灯片视图 | WPS 演示文稿提供了多种视图，包括普通视图、浏览视图和阅读视图，通常普通视图用于演示文稿的编辑和修改。各种视图间的切换方法：单击 WPS 演示文稿窗口底部的普通视图、浏览视图和阅读视图，即可实现视图的切换 |
|---|---|
| 音频裁剪 | ①单击小喇叭；②单击【裁剪音频】按钮，弹出【裁剪音频】对话框；③拖动绿色滑块，可以改变音乐开始位置；④拖动红色滑块，可以改变音乐结束位置；⑤单击【确定】按钮 |

**思考与联想讨论**

请讨论下列问题并给出答案。
1. 当你对案例中的背景颜色不满意时，如何来更改背景颜色？
2. 销售业绩表中能够加入公式吗？

3. 如果要让销售业绩表增加一个[合计]项，而且[合计]项中的数据必须是计算出来的，应该如何操作？

4. 插入的音频和视频能够在 WPS 演示中进行简单剪辑吗？

5. WPS 演示中，图形能够组合吗？如果能够组合的话，组合后的图形能够拆开吗？

### 开拓探索行动

扫描右侧的二维码打开案例，自行探索完成。

## 项目三　WPS 演示——多媒体教学幻灯片

### 项目剖析

**应用场景：** 演示文稿页面上的大部分内容是静态的，为了使幻灯片更具吸引力，也为了更好地表现事物的细节、活动的过程、强调的重点等，除了需要用文字、图片、图表表现效果外，还可以通过添加自定义动画，配合演讲节奏让演示文稿的内容依次呈现，使演讲形式更灵活，效果更好。

**设计思路与方法技巧：** 为了提高企业产品的关注度，在幻灯片中添加进入类型的自定义动画，可以让内容分层次出现；为对象添加强调类型的自定义动画，可以起到强调产品的作用；在一个对象上添加多个自定义动画，可以使效果看起来十分炫酷。如果制作的是一个由观众自行观看的幻灯片，可以提前对每一张幻灯片排练计时，以达到最佳的播放效果。

**应用到的相关知识点：** 自定义动画效果的设置、创建动作按钮和超链接；幻灯片的排练计时和放映；幻灯片的切换；演示文稿的打包和打印。

### 即学即用的可视化实践环节

**任务一　添加与设置动画**

在幻灯片中我们把文本框、视频、图片、声音、Flash 等统称为对象，可以通过设置让这些对象在放映时以动画方式进入画面(或出现在屏幕上)，同时还伴有配音和音乐。设置放映时对象动画效果的方法如下。

**步骤 01** 打开教材素材\WPS 文稿\激光投影技术。

**步骤 02** 单击第 1 张幻灯片。

**步骤 03** ①单击艺术字；②单击【动画】；③单击动画类型下拉按钮，在弹出的面板中给出了进入、强调、退出、动作路径、绘制自定义路径几大类动画效果，每类中又有多种动画效果，可以根据需要选择相应的动画效果；④选择【放大/缩小】；⑤单击【动画属性】下拉按钮；⑥选择【较小】；⑦单击【动画属性】下拉按钮；⑧选择【水平】；⑨单击【开始】下拉按钮，选择【与上一动画同时】，即不需要单击可与上一个动画同时自动放映;⑩在【持续】微调框输入2,设置动画时长为2秒(见图5.3.1)。

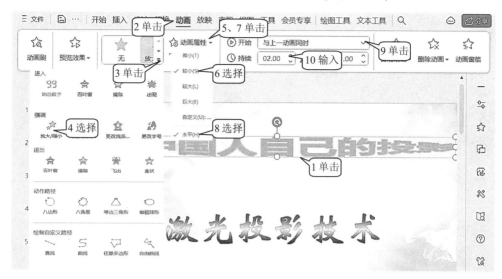

图 5.3.1

**步骤04** ①单击艺术字;②单击动画类型下拉按钮;③选择【百叶窗】;④在【持续】微调框中输入3;⑤单击【开始】下拉按钮,选择【与上一动画同时】(见图5.3.2)。

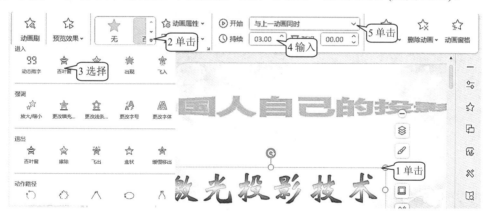

图 5.3.2

**步骤05** 单击3张幻灯片。

**步骤06** ①单击图片;②单击【动画】;③单击动画类型下拉按钮;④单击【进入】类型右侧的展开按钮;⑤拖动滚动条找到【伸展】;⑥选择【伸展】;⑦单击【动画属性】下拉按钮;⑧选择【自右侧】;⑨单击【开始】下拉按钮,选择【与上一动画同时】;⑩在【持续】微调框输入3,设置动画时长为3秒(见图5.3.3)。

**步骤07** ①单击蝴蝶;②单击【动画】;③单击动画类型下拉按钮;④拖动滚动条找到【自由曲线】;⑤选择【自由曲线】,这时鼠标就会变成笔的形状;⑥在幻灯片中拖动鼠标绘制动画路径;⑦单击【开始】下拉按钮,选择【与上一动画同时】;⑧在【持续】微调框输入5,设置动画时长为5秒(见图5.3.4)。

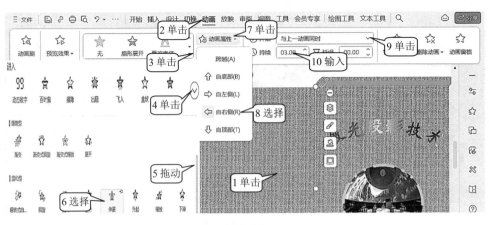

图 5.3.3

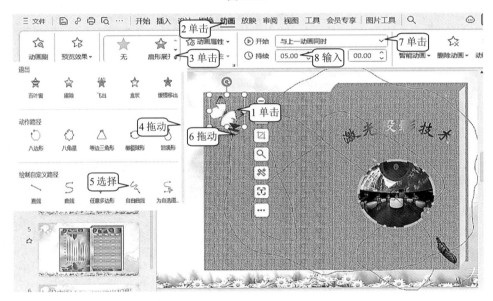

图 5.3.4

**步骤 08** 用同样的方法把另外一只蝴蝶也加上自由曲线的动画路径。单击【开始】下拉按钮，选择【与上一动画同时】，在【持续】微调框输入 5。

**步骤 09** 单击第 5 张幻灯片。

**步骤 10** ①单击图表；②单击【动画】；③单击动画类型下拉按钮；④单击【进入】类型右边的展开按钮；⑤拖动滚动条找到【渐变式回旋】；⑥选择【渐变式回旋】；⑦单击【开始】下拉按钮，选择【与上一动画同时】；⑧在【持续】微调框输入 2，设置动画时长为 2 秒(见图 5.3.5)。

**步骤 11** ①单击艺术字；②单击【动画】；③单击动画类型下拉按钮；④单击【进入】类型右边的展开按钮；⑤拖动滚动条找到【随机线条】；⑥选择【随机线条】；⑦单击【开始】下拉按钮，选择【与上一动画同时】；⑧在【持续】微调框输入 3，设置动画时长为 3 秒(见图 5.3.6)。

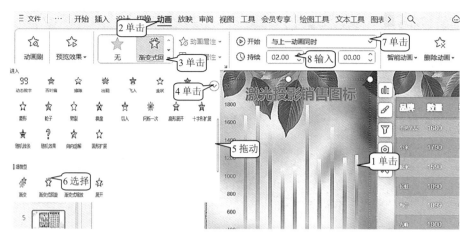

图 5.3.5

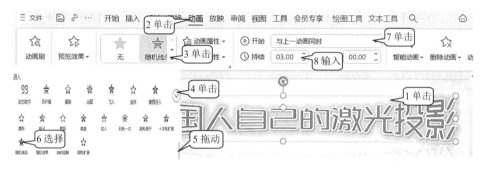

图 5.3.6

## 任务二 创建按钮与超链接

当一组幻灯片比较多时,为了在演示文稿中快速找到其中某一张特定的幻灯片,可以在某张幻灯片中加入跳转按钮,并在放映时单击该按钮即可跳转到所要看到的那张幻灯片。而通过给幻灯片中某个对象设置超链接,不但可以实现本演示文稿中幻灯片之间的跳转,还可以实现不同演示文稿之间的跳转,同时还可以打开不同的文件。例如,WPS 文档、WPS 表格、应用程序、可执行文件等。这一功能对制作教学课件和各种讲座是很有用的,按钮和超链接的设置方法如下。

**步骤 01** ①单击第 2 张幻灯片;②单击【插入】;③单击【形状】按钮;④单击【动作按钮:前进或下一项】按钮 ;⑤在幻灯片中拖动鼠标绘制图形,同时会弹出【动作设置】对话框;⑥单击【超链接到】右侧的下拉按钮;⑦选择【幻灯片】,弹出【超链接到幻灯片】对话框;⑧选择【5.幻灯片 5】,表示会超链接到第 5 张幻灯片;⑨单击【确定】,回到【动作设置】对话框;⑩单击【确定】按钮(见图 5.3.7)。

**步骤 02** 单击第 3 张幻灯片。

**步骤 03** ①右击图片,弹出快捷菜单;②选择【超链接】命令,弹出【编辑超链接】对话框;③单击【原有文件或网页】右侧的下拉按钮 ,找到文件所在的文件夹;④双击链接的文件(见图 5.3.8),这样该图片就和上面所选择的文件建立了超链接。当播放到这张幻灯片时鼠标指向图片并单击,就会打开超链接的文件。

信息技术基础可视化教程(WPS版MOOC教程)

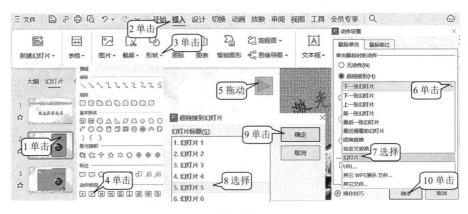

图 5.3.7

图 5.3.8

### 任务三 幻灯片排练计时的设置与取消

当我们希望幻灯片放映时,每张幻灯片的放映时间是事先设定好的,放映过程中自动播放,无须人工控制操作的话,就可以利用"排练计时"命令来实现,设定的方法如下。

**步骤01** ①单击【放映】;②单击【排练计时】;③选择【排练全部】(见图5.3.9),则幻灯片进入了全屏幕播放状态。

图 5.3.9

**步骤02** ①通过单击【下一项】按钮来控制后面幻灯片的放映,当放映到最后一张幻灯片时，会出现图 5.3.10 所示的对话框；②单击【是】按钮，则每张幻灯片的播放时间就被记录了下来(见图 5.3.11)，下次放映时就会按记录的时间自动放映。

图 5.3.10

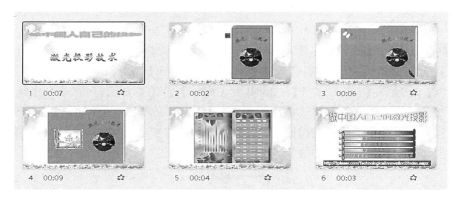

图 5.3.11

**步骤 03** 选择【文件】\【保存】命令，可将记录的各张幻灯片的放映时间保存到文件中。

**步骤 04** 单击【从头开始放映】按钮，可以从头播放幻灯片。如果单击窗口下方中间部位的幻灯片放映按钮，则从当前幻灯片开始放映。

**步骤 05** ①单击【放映】；②单击【放映设置】；③选择【手动放映】(见图 5.3.12)，就可以清除所有幻灯片中的计时时间。

图 5.3.12

## 任务四 放映与自定义放映幻灯片

### 1. 幻灯片放映

**步骤 01** ①单击【放映】；②单击【从头开始】，将从第一张幻灯片开始放映(见图 5.3.13)。

图 5.3.13

**步骤 02** ①单击【放映】；②单击【当页开始】，将从选中的幻灯片开始放映。

### 2. 自定义放映

**步骤 01** ①单击【放映】；②单击【自定义放映】，弹出【自定义放映】对话框；③单击【新建】，弹出【定义自定义放映】对话框；④在【幻灯片放映名称】文本框输入"第一组"；⑤选择【1.幻灯片 1】；⑥单击【添加】，幻灯片 1 名称就会出现在右边的【在自定义放映中的幻灯片】文本框中，再将幻灯片 4、幻灯片 6 添加到【在自定义放映中的幻灯片】文本框中，结果就组成了由幻灯片 1、幻灯片 4、幻灯片 6 构成的第一组幻灯片；⑦单击【确定】按钮(见图 5.3.14)。

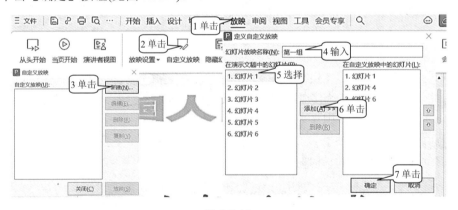

图 5.3.14

**步骤 02** ①单击【新建】，弹出如图 5.3.15 所示的【定义自定义放映】对话框；②在【幻灯片放映名称】文本框输入"第二组"；③选择【4.幻灯片 4】；④单击【添加】，幻灯片 4 名称就会出现在右边的【在自定义放映中的幻灯片】文本框中，再将幻灯片 2、幻灯片 6 添加到【在自定义放映中的幻灯片】文本框中，结果就组成了由幻灯片 4、幻灯片 2、幻灯片 6 构成的第二组幻灯片；⑤单击【确定】按钮(见图 5.3.15)。

## 学习模块五　WPS 演示的应用

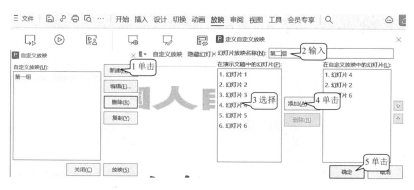

图 5.3.15

**步骤 03** 单击【关闭】按钮，即完成自定义。

**步骤 04** ①单击【放映】；②单击【自定义放映】，弹出【自定义放映】对话框；③选择【第二组】；④单击【放映】按钮(见图 5.3.16)，就开始放映第二组幻灯片。

图 5.3.16

**步骤 05** 放映第一组的方法与上面一样。

### 任务五　设置幻灯片的切换效果

幻灯片的切换效果是指幻灯片放映时，每一张幻灯片出现时的动画效果。也就是说当前一张幻灯片放映之后，后一张幻灯片不是直接跳出的，而是以一种动画方式显示出来的，设置方法如下。

**步骤 01** 打开教材素材\WPS 文稿\激光投影技术(动画)。

**步骤 02** ①单击第 1 张幻灯片；②单击【切换】；③单击切换样式按钮 ，弹出切换样式选择面板；④选择【开门】；⑤在【速度】微调框输入 3，表示切换过程所耗用的时间为 3 秒；⑥单击【声音】下拉按钮；⑦选择【风铃】，表示在幻灯片切换时配以风铃响声；⑧取消选中【单击鼠标时换片】复选框；⑨在【自动换片】微调框输入 1，设置自动换片时间；⑩选中【自动换片】复选框(见图 5.3.17)。

**步骤 03** ①单击第 2 张幻灯片；②单击【切换】；③单击切换样式按钮 ，弹出切换样式选择面板；④选择【剥离】；⑤单击【效果选项】；⑥选择【向左】；⑦在【速度】微调框输入 2，表示切换过程所耗用的时间为 2 秒；⑧单击【声音】下拉按钮，选择【激光】，表示在幻灯片切换时配以激光响声；⑨取消选中【单击鼠标时换片】复选框；⑩在

【自动换片】微调框输入 1，设置自动换片时间(见图 5.3.18)。

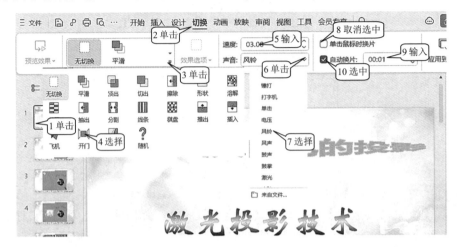

图 5.3.17

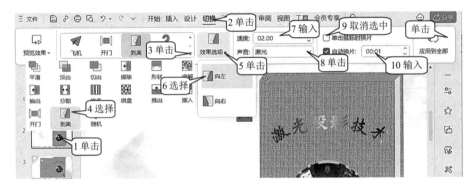

图 5.3.18

**步骤 04** 如果单击【应用到全部】按钮，则所有的幻灯片都按上面设置的这种方式进行切换。如果不单击该按钮，则上述的设置只对本张幻灯片起作用。接下来可以将每张幻灯片都进行相应的设置，以使每张幻灯片的切换方式、配音、切换时间等都各具特色。

## 任务六　打包与打印演示文稿

一般演示文稿的播放是在 WPS 中进行的，在没有安装 WPS 的计算机中演示文稿是无法播放的。因此为了能让演示文稿在任何情况下都可以播放，我们可以将做好的演示文稿打包成独立播放的文件。打包的好处就是：它将 WPS 播放器一同放进一个文件夹，这个文件夹就是打包后的文件夹。打包后的文件夹在任何计算机上都可以正常放映。

**步骤 01** ①单击【文件】；②选择【文件打包】；③选择【将演示文档打包成文件夹】，弹出【演示文件打包】对话框；④输入文件夹名称；⑤单击【浏览】按钮，指定文件夹的路径；⑥选中【同时打包成一个压缩文件】复选框；⑦单击【确定】按钮，即可开始打包，结束后出现图 5.3.19 所示的【已完成打包】对话框；⑧单击【打开文件夹】按钮，就可以看到打包后的文件夹了。

学习模块五　WPS 演示的应用

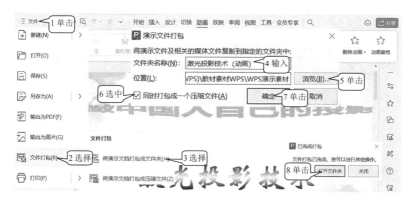

图 5.3.19

**步骤02** ①单击【文件】；②选择【打印】，弹出【打印】对话框；③输入打印份数；④选中【全部】单选按钮，表示打印全部幻灯片；⑤单击【确定】按钮(见图 5.3.20)。

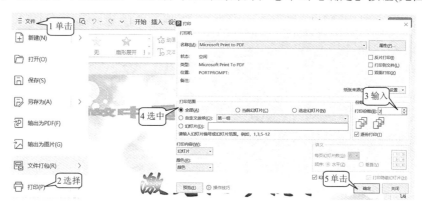

图 5.3.20

**知识点延展**

| 随意设置图片的大小 | ①单击图片；②单击【图片工具】；③取消选中【锁定纵横比】复选框；④在【形状高度】和【形状宽度】微调框内输入数字 |
|---|---|
| 调整动画播放顺序 | ①单击【动画】\【动画窗格】；②在【动画窗格】中上下拖动需要调整的动画对象，即可调整该对象的播放次序 |

**思考与联想讨论**

请讨论下列问题并给出答案。
1. 在什么时候需要为演示文稿提供打包操作？
2. 自定义动画有哪几种类型？
3. 如何删除或修改已定义的动画效果？

**开拓探索行动**

扫描右侧的二维码打开案例，自行探索完成。

# 学习模块六
# 新一代信息技术

### 本模块学习要点

- 5G 移动通信技术与应用场景。
- 量子信息技术及应用。
- 信息安全及其重要性。
- 物联网技术与应用领域。
- 人工智能与应用。
- 区块链技术及应用领域。

### 本模块技能目标

- 熟知 5G 应用场景。
- 了解量子信息技术及应用。
- 掌握信息安全原理并能实际运用。
- 知晓物联网技术与应用领域。
- 了解人工智能并掌握其应用。
- 了解区块链技术及应用领域。

随着科技的不断进步,新一代信息技术已经逐渐成为推动社会发展的重要力量。这些技术包括云计算、大数据、人工智能、物联网、区块链等,它们正在以前所未有的速度改变着我们的生活和工作方式。本文将探讨新一代信息技术的定义、特点、应用及其对社会的影响,并预测其未来的发展趋势。

### 1. 新一代信息技术的定义

新一代信息技术是指基于数字化、网络化、智能化等技术手段,实现信息的高效获取、处理、存储、传输和应用的一类技术。

### 2. 新一代信息技术的特点

(1) 高效性:新一代信息技术能够实现信息的高速处理和传输,大大提高了工作效率。

(2) 智能化:通过人工智能技术,新一代信息技术能够实现自动化决策、智能分析等功能,进一步提升了工作效率和准确性。

(3) 互联性:物联网技术的发展使得各种设备能够相互连接,实现信息的共享和协同工作。

(4) 安全性:区块链技术为信息安全提供了新的保障,使得数据更加可靠、透明和不可篡改。

### 3. 新一代信息技术的应用

新一代信息技术在各个领域都有广泛的应用,包括但不限于以下几个方面。

(1) 智能制造:通过物联网和人工智能等技术,实现生产过程的自动化和智能化,提高生产效率和产品质量。

(2) 智慧医疗:通过大数据和人工智能等技术,实现医疗资源的优化配置和疾病的精准治疗。

(3) 智能交通:通过物联网和大数据等技术,实现交通信号的智能调度和车辆的高效运输。

(4) 智慧金融:通过区块链和人工智能等技术,实现金融服务的便捷化、安全化和智能化。

### 4. 新一代信息技术对社会的影响

新一代信息技术的发展对社会产生了深远的影响,主要包括以下几个方面。

(1) 产业结构升级:新一代信息技术的发展推动了产业结构的升级和转型,促进了新兴产业的发展。

(2) 生活方式改变:新一代信息技术改变了人们的生活方式,使得人们生活更加便捷、智能和高效。

(3) 社会治理创新:新一代信息技术为社会治理提供了新的手段和方法,提高了治理效率和水平。

(4) 信息安全挑战:新一代信息技术的发展也带来了新的信息安全挑战,需要加强信息安全保障和法律法规建设。

### 5. 新一代信息技术未来的发展趋势

随着技术的不断进步和应用场景的拓展，新一代信息技术将继续保持快速发展的势头。未来，新一代信息技术将呈现以下几个发展趋势。

(1) 技术融合创新：各种新一代信息技术将进一步融合创新，形成更加智能、高效和便捷的技术体系。

(2) 数据驱动决策：数据将成为驱动决策的重要因素，大数据和人工智能等技术将进一步提高决策的准确性和效率。

(3) 智慧城市建设：新一代信息技术将成为智慧城市建设的重要支撑，推动城市治理和公共服务的智能化和高效化。

(4) 数字经济发展：新一代信息技术将推动数字经济的发展，促进经济结构的优化和升级。

## 项目一　新一代移动通信技术 5G

### 任务一　什么是新一代 5G 移动通信技术

5G，即第五代移动通信技术，是一种具有高速率、低时延和大连接特点的新一代宽带移动通信技术。它是实现人机互联的网络基础设施，被视为支撑经济社会数字化、网络化、智能化转型的关键新型基础设施。

5G 的三大应用场景主要包括增强移动宽带(eMBB)、超高可靠低时延通信(uRLLC)和海量机器类通信(mMTC)。eMBB 主要面向移动互联网流量爆炸式增长，为移动互联网用户提供更加极致的应用体验，比如增强现实、虚拟现实、超高清 3D 视频等。uRLLC 主要面向工业控制、远程医疗、自动驾驶等对时延和可靠性具有极高要求的垂直行业应用需求。而 mMTC 则主要面向智慧城市、智能家居、环境监测等以传感和数据采集为目标的应用需求。

相较于 4G 技术，5G 具有更高的网络速度、更低的延迟、更高的连接密度和更高的可靠性。5G 网络的峰值速率可达到 20Gb/s，远高于 4G 网络的峰值速率。同时，5G 网络的延迟降低到 1 毫秒，使得实时通信和高性能应用成为可能。此外，5G 网络可以支持每平方千米内多达 100 万个设备连接，从而满足物联网和智慧城市的需求。5G 网络还具备强大的抗干扰能力，可确保关键应用的高可靠性。

5G 的发展主要有两个驱动力：一方面是第四代移动通信系统 4G 已全面商用；另一方面，移动数据的需求爆炸式增长，现有移动通信系统难以满足未来人们对学习、工作和技术进步的需求，急需研发新一代 5G 系统。5G 的发展也来自对移动数据日益增长的需求。

### 任务二　5G 技术的发展过程

5G 技术的发展过程可以追溯到 2013 年，当时欧盟提出了 5G 网络的概念，并计划在 2020 年前实现 5G 网络的商用化。随后，全球各大运营商、设备厂商和标准组织开始着手开发 5G 技术。

在 2015 年，联合国国际电信联盟(ITU)发布了 5G 移动通信技术的 IMT-2020 标准，将 5G 定义为能够提供超高速率、超高可靠性、超低时延和广泛连接等特性的移动通信技术。这一标准为 5G 技术的发展和应用提供了指导。

2015 年 5 月 29 日，中国 IMT-2020(5G)推进组在北京召开了第三届 IMT-2020(5G)峰会，发布中国《5G 无线技术架构》和《5G 网络技术架构》白皮书，包含的 5G 关键技术有 Filtered-OFDM(可变子载波 OFDM)、稀疏码多址(SCMA)、极化编码(Polar Code)、Massive MIMO、网络功能虚拟化(Network Function VirtuAIization)、网络分片、控制功能重构等。

2016 年，全球各大运营商、设备厂商和标准组织开始加速开发 5G 技术，进行了一系列的试验和测试。同时，各国政府和标准化组织也在积极推动 5G 标准的制定和频谱资源的分配。

全球各地开始进行 5G 网络的试点和商用。中国成为了全球第一个开展 5G 商用的国家，随后全球各国纷纷推出了自己的 5G 网络和服务。在 2019 年，5G 网络开始在全球范围内加速推广，截至 2021 年，已有超过 100 个国家和地区开始商用 5G 网络。

在 5G 的发展过程中，标准制定是较为关键的一环。各国和各个运营商积极参与标准化组织，共同制定了一系列的 5G 技术标准。同时，产业界也进行了大量的研发和试验，包括新的频谱利用、新的天线技术、大规模 MIMO 等。

随着 5G 网络的普及和应用，5G 技术正在逐渐改变我们的生活和工作方式，推动经济社会向数字化、网络化、智能化方向转型。未来，随着 5G 技术的不断发展和应用场景的不断拓展，我们将迎来更加智能、高效、便捷的社会生活方式。

## 任务三　5G 的关键技术和指标

5G 的关键技术主要包括以下几种。

(1) 网络切片技术：这是 5G 网络的核心技术之一，它可以将一个物理网络切割成多个虚拟的端到端网络，每个网络切片从无线接入网到核心网再到传输网都是逻辑上独立的，以适配各种类型服务的不同需求。它允许运营商在同一套物理基础设施上灵活地提供多种服务和业务，从而提升网络资源的利用率。

(2) Massive MIMO 技术：中文称为大规模多输入多输出技术，是 5G 的核心技术之一。这种技术通过增加天线数量，使得基站可以同时向多个用户发送信号，从而提高网络吞吐量。此外，Massive MIMO 还可以提升频谱效率和功率效率，降低干扰，提升系统的可靠性。

(3) 超密集网络技术：5G 网络采用了超密集网络技术，通过在宏基站外布设大量微基站，使网络节点分布更加密集，从而提高网络容量和频谱效率。这种技术可以使得网络覆盖更广，提供更高的数据速率和更低的时延。

(4) 全频谱接入技术：5G 网络需要满足多样化的业务需求，因此需要充分利用各种频谱资源。全频谱接入技术可以实现从低频到高频、从授权频谱到非授权频谱的灵活接入，从而提供更大的带宽和更高的速率。

(5) 新型网络架构技术：5G 网络采用了新型的网络架构，包括基于 SDN(软件定义网络)和 NFV(网络功能虚拟化)的架构，使得网络更加灵活、智能和可编程。这种技术可以实现网络的快速部署、灵活配置和智能管理，降低运营成本，提升用户体验。

以上这些关键技术共同构成了 5G 网络的核心竞争力，使得 5G 能够在速度、时延、容量等方面实现大幅提升，为各种新型应用提供强有力的支持。

5G 的技术指标主要包括以下几个方面。

(1) 流量密度：单位面积内的总流量数，这是衡量网络容量的一个重要指标。

(2) 连接数密度：单位面积内可以支持的在线设备总和，反映了网络的并发连接能力。

(3) 时延：发送端到接收端接收数据之间的间隔，这是衡量网络性能的关键指标之一，对于实时通信和高性能应用尤为重要。

(4) 移动性：支持用户终端的最大移动速度，这是衡量网络覆盖和用户体验的重要指标。

(5) 能效：每消耗单位能量可以传送的数据量，这是衡量网络能效和绿色发展的重要指标。

(6) 用户体验速率：单位时间内用户获得 MAC 层用户面的数据传送量，这是衡量用户感知网络速度的重要指标。

(7) 频谱效率：每小区或单位面积内，单位频谱资源提供的吞吐量，这是衡量网络频谱资源利用效率的指标。

(8) 峰值速率：用户可以获得的最大业务速率，这是衡量网络性能上限的重要指标。

这些技术指标综合反映了 5G 网络在速度、时延、容量、可靠性、能效、频谱效率等方面的性能优势，使得 5G 能够满足未来多样化的业务需求和应用场景。相较于 4G 技术，5G 在这些技术指标上都有了显著的提升，为用户提供了更加优质、高效、可靠的网络服务。

5G 的工程需求主要包括数据速率、频谱效率、能量效率、传输时延、可靠性等。

## 任务四 未来网络形态和趋势

未来网络形态和趋势将受到多种因素的影响，包括技术进步、用户需求、行业应用等。以下是一些可能的趋势。

(1) 更加智能化的网络：随着人工智能、大数据等技术的不断发展，未来网络将变得更加智能化。网络将能够自动感知、分析、优化资源配置，提供更加个性化、高效的服务。例如，通过 AI 技术对网络流量进行预测和优化，可以提高网络的吞吐量和降低时延。

(2) 更加融合的网络：未来网络将实现更加紧密的融合，包括不同技术之间的融合、不同业务之间的融合、不同行业之间的融合等。例如，5G 将与物联网、云计算、边缘计算等技术融合，形成更加完善的生态系统，为各种新型应用提供强有力的支持。

(3) 更加安全的网络：随着网络攻击的不断增多和网络安全威胁的不断升级，未来网络将更加注重安全性。网络将采用更加先进的加密技术、身份认证技术、入侵检测技术等，确保用户数据的安全和隐私保护。

(4) 更加绿色的网络：未来网络将更加注重绿色环保和可持续发展。网络将采用更加节能的技术和设备，优化网络结构和资源配置，降低能源消耗和碳排放量。

(5) 更加普及的网络：未来网络将更加普及和深入人们的生活。随着 5G、物联网等技术的推广和应用，网络将渗透到各个领域和场景，为人们的生活和工作提供更加便捷、高效的支持。

总的来说，未来网络形态和趋势将呈现出更加智能化、融合化、安全化、绿色化和普及化的特点。这些趋势将推动网络技术的不断发展和创新，为经济社会的发展提供更加坚实的网络基础。

## 任务五　5G 应用场景

ITU 定义了 5G 三大应用场景：增强型移动宽带(eMBB)、海量机器类通信(mMTC)及低时延高可靠通信(uRLLC)。eMBB 场景主要提升以"人"为中心的娱乐、社交等个人消费业务的通信体验，适用于高速率、大带宽的移动宽带业务。mMTC 和 uRLLC 则主要面向物物连接的应用场景，其中 mMTC 主要满足海量物联的通信需求，面向以传感和数据采集为目标的应用场景；uRLLC 则基于其低时延和高可靠的特点，主要面向垂直行业的特殊应用需求。结合当前 5G 应用的实际情况和未来发展趋势，主要研究 VR/AR、超高清视频、车联网、联网无人机、远程医疗、智慧电力、智能工厂、智能安防、个人 AI 设备以及智慧园区等十大应用场景。

### 1. VR/AR (虚拟现实/增强现实)

VR/AR 是近眼现实、感知交互、渲染处理、网络传输和内容制作等新一代信息技术相互融合的产物，新形势下高质量 VR/AR 业务对带宽、时延要求逐渐提升，速率从 25 Mb/s 逐步提高到 3.5 Gb/s。时延从 30ms 降低到 5ms 以下。伴随大量数据和计算密集型任务转移到云端，未来"Cloud VR+"将成为 VR/AR 与 5G 融合创新的典型范例。

凭借 5G 超宽带高速传输能力，可以解决 VR/AR 渲染能力不足、互动体验不强和终端移动性差等问题，推动媒体行业转型升级，在文化宣传、社交娱乐、教育科普等大众行业领域培育 5G 的第一波"杀手级"应用。

### 2. 超高清视频

作为继数字化、高清化媒体之后的新一代技术，超高清视频被业界认为将是 5G 网络最早实现商用的核心场景之一。超高清视频的典型特征就是大数据、高速率，按照产业主流标准，4K、6K 视频传输速率至少为 12~40Mb/s、46~160Mb/s。4G 网络已无法完全满足其网络流量、存储空间和回传时延等技术指标要求，5G 网络良好的承载力成为解决该场景需求的有效手段。当前 4K/6K 超高清视频与 5G 技术结合的场景不断出现，广泛应用于大型赛事/活动/事件直播、视频监控、商业性远程现场实时展示等领域，成为市场前景广阔的基础应用。

### 3. 车联网

车联网是智慧交通中最具代表性的应用之一，通过 5G 等通信技术实现"人—车—路—云"一体化协同，使其成为低时延、高可靠场景中最为典型的应用之一。融入 5G 元素的车联网体系将更加灵活。实现车内、车际、车载互联网之间的信息互通，推动与低时延、高可靠密切相关的远控驾驶、编队行驶、自动驾驶具体场景的应用。远控驾驶时，车辆由远程控制中心的司机进行控制，5G 用于解决其往返时延(RTT)小于 10ms 的要求。编队行驶主要应用于卡车或货车，以提高运输安全性和效率，5G 用于解决满足 3 辆以上的编队网络高可靠、低时延要求。自动驾驶的大部分应用场景(如紧急刹车) V2P、V2I、V2V、V2N 等多路通信同时进行，数据采集及处理量大，需要 5G 网络满足其大带宽(10 Gb/s 的峰值速率)、低时延(1ms)和超高连接数(1000 亿连接)、高可靠性(999%)和高精度定位等能力。

例如，北京房山区政府与中国移动在北京高端制造业基地打造了国内第一个 5G 自动驾驶示范区，建成中国第一条 5G 自动驾驶车辆开放测试道路，可提供 5G 智能化汽车试验场环境。

### 4. 网联无人机

5G 网络将赋予网联无人机超高清图视频传输(50～150 Mb/s)、低时延控制(10～20 ms)、远程联网协作和自主飞行(100kb/s，500ms)等重要能力，可以实现对联网无人机设备的监视管理、航线规范、效率提升。5G 网联无人机将使无人机群协同作业和 7×24 小时不间断工作成为可能，在农药喷洒、森林防火、大气取样、地理测绘、环境监测、电力巡检、交通巡查、物流运输、演艺直播、消费娱乐等各种行业及个人服务领域获得巨大发展空间。

### 5. 远程医疗

借助 5G、人工智能、云计算技术，医生可以通过基于视频与图像的医疗诊断系统，为患者提供远程实时会诊、应急救援指导等服务。例如，基于 AI 和触觉反馈的远程超声理论上需要 30 Mb/s 的数据速率和 10 ms 的最大延时。患者可通过便携式 5G 医疗终端和云端医疗服务器与远程医疗专家进行沟通，随时随地享受医疗服务。

例如，中国移动、华为协助海南总医院通过操控接入 5G 网络的远程机械臂成功完成了位于北京的患者的远程人体手术——全国首例 5G 网络下实施的远程心脏手术。

### 6. 智慧电力

5G 技术将在智慧电力的多个环节得到应用。在发电领域特别是在可再生能源发电领域需实现高效的分布式电源接入调控，5G 可满足其实时数据采集和传输、远程调度与协调控制、多系统高速互联等功能。

在输变电领域，具有低时延和大带宽特性的定制化的 5G 电力切片可以满足智能电网高可靠性、高安全性的要求，提供输变电环境实时监测与故障定位等智能服务。在配电领域，以 5G 网络为基础可以支持实现智能分布式配电自动化，实现故障处理过程的全自动操作。在电力通信基础设施建设领域，通信将不再局限于有线方式，尤其山地、水域等复杂地貌特征中，5G 网络部署相比有线方式成本更低，部署更快。

### 7. 智能工厂

在工业互联网领域，5G 独立网络切片支持企业实现多用户和多业务的隔离和保护，大连接的特性满足工厂内信息采集以及大规模机器间通信的需求，5G 工厂外通信可以实现远程问题定位以及跨工厂、跨地域远程遥控和设备维护。在智能制造过程中，高频和多天线技术支持工厂内的精准定位和高宽带通信，毫秒级低时延技术将实现工业机器人之间和工业机器人与机器设备之间前所未有的互动和协调，提供精确高效的工业控制。在柔性制造模式中，5G 可满足工业机器人的灵活移动性和差异化业务处理的高要求，提供涵盖供应链、生产车间和产品全生命周期制造服务。在智能工厂建设过程中，5G 可以替代有线工业以太网，节约建设成本。

### 8. 智能安防

视频监控是智能安防最重要的一个组成部分，5G 超过 10Gb/s 的高速传输速率和毫秒级低时延将有效提升现有监控视频的传输速度和反馈处理速率，将使智能安防实现远程实时控制和提前预警，做出更有效的安全防范措施。安防监控范围将进一步扩大，获取到更多维的监控数据，使公交车、警车、救护车、火车等移动交通工具上的实时监控成为可能，使森林防火、易燃、易爆品等监管人员无法接近的危险环境开展监测的成本大幅下降。在家庭安防领域，5G 将使单位流量的资费费率进一步下降，推动智能安防设备走入普通家庭。

### 9. 个人 AI 设备

5G 时代将有更多的可穿戴设备加入虚拟 AI 助理功能，个人 AI 设备可借助 5G 大带宽、高速率和低延时的优势，充分利用云端人工智能和大数据的力量，实现更快速精准地检索信息、预订机票、购买商品、预约医生等基础功能。另外，对于视障人士等特殊人群，通过佩戴连接 5G 的 AI 设备能够大幅提升生活质量。除了消费者领域外，个人 AI 设备将应用在企业业务中，制造业工人通过个人 AI 设备能够实时接收到来自云端最新的语音和流媒体指令，能够有效提高工作效率和改善工作体验。

(1) 导盲头盔：华为 META 通过云端智能控制终端 DATA 实现头盔与云端平台之间的连接，可为视力障碍人群提供人脸识别、物体识别、路径规划、避障等服务。

(2) 虚拟键盘：NEC 公司推出利用新型增强现实(AR)技术的 ARmKcypad，允许用户借助头戴式眼镜设备和手上佩戴的智能手表来使用虚拟键盘。

(3) 智能手表：Apple、华为等主流智能手表厂商纷纷盯准 5G，积极集成各类 5G 应用，如 AR、AI 监护等到新智能手表产品中。

### 10. 智慧园区

智慧园区是指运用信息和通信技术感知、监测、分析、整合城市运行核心系统的各项关键信息，对民生、环保、公共安全、城市服务以及工商业活动在内的各种需求做出智能响应。在 5G 时代，利用 5G 高速率、低时延、大连接的特性，将智能工厂、智慧出行、智慧医疗、智慧家居、智慧金融等多种应用场景融于园区中，为园区中的人创造更美好的工作和生活环境，为园区产城融合提供新的路径。

总而言之，5G 网络具有高速率、大带宽、低延迟、高可靠、广覆盖、大连接等"天然"特性。结合人工智能、移动边缘计算、端到端网络切片、无人机等技术，在 VR/AR、超高清视频、车联网、无人机及智能制造、电力、医疗、智慧城市等领域有广阔的应用前景，5G 与垂直行业的"无缝"融合应用，必将带来个人用户及行业客户体验的巨大变革。

# 项目二 量子信息技术

## 任务一 了解量子信息定义

量子信息是关于量子系统"状态"所带有的物理信息，通过量子系统的各种相干特性(如量子并行、量子纠缠和量子不可克隆等)，进行计算、编码和信息传输的全新信息方式。在量子力学中，量子信息的基本单位是量子比特(qubit)，与经典比特不同的是，一个二状态量子系统实际上可以在任何时间为两种状态的叠加态，这两种状态也可以是本征态。量子信息技术是量子物理与信息技术相结合发展起来的新学科，主要包括量子通信和量子计算两个领域。量子通信主要研究量子密码、量子隐形传态、远距离量子通信的技术等。而量子计算主要研究量子计算机和适合于量子计算机的量子算法。此外，量子信息还包括量子纠错、量子编码等领域，它们是实现量子信息处理的基础。量子信息的研究不仅有助于推动物理学和信息科学的发展，对于实现信息技术的高效、安全和可持续发展也具有重要意义。

量子信息科学主要是由物理科学与信息科学等多个学科交叉融合在一起所形成的一门新兴的科学技术领域。它以量子光学、量子电动力学、量子信息论、量子电子学，以及量子生物学和数学等学科作为直接的理论基础，以计算机科学与技术、通信科学与技术、激光科学与技术、光电子科学与技术、空间科学与技术(如人造通信卫星)、原子光学与原子制版技术、生物光子学与生物光子技术，以及固体物理学和半导体物理学作为主要的技术基础，以光子(场量子)和电子(实物粒子)作为信息和能量的载体，来研究量子信息(指光量子信息和量子电子信息)的产生、发送、传递、接收、提取、识别、处理、控制及其在各相关科学技术领域中的最佳应用等。量子信息科学主要包括以下 3 个方面：量子电子信息科学(简称量子电子信息学)、光量子信息科学(简称光量子信息学)和生物光子信息科学(简称生物光子信息学)。其中，光量子信息科学是量子信息科学的核心和关键。而在光量子信息科学中，研究并制备各种单模、双模和多模光场压缩态，以及利用各种双光子乃至多光子纠缠态来实现量子隐形传态等，则是光量子信息科学与技术的核心和关键。同时，这也是实现和开通所谓的"信息高速公路"的起点和开端。因此，研究并制备各种光场压缩态和实现量子隐形传态是光量子信息科学与技术的重中之重。

## 任务二 量子信息技术的主要任务

量子信息技术的主要任务是利用量子力学原理实现信息的编码、传输、处理和存储，以提高信息处理的效率和安全性。具体来说，量子信息技术的研究方向主要包括量子通信和量子计算两个领域。

在量子通信方面，量子信息技术的任务是利用量子态的特殊性质实现信息的加密、传输和验证。例如，量子密钥分发利用量子态的不可克隆性和不可预测性，可以生成安全的密钥，从而实现加密通信。此外，量子隐形传态则利用量子纠缠等特性，可以实现信息的直接传输，而不需要通过传统的信道。

在量子计算方面，量子信息技术的任务是设计和实现量子计算机，并利用量子算法解决传统计算机难以处理的问题。例如，量子并行计算利用量子态的叠加性，可以在同一时间内对多个输入进行计算，从而实现计算速度的大幅提升。此外，量子优化算法也可以用于解决一些复杂的优化问题，如旅行商问题、背包问题等。

除了量子通信和量子计算，量子信息技术还包括量子纠错、量子编码等领域，这些领域的研究对于实现高效的量子信息处理具有重要意义。

总之，量子信息技术的任务是探索和利用量子力学的特殊性质，实现更高效、更安全的信息处理，推动信息技术的发展和创新。

我国量子信息科学的主要任务具体来说有以下几项。

(1) 开展基础量子信息科学领域的研究工作，其中包括量子信息科学的物理基础、量子编码、量子算法、量子信息论等。

(2) 开展量子光通信领域的研究工作，其中包括量子密码术、量子隐形传态、量子隐形传物和量子概率克隆等。

(3) 开展全光量子计算机的开发与研制工作。

(4) 以光子作为信息和能量的载体，以全光量子计算机作为发送与接收终端，以光缆作为光量子信息的主要通道，同时借助于人造通信卫星等空间技术，首先在国内建立局域网量子保密通信体系，并将其率先用于国防科技领域以便提高国家的安全防卫能力，即在国内初步开通局域网"信息高速公路"。

(5) 根据全球一体化进程，并选择适当的时机，将国内的局域网"信息高速公路"并入国际网络体系之中，最终实现全球一体化的真正科学意义上的"信息高速公路"。

(6) 为保障在"信息高速公路"开通之后国家的信息安全不受任何威胁，那么，就必须在"信息高速公路"开通之前加大力度，重点研究和建设好国家局域网新型量子安全体系。

当前，量子信息科学领域的研究工作在国际上刚刚起步，我国在这一领域的研究工作与国际同步，并且在许多方面居于国际领先地位。以潘建伟、郭光灿教授为首的中国科技大学的研究团队，在单、双模量子信息学的理论研究方面取得了大量的开创性的研究成果，从而为我国量子信息科学的高速发展奠定了十分重要的理论基础。以彭堃墀教授为首的山西大学的研究团队，则在单、双模压缩态光场等量子信息学的实验技术研究方面取得了一系列重大的开拓性和开创性的研究成果；特别是原子的激光冷却与捕获，以及量子隐形传态在实验上的实现等，为我国量子信息科学的飞速发展奠定了坚实的实验基础。

但是，上述的研究工作主要集中在单、双模量子信息科学领域，而对于多模(指光场的多纵模)量子信息科学则几乎没有涉及。

## 任务三　量子信息技术的发展趋势

量子信息技术的发展趋势是朝着实现更高效、更安全、更实用的量子信息处理系统的方向发展。以下是一些量子信息技术的发展趋势。

(1) 量子计算机的发展。目前，量子计算机还处于初级阶段，但是随着技术的不断进步和量子位的稳定性的提升，未来量子计算机有望成为信息处理的重要工具。未来的量子计算机可能会采用更先进的量子比特物理系统，如拓扑量子比特、离子阱量子比特等，以提高量子计算的可靠性和可扩展性。此外，量子计算机的软件和编程模型也将不断完善，使量子计算更加易于使用和编程。

(2) 量子通信的商业化应用。量子通信具有极高的安全性和保密性，因此在金融、政府、军事等领域有着广阔的应用前景。未来，随着量子通信技术的不断成熟和标准化，商业化的量子通信产品和服务有望逐渐涌现，如量子密钥分发服务、量子安全通信网络等。

(3) 量子互联网的发展。量子互联网是利用量子纠缠和量子通信技术构建的下一代互联网，可以实现更高效、更安全的信息传输和处理。未来，随着量子通信技术的发展和量子计算机的实现，量子互联网有望成为现实，为各种应用提供更加高效和安全的通信服务。

(4) 量子精密测量的应用。量子精密测量是利用量子力学原理进行高精度测量的技术，具有极高的灵敏度和精度。未来，随着量子精密测量技术的不断发展，它有望在材料科学、生物医学、环境监测等领域发挥重要作用。

总之，量子信息技术的发展趋势是不断朝着更高效、更安全、更实用的方向发展，未来有望在各个领域发挥重要作用，推动信息技术的创新和发展。

未来人们会将主要研究目标集中在以下两个方面。

(1) 继续发展和完善单、双模量子信息科学。其中包括以下内容。

① 继续开展单、双模光场压缩态领域的研究工作，力争在较短的时间内使各种单、双模光压缩器件全固化、小型化和集成化。

② 利用双光子及多光子纠缠态深入开展各种光子体系的量子隐形传态，力争使其研究成果器件化、产品化和产业化，并由此向"量子隐形传物"的方向靠近。

③ 继续在单、双模光场领域开展全光量子计算机的硬件实现问题的研究工作，力争在较短的时间内研制出我国第一台全光量子计算机，并在此基础上进一步率先开通国内的局域网"信息高速公路"，以便使我国在这一学科领域的研究再度走在国际前列。

(2) 建立、发展和完善多(纵)模量子信息科学。其中包括以下内容。

① 深入开展多模光场压缩态领域的理论与实验技术研究工作，力争研制成功我国第一台多模光压缩器件，促使多模光压缩器件产品化和产业化，并在此基础上进一步实现全固化、小型化和集成化等。

② 在多(纵)模光场领域开展各种量子隐形传态等研究工作并力争使其器件化、产品化和产业化。

③ 开展以多(纵)模光场压缩态为基础的全光量子计算机领域的理论与技术探索工作，力争研制成功首台适用于多(纵)模非经典光场的全光量子计算机，以使为"信息高速公路"的全面贯通打好物质基础。

④ 建立、发展和完善多纵模量子信息理论。

⑤ 建立、发展和完善多纵模量子光通信理论等，从而在以上研究的基础上，全面建立多纵模量子信息科学与技术的完整体系，最终使我国与世界其他国家拉大差距并远远走在国际前列。

量子科学和技术其实已经在方方面面影响着我们的日常生活，我们广为使用的计算机、手机、互联网、时间标准和导航，包括医院里的磁共振成像等，无一不得益于量子科学和技术。

用发展的眼光看，随着微纳加工、超冷原子量子调控等技术的不断进步，人类将能够制备出越来越复杂、功能越来越强大的各种人造量子系统。例如包括量子计算机芯片在内的各种量子电路，其功能和信息处理能力将远远超过我们正在使用的经典芯片，并且更加节能；再如可望制备出达到量子极限的能量收集和转换器件，将引发能源变革；也有望大幅提升对时间、位置、重力等物理量超高精度的测量，不仅实现超高精度的潜艇定位、医学检测等，也将加深对物理学基本原理的认识。

量子科学和技术的广泛应用最终将把人类社会带入到量子时代，实现更高的工作效率、更安全的数据通信，以及更方便和更绿色的生活方式。

我国在量子技术方面的成果是非常丰硕的，以下是一些具有代表性的成果。

首先，在量子芯片方面，预计将于不久的将来量产高速量子芯片。这一成果令人振奋，因为它不仅展示了我国在量子芯片领域的研发实力，更预示着量子芯片将为科技行业带来翻天覆地的变革。这种高速量子芯片制造的一个显著特点是不需要光刻机，其生产速度比传统 2nm 芯片快 1000 倍，这无疑是我国科技领域的一次划时代的突破。

其次，在量子通信领域，我国成功实现了首次地面-空间量子保密通信实验，利用"墨子号"卫星与地面站之间的量子通信，实现了光子的秘密传输。这一实验标志着中国成为全球第一个实现地面-空间量子通信的国家。此后，我国陆续展开了多次地面-空间量子通信实验，不断提高通信速度和安全性。

在量子计算方面，我国也取得了重要进展。例如，我国成功研制了具有自主知识产权的 10 量子比特原型机，这是全球最早实现的自主研发的量子计算机原型之一。随后，我国又建成了具有 66 量子比特的原型机，这是全球范围内最大的原型机之一。这些量子计算机原型的研制为未来超强计算能力的实现铺平了道路。

此外，在量子基础研究方面，我国科学家也取得了重大突破。例如，福州大学物理与信息工程学院的教授团队提出的"玻色编码纠错延长量子比特寿命"研究成果入选了 2023 年度中国科学十大进展。这一成果找到了一种量子纠错新方法，有望进一步推动量子计算相关应用的落地。

综上所述，我国在量子技术领域的最新成果涵盖了量子芯片、量子通信、量子计算以及量子基础研究等多个方面，这些成果不仅展示了我国在量子科技领域的强大实力，也为我国在全球科技竞争中取得更多优势提供了有力支撑。

## 项目三　信息安全

随着信息技术的飞速发展，信息安全问题日益凸显，成为社会各界关注的焦点。信息安全不仅关乎个人隐私的保护，更关系到国家安全、社会稳定和经济发展。因此，加强信息安全建设，提高信息安全防护能力，已成为当务之急。

### 任务一　什么是信息安全

信息安全是指信息产生、制作、传播、收集、处理、选取等信息使用过程中的信息资源安全。实质上就是指保护信息系统免受未经授权的访问、使用、泄露、破坏、修改或销毁的能力。它涵盖了信息的保密性、完整性和可用性三个方面。保密性是指确保信息不被未授权者获取;完整性是指防止信息在传输或存储过程中被篡改或破坏;可用性则是指确保授权用户能够在需要时访问和使用信息。建立信息安全意识,了解信息安全相关技术,掌握常用的信息安全应用,是现代信息社会对高素质技术技能人才的基本要求。信息安全对于当前信息化社会而言是一个极为重要的问题,哪里有信息哪里就存在信息安全问题。其实,信息安全是由来已久的话题,长期以来,人们往往把信息理解为军事、政治、经济等社会生活中的情报,而信息安全也往往被理解为情报的真实、保密。而现代意义上的信息安全概念形成于电子通信技术特别是数字技术问世之后,其内涵随着现代信息技术的发展与应用逐步扩展。

现代信息安全的基本内涵最早由信息技术安全评估标准即业界通常称的"橘皮书"定义。它阐述和强调了信息安全的 CIA 三元组目标,即保密性、完整性和可用性,是现代意义上的信息安全的基本内涵。

信息安全包含 5 个方面,即身份认证、访问控制、数据保密性、数据完整性、不可否认性等。

### 1. 身份认证

身份认证的服务方式有 3 种:同层实体的身份认证、数据源身份认证、同层实体的相互身份认证。

同层实体的身份认证是为了向同一层的实体证明高层所声明的那个实体确实是会话过程中所说的那个实体,它可以防止实体的假冒,一般用于会话建立阶段。数据源身份认证是保证接收方所收到的消息确实来自发送方这个实体。同层实体的相互身份认证与同层实体的身份认证完全一样,只是这时的身份认证是双方相互确认的,其攻击和防御的方法与同层实体的身份认证也是相同的。

### 2. 访问控制

访问控制是为了限制访问主体对访问客体的访问权限。访问控制是对那些没有合法访问权限的用户访问了系统资源或合法用户不小心对系统资源的破坏行为加以控制。

### 3. 数据保密性

数据保密性是为了确保信息在存储、传输及使用过程中不被未授权的实体所访问,从而防止信息的泄露,即防止攻击者获取信息流中的控制信息。

### 4. 数据完整性

数据完整性是为了保证信息在存储、传输及使用过程中不被未授权的实体所更改或损坏,不被合法实体进行不适当的更改,从而使信息保持内部、外部的一致性。

### 5. 不可否认性

不可否认性是用来防备对话的两个实体中的任一实体否认自己曾经执行过的操作,不能对自己曾经接收或发送过的任何信息进行抵赖。

## 任务二　信息安全的重要性和面临的挑战

### 1. 信息安全的重要性

信息安全的重要性是不言而喻的，主要表现在以下几个方面。

(1) 个人隐私保护。在数字时代，个人信息泄露事件频发，如身份盗窃、信用卡欺诈等。加强信息安全，可以有效保护个人隐私，维护个人权益。

(2) 国家安全。信息安全是国家安全的重要组成部分。一旦关键信息基础设施受到攻击，将可能对国家安全造成严重影响。

(3) 经济发展。信息安全对电子商务、金融科技等新兴产业的发展具有重要支撑作用。保障信息安全，有助于促进经济健康发展。

但是信息安全还面临着多方面的挑战，主要有以下几方面。

(1) 技术挑战。随着黑客攻击手段的不断升级，信息安全技术面临严峻挑战。如何有效应对高级持续性威胁、零日漏洞等新型攻击手段，成为信息安全领域亟待解决的问题。

(2) 法律挑战。信息安全法律法规尚不完善，导致一些违法行为难以得到有效遏制。同时，跨国信息安全问题也给法律监管带来了难度。

(3) 人才挑战。信息安全领域缺乏高素质的专业人才，难以满足日益增长的信息安全需求。此外，人才流失和招聘难题也是信息安全行业面临的重要问题。

### 2. 信息安全防护策略

信息安全是保障数字时代社会和谐稳定、经济持续发展的关键因素。面对日益严峻的信息安全挑战，我们必须加强技术研发、完善法律法规、培养专业人才等方面的努力。

(1) 强化技术防护。加强技术研发，提高信息安全产品的性能和可靠性。采用多层次、多手段的安全防护措施，如加密技术、入侵检测、访问控制等，有效应对各类安全威胁。

(2) 完善法律法规。建立健全信息安全法律法规体系，明确各方责任和义务。加大对违法行为的惩治力度，提高法律的执行力和威慑力。

(3) 培养专业人才。加强信息安全专业人才培养，提高从业人员的素质和能力。通过校企合作、人才培养计划等方式，为信息安全领域输送更多优秀人才。

## 任务三　影响信息安全的因素

信息安全是任何国家、政府、部门、行业都必须十分重视的问题，是一个不容忽视的国家安全战略。各国的信息网络已经成为全球网络的一部分，任何一点上的信息安全事故都可能威胁到本国或他国的信息安全。威胁信息安全的因素是多种多样的，从现实来看，主要有以下几种情况。

### 1. 计算机病毒

计算机病毒是一段可执行的程序，它一般潜伏在计算机中，达到某些条件时被激活，影响计算机系统正常运行。计算机病毒实际上就是，程序设计者在计算机程序中插入的破坏计算机功能或者数据，影响计算机使用并且能够自我复制的一组计算机指令或者程序代码。计算机病毒具有潜伏性、传染性、突发性、隐蔽性、破坏性等特征。计算机一旦被感染，病毒会进入计算机的存储系统，如内存，感染内存中运行的程序，无论是大型机还是微型机，都难幸免。随着计算机网络的发展和普及，计算机病毒已经成为各国信息战的首选武器，给国家的信息安全造成了极大威胁。

#### 2. 网络黑客

"黑客"一词是英文 Hacker 的音译，是指那些拥有丰富的计算机知识和高超的操作技能、能在未经授权的情况下非法入侵网络系统的人。目前，全世界有 20 多万个"黑客"网站。在网络世界里，"无网不入"的"黑客"已经成为信息安全的严重威胁。"黑客"的动机很复杂，有的是为了获得心理上的满足，在黑客攻击中显示自己的能力；有的是为了追求一定的经济和政治利益；有的则是为恐怖主义势力服务，甚至就是恐怖组织的成员；更有甚者直接受政府的指挥和操纵。

#### 3. 网络犯罪

网络犯罪是随着互联网的产生和广泛应用而出现的。在我国，网络犯罪多表现为诈取钱财和破坏信息，犯罪内容主要包括金融欺诈、网络赌博、网络贩黄、非法资本操作和电子商务领域的侵权欺诈等。犯罪主体将更多地由松散的个人转化为信息化、网络化的高智商集团和组织，其跨国性也不断增强。日趋猖獗的网络犯罪已对国家的信息安全以及基于信息安全的经济安全、文化安全、政治安全等构成了严重威胁。

#### 4. 预置陷阱

预置陷阱就是在信息系统中人为地预设一些"陷阱"，以干扰和破坏计算机系统的正常运行。在对信息安全的各种威胁中，预置陷阱是其中最可怕也是最难以防范的一种威胁。

海湾战争爆发前夕，美国特工从伊拉克的通信中截获了伊拉克从法国购买一批用于防空系统的计算机、打印机的情报，遂秘密派遣特工将带有固化病毒的芯片安装在这批打印机上。当美国发动空袭时，先通过遥控激活这些病毒，使病毒迅速侵入伊拉克防空系统的主计算机，致使伊拉克的整个指挥系统瘫痪，从而轻而易举地获得了战争的局部胜利。

#### 5. 垃圾信息

垃圾信息是指利用网络传播的违反所在国法律及社会公德的信息。垃圾信息种类繁多，主要有政治反动信息、种族和宗教歧视信息、暴力信息、黄色淫秽信息、虚假欺诈信息、冗余过时信息、人们所不需要的广告信息等。全球互联网上的垃圾信息日益增多，泛滥成灾，已对信息安全造成了严重威胁。

垃圾邮件是垃圾信息的重要载体和表现形式之一。通过发送垃圾邮件进行阻塞式攻击，成为垃圾信息侵入的主要途径。其对信息安全的危害主要表现在，攻击者通过发送大量邮件污染信息社会，消耗受害者的宽带和存储器资源，使之难以接收正常的电子邮件，从而大大降低工作效率。或者某些垃圾邮件中包含病毒、恶意代码或某些自动安装的插件等，只要打开邮件，它们就会自动运行，破坏系统或文件。

### 6. 隐私泄露

伴随着移动互联网、物联网、云计算等信息技术日新月异，全球数据量剧增，人类已经进入"大数据时代"。伴随大数据而来的就是大量包含个人敏感信息的数据(隐私数据)存在于网络空间中。例如，电子病历涉及患者疾病等隐私信息，支付宝记录着我们的消费情况，GPS完全掌握我们的行踪，谷歌、百度知道我们的偏好，微信知道我们的朋友圈等。这些带有"个人特征"的信息碎片正汇聚成细致全面的大数据信息集，可以轻而易举地构建网民个体画像。

## 任务四  信息安全技术

信息安全技术主要用于防止系统漏洞，防止外部黑客入侵，防御病毒破坏和对可疑访问进行有效控制等，同时还应该包含数据灾难与数据恢复技术，即在计算机发生意外、灾难时，还可使用备份还原及数据恢复技术将丢失的数据找回。典型的信息安全技术有以下几大类。

### 1. 加密技术

在保障信息安全的诸多技术中，密码技术是信息安全的核心和关键技术。使用数据加密技术，可以在一定程度上提高数据传输的安全性，保证传输数据的完整性。

信息加密的目的是保护网内的数据、文件、口令和控制信息，保护网上传输的数据。数据加密技术主要分为数据传输加密技术和数据存储加密技术，数据传输加密技术主要是对传输中的数据流进行加密。

一个数据加密系统包括加密算法、明文、密文及密钥。密钥控制加密过程和解密过程。加密过程是通过加密系统把明文(原始的数字信息)按照加密算法变换成密文(变换后的数字信息)的过程。加密系统的密钥管理是非常重要的，因为一个加密系统的全部安全性都是基于密钥的。

数据加密算法有很多种，从发展进程来看，经历了古典密码、对称密钥加密和公开密钥加密阶段。目前在数据通信中使用非常普遍的算法有DES算法、RSA算法和PGP算法，其中RSA算法是著名的公开金钥加密算法，它能抵抗到目前为止已知的所有密码攻击。

### 2. 防火墙

防火墙技术指的是一个由软件和硬件设备组合而成的在内部网和外部网之间、专用网与公共网之间的一道防御系统的总称，是一种获取安全性方法的形象说法。防火墙可以监控进出网络的通信量，仅让安全、核准了的信息进入，同时又抵制对企业构成威胁的数据。防火墙主要有包过滤防火墙、代理防火墙和双穴主机防火墙3种类型，在计算机网络中得到了广泛的应用。随着安全性问题的缺陷越来越普遍，对网络的入侵有时不需要高超的攻击手段，也有可能来自配置上的低级错误或不合适的口令选择。因此，防火墙的作用是防止不希望的、未授权的通信进出被保护的网络。防火墙可以达到以下几个目的：一是可以限制他人进入内部网络，过滤掉不安全服务和非法用户；二是防止入侵者接近用户的防御设施；三是限定用户访问特殊站点；四是为监视 Internet 安全提供方便。

### 3. 入侵检测

随着网络安全风险系数不断提高，作为对防火墙极其有益的补充，入侵检测系统能够帮助网络系统快速发现攻击的发生，它扩展了系统管理员的安全管理能力，提高了信息安全基础结构的完整性。入侵检测系统是一种对网络活动进行实时监测的专用系统。该系统处于防火墙之后，可以和防火墙及路由器配合工作，用来检查一个 LAN 网段上的所有通信，记录和禁止网络活动，可以通过重新配置来禁止从防火墙外部进入的恶意流量。入侵检测系统能够对网络上的信息进行快速分析或在主机上对用户进行审计分析，通过集中控制台来管理、检测。理想的入侵检测系统的功能是：用户和系统活动的监视与分析；异常行为模式的统计分析；重要系统和数据文件的完整性监测及评估；操作系统的安全审计和管理；入侵模式的识别与响应，包括切断网络连接、记录事件和报警等。

### 4. 系统容灾

一个完整的网络安全体系，只有"防范"和"检测"措施是不够的，还必须具有灾难容忍和系统恢复能力。因为任何一种网络安全设施都不可能做到万无一失，一旦发生漏防漏检事件，其后果将是灾难性的。此外，天灾人祸、火灾、地震等不可抗力因素也会对信息系统造成毁灭性的破坏。这就要求即使发生这些灾难，系统也能快速地恢复到正常状态，这样才能完整地保护网络信息系统的安全。系统容灾技术主要基于数据备份和系统容错。

数据备份是数据保护的最后屏障，不允许有任何闪失，但离线介质不能保证安全。数据容灾通过 IP 容灾技术来保证数据的安全。数据容灾使用两个存储器，在两者之间建立复制关系，一个放在本地，另一个放在异地。本地备份存储器供本地备份系统使用，异地容灾备份存储器实时复制本地备份存储器的关键数据。存储、备份和容灾技术的充分结合，构成一体化的数据容灾备份存储系统。随着存储网络化时代的到来，传统功能单一的存储器将越来越让位于一体化的多功能网络存储器。为了保证信息系统的安全性，除了运用技术手段外，还需要必要的管理手段和政策法规支持；确定安全管理等级和安全管理范围，制定网络系统的维护制度和应急措施等进行有效管理；借助法律手段强化保护信息系统安全，防范计算机犯罪，维护合法用户的安全，有效地打击和惩罚违法行为。

## 任务五　信息安全的未来展望

随着技术的不断进步和应用的日益广泛，信息安全领域将面临更多新的挑战和机遇。在未来，信息安全将呈现以下发展趋势。

（1）智能化防护。借助人工智能、大数据等先进技术，信息安全防护将更加智能化和自动化。通过对海量数据的分析和挖掘，我们能够更准确地识别安全威胁，并采取相应措施进行防御。

（2）协同防御。面对复杂多变的网络攻击手段，单一的安全防护措施往往难以应对。因此，未来信息安全将更加注重协同防御，通过整合各方资源和技术手段，形成合力共同应对安全威胁。

(3) 隐私保护。随着个人隐私保护意识的提高，未来信息安全将更加注重个人隐私的保护。通过采用差分隐私、联邦学习等隐私保护技术，我们可以在保护个人隐私的同时，实现数据的有效利用。

(4) 跨界融合。信息安全不仅涉及技术领域，还与经济、法律、社会等多个领域密切相关。未来，信息安全将更加注重跨界融合，通过与其他领域的合作与交流，共同推动信息安全事业的发展。

## 项目四 物联网

随着科技的日新月异，我们生活的世界正在被一种名为"物联网"的技术深刻改变。物联网作为信息技术领域的一次重大革新，不仅将各类物品紧密地连接在一起，更实现了物与物、人与物之间的智能化交互。这种技术不仅提高了我们生活的便捷性，还为工业、农业、医疗、交通等众多领域带来了革命性的变革。下面将对物联网的概念、发展历程、应用领域、技术架构以及面临的挑战和前景进行详细的介绍和分析。

### 任务一 了解物联网概况

物联网，即 Internet of Things(IoT)，是指通过网络技术将各种物品与互联网连接起来，实现信息的传输和智能化处理。物联网技术使得每一件物品都能够被赋予"智慧"，从而实现对环境的感知、对指令的执行以及对信息的共享。这种技术将物理世界与数字世界紧密地结合在一起，为我们的生活和工作带来了前所未有的便利。

物联网的核心在于将传感器、执行器、嵌入式系统等技术与互联网技术相结合，实现对物品的智能化管理和控制。通过这些智能设备，我们可以实现对物品状态、位置、环境等信息的实时感知和监控，从而做出更加明智的决策。同时，物联网技术还可以将各种设备和系统连接在一起，形成一个庞大的网络，实现信息的共享和协同工作。

物联网是信息科技产业的第三次革命。物联网通过信息传感设备，按约定的协议将任何物体与网络相连接，物体通过传感设备和信息传播介质与计算机、人进行信息交换和通信，以实现智能化识别、定位、跟踪、监管、控制等功能。

### 任务二 物联网的发展历程

物联网作为新一代信息技术的重要组成部分，近年来得到了迅猛的发展。从最初的概念提出，到如今的广泛应用，物联网的发展经历了多个阶段，对经济、社会产生了深远的影响。

1. 物联网的起源与初步探索

物联网的概念最早可以追溯到 1999 年，当时美国麻省理工学院自动识别中心的 Ashton 教授首次提出了物联网的概念，将物品与互联网连接起来，实现信息的智能化识别和管理。然而，受限于当时的技术水平和市场需求，物联网的发展并未立即引起广泛关注。

进入 21 世纪，随着无线传感网络、RFID 技术、嵌入式系统等关键技术的不断发展，物联网的应用场景逐渐丰富。这一阶段，物联网主要聚焦于智能家居、智能农业、智能物流等领域，通过无线传感网络实现设备间的信息互通和智能化控制。

**2. 物联网技术的快速发展与应用拓展**

随着云计算、大数据、人工智能等技术的快速发展，物联网进入了全新的发展阶段。云计算为物联网提供了强大的数据处理和存储能力，使得海量数据得到有效利用；大数据技术则帮助物联网实现对数据的深度挖掘和分析，提取有价值的信息；人工智能技术则进一步提升了物联网的智能化水平，使其能够自主学习、优化决策。

在这一阶段，物联网的应用范围得到了极大的拓展。除了传统的智能家居、智能农业等领域外，物联网还广泛应用于工业制造、城市管理、医疗健康等多个领域。例如，在工业制造领域，物联网技术可以实现设备的远程监控、故障诊断和预测性维护，提高生产效率和设备可靠性；在城市管理领域，物联网技术可以实现对交通、环境、安防等方面的智能化管理，提升城市运行效率和服务水平。

**3. 物联网的标准化与产业化推进**

随着物联网应用的不断深入，标准化和产业化成为了推动物联网发展的重要因素。各国纷纷出台相关政策，加大对物联网产业的支持力度，推动物联网技术的研发和应用。同时，国际组织和企业也积极参与物联网标准的制定和推广工作，为物联网的规范化发展奠定了基础。

在标准化方面，国际电信联盟(ITU)、国际标准化组织(ISO)等机构制定了多项物联网相关标准，涵盖了物联网架构、通信协议、数据格式等多个方面。这些标准的制定为物联网的互联互通和协同发展提供了有力保障。

在产业化方面，物联网产业链逐渐完善，涵盖了芯片、传感器、网络设备、应用软件等多个环节。越来越多的企业开始涉足物联网领域，推动物联网技术的创新和应用。同时，物联网与其他产业的融合也在不断加深，形成了众多新的业态和商业模式。

**4. 未来物联网应用展望**

(1) 技术创新的助推作用。随着 5G、人工智能、边缘计算等技术的不断发展，物联网的应用将更加广泛和深入。5G 技术的高速传输和低延迟特性将为物联网设备提供更高效的数据传输和处理能力；人工智能技术将使得物联网设备具备更强的智能感知和决策能力；边缘计算技术将降低数据传输的延迟和能耗，提高物联网应用的实时性和可靠性。

(2) 行业应用的深化。物联网将在更多行业领域得到应用，并推动行业的数字化转型和智能化升级。例如，在制造业中，物联网技术可以实现设备的远程监控和维护，提高生产效率和产品质量；在农业领域，物联网技术可以实现精准农业管理，提高农作物的产量和品质；在智慧城市建设中，物联网技术可以实现城市资源的优化配置和高效利用。

(3) 安全与隐私保护的加强。面对数据安全与隐私保护的挑战，未来物联网应用将更加注重安全技术的研发和应用。例如，加强物联网设备的安全防护措施，提高设备的安全性和稳定性；采用加密技术和匿名化处理等手段，保护用户隐私和数据安全；建立完善的安全管理体系和监管机制，确保物联网应用的安全可控。

物联网作为连接物理世界与数字世界的桥梁，正逐渐改变着我们的生活方式和生产方式。虽然物联网应用面临着诸多挑战，但随着技术的不断创新和应用场景的不断拓展，我们有理由相信物联网将为我们带来更多的机遇和可能。未来，物联网将在各个领域发挥更大的作用，推动社会的数字化转型和智能化升级。

## 任务三 物联网的应用领域

随着信息技术的迅猛发展，物联网作为连接物理世界与数字世界的桥梁，正在逐渐渗透到我们生活的方方面面。物联网技术通过传感器、网络传输、数据处理等手段，实现了对物体的智能化识别、定位、跟踪、监控和管理，为各行各业带来了巨大的变革和机遇。下面将深入探讨物联网在不同领域的应用。

### 1. 物联网在智能家居领域的应用

智能家居是物联网应用的重要领域之一。通过物联网技术，我们可以实现家居设备的互联互通，打造智能化、舒适化的居住环境。例如，智能家电可以通过手机 App 进行远程控制，智能照明系统可以根据环境自动调节光线亮度和色温，智能安防系统可以实时监测家庭安全状况并及时报警。这些智能化应用不仅提高了生活的便利性，还增强了家居的安全性。

### 2. 物联网在工业领域的应用

物联网在工业领域的应用同样广泛而深入。工业物联网(IIoT)通过实时监测设备状态、生产数据等信息，实现了对工业生产的智能化管理和优化。例如，通过物联网技术可以实时监测设备的运行状态和故障情况，实现预测性维护，降低设备故障率；同时，物联网还可以对生产过程进行精细化管理，提高生产效率和产品质量。此外，物联网还在供应链管理、能源管理等方面发挥着重要作用，为工业领域的可持续发展提供了有力支持。

### 3. 物联网在农业领域的应用

物联网在农业领域的应用也取得了显著成效。智慧农业通过物联网技术实现了对农田环境、作物生长等信息的实时监测和数据分析，为农业生产提供了科学依据。例如，通过物联网技术可以实时监测土壤湿度、温度、养分等信息，为作物提供精准的灌溉和施肥方案；同时，物联网还可以监测病虫害情况，及时采取措施进行防治。这些应用不仅提高了农业生产的效率和产量，还降低了农业生产对环境的负面影响。

### 4. 物联网在医疗领域的应用

物联网在医疗领域的应用也呈现出蓬勃发展的态势。通过物联网技术，我们可以实现医疗设备的远程监控和管理，提高医疗服务的质量和效率。例如，远程医疗监护系统可以实时监测患者的生理参数，为医生提供及时准确的诊断依据；智能医疗设备可以实现自动化操作和数据分析，减轻医护人员的工作负担；同时，物联网还可以用于医疗资源的优化配置和调度，提高医疗资源的利用效率。

### 5. 物联网在其他领域的应用

除了上述领域外，物联网还在城市管理、交通运输、环境保护等多个领域发挥着重要作用。例如，在城市管理领域，物联网技术可以用于智慧交通、智慧环保、智慧安防等方面，提高城市管理的智能化水平；在交通运输领域，物联网技术可以实现车辆间的通信和协同，提高交通运行的效率和安全性。

### 任务四　物联网应用面临的挑战

尽管物联网在各个领域的应用取得了显著成效，但仍面临着一些挑战，如数据安全与隐私保护、标准化与互操作性等问题。

#### 1. 数据安全与隐私保护

物联网设备的普及使得大量数据被收集、传输和处理，这引发了数据安全与隐私保护的问题。黑客可能利用物联网设备的漏洞进行攻击，窃取用户信息或破坏系统安全。因此，如何保障物联网数据的安全性和用户隐私，是物联网应用面临的重要挑战。

#### 2. 标准化与互操作性

目前，物联网领域存在多种技术和标准，不同设备和系统之间的互联互通存在困难。这导致了物联网应用的碎片化，难以实现规模化发展和普及。因此，推动物联网的标准化和互操作性，是物联网应用亟待解决的问题。

#### 3. 能耗与成本

物联网设备的能耗和成本问题也是制约其应用的重要因素。一些物联网设备需要长时间运行，而能耗过高会导致设备寿命缩短、维护成本增加。同时，物联网设备的制造成本也较高，限制了其在一些领域的应用。因此，如何降低物联网设备的能耗和成本，提高其性价比，是物联网应用需要解决的关键问题。

## 项目五　人工智能

人工智能(Artificial Intelligence，简称AI)是一门新兴的技术科学，旨在研究和开发能够模拟、延伸和扩展人类智能的理论、方法、技术及应用系统。它综合了多个学科的知识，包括计算机科学、数学、心理学、哲学等，通过让计算机具备感知、理解、学习、推理、判断、交互等人类智能的能力，从而能够执行各种复杂的任务，甚至在某些方面超越人类的智能表现。

### 任务一　什么是人工智能

人工智能目的是研究和开发能够模拟、延伸和扩展人类智能的理论、方法、技术及应用系统。它结合了计算机科学、数学、心理学、哲学等多学科的理论和技术，旨在探索智能的本质，生产出一种新的类似人类智能的方式做出反应的智能机器。

人工智能的研究领域涵盖了机器人、语言识别、图像识别、自然语言处理、专家系统等，目标是让计算机具有像人类一样的思维和行为能力。人工智能可以模拟人的意识、思维信息处理过程，但并不是人的智能，它能够像人那样思考，甚至超过人的智能。

在人工智能的发展历程中，根据不同的发展阶段和技术特点，可以分为弱人工智能、强人工智能和超强人工智能。弱人工智能专注于特定领域的问题解决，强人工智能则追求在各方面都能和人类比肩的智能水平，而超强人工智能则在各方面都超越了人类的能力。

总的来说，人工智能是一种通过计算机实现的人类智能的模拟和扩展，它涉及多个学科的知识和技术，并致力于创造出能够像人类一样思考、学习和行动的智能机器。人工智能是一个模拟人类能力和智慧行为的跨领域学科，是计算机学科的一个重要分支。人工智能这一概念出现在20世纪中叶，被人们称为世界的三大尖端科技之一。

## 任务二 人工智能涉及到的技术

人工智能是一门广泛而复杂的学科，涵盖了多个领域的技术和方法。这些技术共同构成了人工智能的基石，推动了其在各个领域的应用和发展。人工智能涉及的主要技术包括机器学习、深度学习、自然语言处理、计算机视觉、智能决策系统等。

### 1. 机器学习

机器学习是人工智能的核心技术之一，它使计算机能够从数据中学习并改进自身的性能。机器学习算法通过对大量数据进行训练，自动发现数据中的规律和模式，从而对新的数据进行预测和分类。机器学习可以分为监督学习、无监督学习和强化学习等多种类型。

监督学习是指利用带有标签的数据集进行训练，使模型能够对新的数据进行预测。例如，在图像分类任务中，通过训练带有标签的图像数据，模型可以学会识别不同类别的图像。

无监督学习则是处理没有标签的数据，通过发现数据中的结构和关系来进行聚类、降维等操作。例如，在推荐系统中，无监督学习可以帮助发现用户之间的相似性，从而进行个性化推荐。

强化学习是通过与环境进行交互组织来学习策略，使智能体能够在特定任务中取得最佳表现。这种学习方式适用于机器人控制、游戏智能等需要不断尝试和优化的场景。

### 2. 深度学习

深度学习是机器学习的一个分支，它通过构建深度神经网络来模拟人脑的学习过程。深度神经网络具有多个隐藏层，能够学习更加复杂的特征表示，从而实现更高级别的智能。

深度学习的核心在于神经网络的设计和训练。神经网络的每一层都对输入数据进行非线性变换，通过逐层传递和组合，最终输出预测结果。训练过程中，通过反向传播算法调整网络参数，使模型在训练数据上的性能逐渐提高。

深度学习在图像识别、语音识别、自然语言处理等领域取得了显著成果。例如，卷积神经网络(CNN)在图像识别任务中表现出色，能够准确识别图像中的物体和场景；循环神经网络(RNN)和长短期记忆网络(LSTM)则擅长处理序列数据，如语音识别和文本生成等任务。

### 3. 自然语言处理

自然语言处理(NLP)是人工智能领域的一个重要分支，它研究如何实现人与计算机之间用自然语言进行有效通信的各种理论和方法。自然语言处理技术涉及语言识别、文本理解、语言生成等方面。

词法分析、句法分析和语义理解等技术是实现自然语言处理的基础。通过这些技术，计算机可以理解文本的结构和意义，从而进行信息抽取、情感分析、问答系统等应用。

此外，随着深度学习技术的发展，基于神经网络的自然语言处理模型也取得了显著进展。这些模型能够学习文本的深层次特征表示，提高了自然语言处理的准确性和效率。

### 4. 计算机视觉

计算机视觉是人工智能领域的另一个重要分支，它研究如何让计算机从图像或视频中获取信息并进行处理。计算机视觉技术涉及图像识别、目标检测、图像分割等方面。

卷积神经网络(CNN)是计算机视觉领域最常用的深度学习模型之一。通过训练大量的图像数据，CNN 可以学会识别图像中的物体、场景和人脸等。这使得计算机视觉在安防监控、自动驾驶、医学影像分析等领域具有广泛的应用前景。

此外，随着三维视觉技术的发展，计算机视觉还可以处理三维图像和视频数据，实现更精确的空间感知和定位。

### 5. 智能决策系统

智能决策系统是人工智能技术的又一重要应用领域，它结合机器学习、优化算法等技术，为复杂问题提供智能化的决策支持。智能决策系统可以处理大量的数据和信息，进行数据挖掘、预测分析和风险评估等操作，为决策者提供科学的决策依据。

在金融领域，智能决策系统可以帮助投资者进行股票预测、风险评估和资产配置；在医疗领域，智能决策系统可以辅助医生进行疾病诊断、治疗方案选择和患者管理；在交通领域，智能决策系统可以实现智能交通调度、路径规划和拥堵控制等功能。

人工智能涉及的技术丰富多样，包括机器学习、深度学习、自然语言处理、计算机视觉和智能决策系统等。这些技术相互交织、相互促进，共同推动了人工智能领域的发展。随着技术的不断进步和创新，人工智能将在更多领域发挥重要作用，为人类社会的进步和发展带来更多的机遇和挑战。

## 任务三 人工智能的应用领域

人工智能作为现代科技的代表，已经深入到我们生活的各个方面，带来了前所未有的便利与革新。从工业制造到医疗健康，从金融服务到交通运输，从教育学习到娱乐休闲，人工智能的应用领域广泛且多样。下面将详细介绍人工智能在各个领域的具体应用。

### 1. 工业制造领域

在工业制造领域，人工智能的应用已经实现了自动化生产线的智能化改造。通过引入机器学习算法和数据分析技术，人工智能系统能够实时监控生产过程中的各项参数，预测设备故障，优化生产流程，提高生产效率。同时，人工智能还能协助企业实现精细化管理和决策，提升企业的竞争力和创新能力。

### 2. 医疗健康领域

在医疗健康领域，人工智能的应用正在改变传统的医疗模式。通过深度学习和大数据分析，人工智能系统能够辅助医生进行疾病诊断、病理分析、治疗方案制定等工作，提高医疗诊断的准确性和效率。此外，人工智能还被用于健康管理和疾病预防，通过分析个人健康数据，为用户提供个性化的健康建议和预防策略。

### 3. 金融服务领域

金融服务领域是人工智能应用的重要阵地。人工智能可以通过大数据分析和机器学习算法，对客户的信用状况、风险偏好进行精准评估，为金融机构提供智能风控和信用评估服务。同时，人工智能还可以实现智能投顾和智能客服等功能，为客户提供个性化的金融服务和便捷的咨询体验。

### 4. 交通运输领域

在交通运输领域，人工智能的应用正在推动智慧交通的建设。通过引入自动驾驶技术、智能调度系统和交通大数据分析等技术手段，人工智能可以实现交通信号的智能控制、车辆路径的智能规划以及交通拥堵的智能疏导等功能，提高交通运行效率，减少交通事故的发生。

### 5. 教育学习领域

教育学习领域是人工智能应用的重要领域之一。人工智能可以为学生提供个性化的学习资源和辅导服务，根据学生的学习进度和能力水平，智能推荐适合的学习内容和练习题。同时，人工智能还可以辅助教师进行课程设计和教学评估，提高教学效果和质量。

### 6. 娱乐休闲领域

在娱乐休闲领域，人工智能的应用也在不断创新。例如，在智能家居领域，人工智能可以通过语音识别和智能控制等技术，实现家居设备的自动化控制和智能化管理，提升用户的居住体验。在游戏产业中，人工智能可以创造更加逼真的虚拟世界和智能角色，为玩家提供更加沉浸式的游戏体验。

## 任务四　人工智能的未来发展

未来，人工智能的发展将更加深入和广泛，为人类社会带来更加深远的影响。下面将从技术进步、应用领域拓展、伦理道德和社会影响等方面讲解人工智能的未来发展。

### 1. 技术进步

技术进步是推动人工智能发展的核心动力。未来，人工智能将在算法优化、数据处理、计算能力等方面实现重大突破。

首先，算法优化将进一步提高人工智能的准确性和效率。随着深度学习、强化学习等算法的不断发展，人工智能系统将能够更好地理解人类语言、识别图像和视频、进行复杂决策等。同时，新的算法还将不断涌现，为人工智能的应用提供更多可能性。

其次，数据处理能力的提升将促进人工智能在大数据领域的应用。随着物联网、云计算等技术的普及，数据量呈爆炸式增长。人工智能系统需要处理和分析这些数据，以提取有价值的信息。因此，数据处理能力的提升将成为未来人工智能发展的重要方向。

最后，计算能力的增强将推动人工智能系统的实时性和高效性。随着量子计算、边缘计算等技术的发展，人工智能系统的计算能力将得到大幅提升，从而能够更快地处理数据、做出决策，并实时响应各种需求。

### 2. 应用领域拓展

未来，人工智能的应用领域将进一步拓展，渗透到更多行业和领域。

首先，在医疗健康领域，人工智能将在疾病诊断、治疗方案制定、药物研发等方面发挥更大作用。通过深度学习和大数据分析，人工智能系统可以辅助医生进行更准确的诊断，为患者提供更个性化的治疗方案。同时，人工智能还可以加速药物研发过程，降低研发成本，为人类的健康事业做出更大贡献。

其次，在金融服务领域，人工智能将实现更智能的投资决策、风险管理和客户服务。通过机器学习和数据分析，人工智能系统可以预测市场走势，为投资者提供更精准的投资建议。同时，人工智能还可以帮助金融机构识别潜在风险，提高风险管理水平。此外，智能客服和智能投顾等应用也将进一步提升客户体验和服务质量。

除了我们熟知的医疗、交通、金融和教育领域，人工智能还在农业、通信、社会治安、物流等领域大放异彩。想象一下，未来的农业可能实现精准种植和智能管理，通信行业也可能因为 AI 而实现更高效的信息处理和传输。

### 3. 伦理道德和社会影响

随着人工智能的广泛应用和深入发展，其伦理道德和社会影响也日益凸显。未来，我们需要关注并解决人工智能发展过程中可能出现的伦理问题和社会挑战。

首先，数据安全和隐私保护是人工智能发展的重要议题。随着大数据的广泛应用，个人数据的泄露和滥用风险也在增加。因此，我们需要加强数据保护和隐私安全措施，确保个人数据的安全和合法使用。

其次，人工智能的决策透明性和公平性也是我们需要关注的问题。人工智能系统在决策过程中可能受到数据偏见、算法歧视等因素的影响，导致不公平的结果。因此，我们需要加强算法的监管和审核，确保人工智能系统的决策过程公正、透明。

此外，人工智能的发展还可能对就业市场和社会结构产生影响。一方面，人工智能将替代一些重复性、低技能的工作，导致部分岗位的消失；另一方面，人工智能也将创造新的就业机会和产业领域。因此，我们需要加强人才培养和职业教育，帮助人们适应新的就业环境。

随着新理论、新技术及新平台的不断发展完善，人工智能技术将迎来一次新的飞跃。结合各种新技术成果及当前新的需求，人工智能将向着"AI+"的方向不断前行。未来可以利用人工智能技术去开创全新的智能产品和应用系统，使医疗、工业、教育、金融等行业全面融合，从而为用户提供更多个性化服务。"AI+"时代正在走近人类，如"AI+医疗"利用机器或软件描述模仿人类大脑的智慧，在医疗健康领域，通过协助医疗从业人员来改善患者的治疗效果；"AI+工业"借助人工智能技术，在汽车、家居、可穿戴设备等产品上增加某些具有特定功能的人工智能模块深化人机交互，从而实现产品质量测量检测自动化、用户远程操控、数据的自动采集分析等功能，提高用户体验。

围绕人工智能领域，我国陆续出台了相关政策，指导新一代人工智能相关学科发展、理论建模、技术创新、软硬件升级等整体推进，正在引发链式突破，推动经济社会各领域从数字化、网络化向智能化加速跃升。人工神经网络在人工智能领域有着很多很好的应用。

### 1. 智能助理

人工智能其实很早就在手机上使用了，如大家经常使用的 Siri、GoogleNow 等虚拟个人助理就是人工智能的典型应用。大家可以问"附近有哪些宾馆？""今天要会见什么人？""提醒我 9 点看球赛"等，然后虚拟个人助理就可以通过查询信息，并向手机中的其他 App 发送对应的信息来完成指令。

小度智能音箱、讯飞智能音箱等人工智能产品深受人们的喜爱。智能音箱支持语音交互，内容包括在线音乐、有声读物、广播电台等，提供新闻、天气、闹钟、备忘录、提醒、汇率、股票、限行、查找手机、百科/问答、菜谱和翻译等各类功能，与人工智能产品进行交互这一看似简单的过程实际上就有人工智能的介入，人工智能会收集用户的指令信息，利用该信息进一步识别用户的语音，并为其提供个性化的结果，最终会让用户觉得越来越好用。

### 2. 图像处理

人工智能在图像处理方面被广泛应用，"悟空图像"软件就是其中一款，引领了"AI+"设计、"AI+"图像生成的风向。悟空图像的 AI 功能丰富多样，主要包括以下几个方面。

(1) 一键抠图与智能拼图。悟空图像集成了 AI 算法，能够实现一键抠图功能，智能分离图片中的人体和背景，极大地提升了编辑效率。同时，其智能拼图功能也可以快速完成多张图片的拼接，满足用户多样化的创作需求。

(2) AI 识别填充。悟空图像新增了 AI 识别填充功能，使用 AIGC 技术，可以对选区中的内容进行更精准的消除和替换，同时在替换时更好地保留图像背景等内容。这一功能使得用户能够将想象变为现实，为图像创作提供了更多可能性。

(3) 智能美颜。悟空图像还提供了 AI 美颜功能，通过智能识别面部特征，进行自动化调整和优化，让用户能够快速获得满意的美颜效果。

(4) 色彩管理与配置支持。悟空图像支持 ICC 色彩配置，包括 CMYK 和 RGB 模式，适用于印刷等专业场景，确保图像色彩的准确性和一致性。

此外，悟空图像还具备丰富的素材模板、画笔工具以及对象图层功能，可以满足用户在不同场景下的创作需求。同时，其双向兼容 Photoshop 文件格式，支持全平台运行，使用户可以在不同设备和平台上无缝切换，提高工作效率。

总的来说，悟空图像的 AI 功能强大且全面，能够极大地提升用户的图像处理效率和创作体验，是用户进行图像创作和处理的理想选择。

### 3. 机器视觉

人脸识别几乎是目前应用最广泛的一种机器视觉技术，随着深度学习技术的发展，人脸识别准确率已经超过了人类的平均水平，基于卷积神经网络技术应用的图像识别技术进一步提高了图像的识别率。通过人脸识别能够快速识别身份，所以被广泛应用在安保、支付等领域，"刷脸支付"已经成为一种成熟的支付方式。人工智能技术还能够辅助医生对肿瘤病人的病灶扫描图片进行识别，帮助医生识别出病灶的情况。

另外，人工智能在直播和短视频软件上的应用已经相当成熟，直播、短视频软件的美颜、贴纸等功能正是应用了人工智能技术。除此之外，人工智能还能帮助人们过滤掉直播、短视频软件中的不良内容。

### 4. 音乐、电影、新闻、购物推荐

人工智能通过分析用户喜欢的音乐可以找到其中的共性，并且可以从庞大的歌曲库中筛选出用户所喜欢的部分，这比最资深的音乐人都要强大。电影推荐也是同样的原理，人工智能系统对用户过去喜欢看的影片了解越多，就越清楚用户的偏好，从而推荐出用户真正喜欢的电影。与音乐、电影推荐类似，大家日常使用的新闻软件也越来越懂读者口味，这些新闻软件也纷纷用上了人工智能技术来进行内容推荐。

平常喜欢在网上购物的用户会发现淘宝、京东、亚马逊等购物网站好像能够提前预见到客户的需求，总能推荐让客户心动的商品，毫无疑问，这也是人工智能应用的结果。通过深层次分析每一位用户的购买记录、浏览记录、愿望清单等数据，得出可靠性较高的购物偏好、购买能力分析，然后，网站就可以根据每个用户的购物偏好来进行精准营销，包括推送特定类型的优惠券、特殊的打折计划、有针对性的广告和商品推荐等。

### 5. 客服服务

许多网站提供用户与客服在线聊天的窗口，但并不是每个网站都有一个真人提供实时服务。在很多情况下，和用户对话的仅仅只是一个 AI。大多数聊天机器人只是一个自动应答器，但是其中一些能够从网站中学习知识，在用户有需求时将其呈现在用户面前。这些聊天机器人必须善于理解自然语言，其很大程度上可以代替人工服务。

### 6. 游戏应用

最近几年，游戏 AI 的复杂性和有效性得到了迅猛发展，现在大型游戏中的角色能够揣摩玩家的行为，做出一些难以预料的反应。虽然就 AI 技术本身而言，其在游戏中的应用有些大材小用，但是游戏行业市场巨大，每年都吸引大量人力和资金投入其中来完善技术。

### 7. 安全防护

随着人们对安全问题越来越重视，监控摄像头也越来越普及。但与此同时也出现了新的挑战：用人力来同时监控多个摄像头传输的画面，会容易出现疲倦、发现不及时或者判断失误的情况。而在系统中引入人工智能技术能 24 小时无间断地判断画面中是否出现异常人员，如果发现就可以及时通知安保人员。越来越多的车站、景区和商场等场所都开始利

用人工智能技术来进行安全监控。人工智能也可以用来监控欺诈行为。一般来说，先将大量欺诈和非欺诈交易样本数据输入计算机，再命令计算机进行数据分析，发现交易中不同类别的不同之处。经过足够多的训练，计算机系统就将能够利用所学的种种迹象辨认出欺诈交易。如果用户的账号存在被欺诈的风险，则银行会发送电子邮件或电话提醒，询问用户是否使用信用卡进行了某些产品支付，希望在汇款前确认用户个人已同意支付。

### 8. 新一代的搜索引擎与大模型

百度是当前国内最大的搜索引擎服务公司，智能搜索引擎是结合了人工智能技术的新一代搜索引擎，它除了能提供传统的快速检索、相关度排序等功能外，还能提供用户角色登记、用户兴趣自动识别、内容的语义理解、智能信息化过滤和推送等功能。智能搜索引擎设计追求的目标如下：根据用户的请求，从获得的网络资源中检索出对用户最有价值的信息，搜索到用户想要的信息。

百度基于文心大模型技术推出的生成式对话产品文心一言是 AI 的典型应用。文心大模型是百度自主研发的产业级知识增强大模型，既包含基础通用的大模型，也包含面向重点任务领域和行业的大模型，以及丰富的工具与平台，支撑企业与开发者进行高效便捷的应用开发。文心一言具备跨模态、跨语言的深度语义理解与生成能力，在搜索问答、内容创作生成、智能办公等众多领域都有更广阔的应用空间。

此外，文心一言大模型家族的新成员——文言一心，是百度基于文心知识增强大模型。它能够与人对话互动、回答问题、协助创作、高效便捷地帮助人们获取信息、知识和灵感。

总之，文心一言是百度在人工智能领域的重要成果，它展示了百度在深度学习、自然语言处理等领域的技术实力，并为用户提供了更加智能、高效的服务体验。

文心一言具有广泛的功能，这些功能主要得益于它强大的自然语言处理能力和深度学习技术。以下是文心一言的一些主要功能。

(1) 对话交互。文心一言可以与用户进行自然、流畅的对话，理解用户的意图和问题，并给出相应的回答或建议。

(2) 问答解答。无论是学术问题、生活常识还是行业知识，文心一言都能从海量的信息中筛选出准确答案，为用户提供及时、准确的解答。

(3) 文本创作辅助。文心一言可以根据用户的需求和指令，生成各种类型的文本，如文章、诗歌、故事等，帮助用户快速完成创作任务。

(4) 知识推理与逻辑思考。文心一言能够运用逻辑推理能力，进行复杂的分析和判断，从而为用户提供更深入的见解和建议。

(5) 多模态输入与输出。除了文本输入外，文心一言还支持语音、图像等多模态输入，并能够生成语音、图像等输出，为用户提供更丰富的交互体验。

(6) 个性化服务。文心一言能够根据用户的喜好、习惯等信息，提供个性化的服务和建议，如定制化的新闻推荐、生活建议等。

此外，文心一言还可以与各种应用和服务进行集成，为用户提供更加便捷、高效的服务体验。无论是在教育、娱乐、办公还是其他领域，文心一言都能发挥其独特的优势，帮助用户解决各种问题，提升工作效率和生活品质。

## 9. 神经机器翻译

机器翻译技术的发展一直与计算机技术的发展紧密相随，从早期的词典匹配，到词典结合语言学专家知识的规则翻译，再到基于语料库的统计机器翻译，随着计算能力的提升和多语言信息的爆发式增长，目前机器翻译技术已经能够为普通用户提供实时便捷的翻译服务。神经机器翻译最主要的特点是整体处理，即将整个句子视为一个翻译单元，对句子中的每一部分进行带有逻辑的关联翻译，翻译每个字词时都包含着整句话的逻辑。结合神经网络的人工智能技术的应用，机器翻译的效果已经达到了较高的水平。

## 10. 自动驾驶

汽车领域正在开启一场智能化革命。近年来，新能源汽车的发展及自动驾驶技术不断取得突破，人工智能技术与汽车领域的研究结合越来越紧密。

自动驾驶的成功实现将会从根本上改变传统的"车—路—人"闭环控制方式，形成"车—路"的闭环，从而增强高速公路的安全性、缓解交通的拥堵，大大提高交通系统的效率和安全性。

## 11. 机器人

在面对类似流水线这种重复性很强的工作时，工业机器人相比人工劳动力更高效，工作时长可达七年之久，在使用期内几乎不需要保养和维护，满足了自动化生产制造需求。工业机器人可编程设计，满足了生产制造定制化需求。随着人工智能等新技术的引入，工业机器人将变得更加智能化及自主化，极大地拓展了工业制造的模式及范畴。

# 项目六 区块链

区块链(Blockchain)是一个去中心化的分布式账本数据库，通过一系列技术组合实现数据的安全、公开和可追溯。它通过将数据存储在多个节点的数据库中，形成一个去中心化的、安全可靠的网络。区块链技术以密码学、P2P 网络为基础，将特定结构的数据按一定方法组织为区块，然后把这些数据块按时间先后次序以链式结构组织成为一个数据链。每个区块都包含了前一个区块的哈希值，从而形成了一个不可篡改的数据链条。

区块链技术最初是为比特币(Bitcoin)而开发的，用于维护比特币的交易记录。随着时间的推移，区块链技术逐渐发展成为一种可以应用于各种领域的技术，如金融、医疗、物流等。

从技术的角度来看，广义的区块链技术必须包含点对点网络设计、加密技术应用、分布式算法的实现、数据存储技术的使用等 4 个方面。而从产品的角度来看，区块链可以是实现数据公开、透明、可追溯的产品的架构设计方法，如类似比特币的数据存储方式，或许是数据库设计，或许是文件形式的设计等。

## 任务一 了解区块链的定义

区块链是一个分布式数据存储、点对点传输、共识机制、加密算法等计算机技术的新型应用模式。它是一个去中心化的数据库,由一系列按照时间顺序排列的数据块组成,并采用密码学方式保证不可篡改和不可伪造。每个数据块中都包含了一次网络交易的信息,用于验证其信息的有效性(防伪)和生成下一个区块。区块链技术利用块链式数据结构来验证与存储数据,利用分布式节点共识算法来生成和更新数据,利用密码学的方式保证数据传输和访问的安全,同时它还可以利用由自动化脚本代码组成的智能合约来编程和操作数据。

区块链技术最初由中本聪在《比特币:一种点对点的电子现金系统》一文提出,作为比特币的底层技术,区块链技术用于维护比特币的交易记录。随着技术的发展,区块链逐渐脱离比特币,成为一种通用的技术解决方案,在金融、医疗、物流等多个领域展现出广阔的应用前景。

区块链的本质是一个分布式的共享账本或数据库,具有去中心化、不可篡改等特点。其去中心化的特性意味着整个网络没有中心化的硬件或机构,任意节点间的权利和义务是均等的,系统中的数据块由整个系统中所有节点共同维护。这种特性使得区块链技术在信任建立、数据安全、透明公开等方面具有独特的优势。

因此,区块链不仅仅是一个技术概念,更是一种新型的信任机制和经济模式,正在改变诸多行业的应用场景和运行规则,为数字经济的发展提供强有力的支撑。

中国区块链技术与产业发展论坛给出的定义为:区块链是分布式数据存储、点对点传输、共识机制、加密算法等计算机技术的新型应用模式。

数据中心联盟给出的定义为:区块链是一种由多方共同维护,使用密码学保证传输和访问安全,能够实现数据一致存储、无法篡改、无法抵赖的技术体系。典型的区块链是以块链结构实现数据存储的。一般地,我们可以理解为,区块链实质上是由多方参与共同维护的一个持续增长的分布式数据库,是一种分布式共享账本,区块链通过智能合约维护着一条不停增长的有序的数据链,让参与系统中的任意多个节点,通过密码学算法把一段时间系统内的全部信息交流数据计算和记录到一个数据块中,并且生成该数据块的指纹用于链接下一个数据块和校验,系统中所有的参与节点共同认定记录是否为真,从而保证区块内的信息无法伪造和更改。其核心也就在于通过分布式网络、时序不可篡改的密码学账本及分布式共识机制建立交易双方之间的信任关系,利用由自动化脚本组成的智能合约来编程和操作数据,最终实现由信息互联向价值互联的进化。

## 任务二 区块链技术内涵

### 1. 区块链及其特点

区块链技术作为一个去中心化的分布式账本,可以在没有中心化的第三方信用背书的情况下,在一个开放式的平台上进行远距离的安全支付。每一个区块链参与者都是一个节点,因此,区块链这一账本将跨越遍布全球各地的无数节点,且网络中所有授权的参与者都保存着一份完全相同的账本,一旦对账本进行修改,就要求全部副本数据在几分钟甚至几秒内全部修改完毕。

区块链的实质是一个不断增长的分布式结算数据库,它完美地解决了信息系统中的信任危机。针对此前所提出的网络信用建设问题,区块链使用算法证明机制来保证这份信任。借助它，整个系统中的所有节点能够在信任的环境下自动安全地交换数据。与其他费时又费钱的中心化工具技术相比，区块链能针对已经设定并上链的交易进行实时自动撮合、强制执行，而且成本很低。与其相信人，不如相信技术，区块链技术带来的是一种智能化的信任。未来，人们只要将信息进行数字化后加入区块链，就可以设定相应的保护条件，书写智能合约，按时自动发起和强制实施交易合约。在这个过程中，人们无须担心信任验证和信任执行，因为区块链都自主、自动地帮助用户实现了。

区块链所建立的公信力有以下两大特点。

(1) 区块链是分布式的。区块链在网络上会有许多独立的节点，每一个节点都有一个备份信息。每个有授权的人都可以从任意节点下载全部的信息，同时，区块链公信力网络也是不可篡改的，因为任何节点更改信息的企图都会被其他节点发现，而被更改的节点不会被确认。

(2) 在区块链公信力模型中，区块链不制定政策，它只是扮演一个公证人的角色。它实际上是用基于共识的数学方法，在机器之间建立信任并完成信用创造的。

区块链作为去中心化的分布式账本，必须由相关技术手段支持，才能展开运营。区块链的运行涉及分布式数据存储和点对点传输，且需要共识机制、加密算法等计算机技术来辅助记录数据。

### 2. 区块链账本系统与交易模型

区块链账本系统是一种去中心化的电子记账系统，在这个系统中，每个人的账本都是公开的，都可以让别人看到。这里模拟了一个区块链城市，以方便人们理解其背后的技术原理，这个城市中的所有交易都将依托区块链账本系统进行。

在依托网络的区块链城市中生活着很多居民，他们相互进行交易。在此，首先关注其中的5个居民，他们分别是A、B、C、D、E。这5个居民互相进行交易，如买卖商品，所以他们相互之间需要进行支付。在一次交易中，A首先支付了10元钱给B，此时，A和B就需要记账，而且为了让这笔账在区块链世界得到承认，A和B在记账后都需要将账单广播出去，告诉城市中的所有人。稍后，B又由于交易需要支付5元钱给C，与此同时，B和C也同样要把这笔交易的记录广播给所有人，如果之后C又支付了2元钱给D，那么这一交易记录同样需要向全世界广播。对这一时期区块链城市中发生的A、B、C、D之间的账单以及其他账单进行打包，形成一个块，这个块称为区块(真实的世界中，一个区块的大小约为1MB，大概可以储存4000条交易记录，储存交易记录的多少具体取决于每一条记录的大小)。当这一区块打包完成后，人们将这个区块链接到以前的交易记录上，之后新的区块继续形成，再将新区块继续链接到这一区块之后，就形成了一条链状结构，人们称之为区块链。

有了对区块链系统的大致了解后，仔细思考一下，人们就会发现，在这一系统中有几个重要的问题亟待解决。

第一个问题，人们为何要记账？例如，对于居民E来说，A、B、C、D之间的交易和E毫无关系，同样，以E为代表的其他区块链城市居民也和这一系列交易毫无关系，那么为什么A、B、C、D将他们的交易记录广播给全世界，其他人就要接收呢？为什么无关人员要花费自己的计算机资源、时间和精力，记录一个与他无关的账目呢？

第二个问题，假设为何记账问题已经解决，那么这个账单以谁为准呢？因为每个人的账单可能是不一样的。例如，A 可能先记录 A 将 10 元钱给 B 这件事，后记录 B 将 5 元钱给 C 这件事，但是因为网络广播的延迟效应，D 的顺序可能是先记录 B 付 5 元钱给 C，再记录 A 付 10 元钱给 B，每个人的账单可能不太一样，那么此时到底以谁手中的账单为准呢？

第三个问题，可以笼统地概述为防伪问题。由于在区块链城市中，区块链这一底层技术承载着价值交换的重任，因此防伪问题就显得尤为重要。举例来说，B 广播了一条消息，说 A 支付了 10 元钱给他，但实际上 A 并没有支付给他，这就是一个伪造的记录，在缺失中心化认证的系统中，没有第三方帮助人们辨别交易记录的真假，人们如何防伪呢？如何防止交易记录被篡改？当然，还有很多其他的问题，例如，如何防止双重支付？一个人只有 10 元钱，但他同时发给两个人 10 元钱，这种问题如何解决？又如，如何进行保密的问题，如果每个人的信息都是公开的，那么任何人都会知道某个用户有多少钱了，所以如何保密等也就成为随之而来的问题。

### 3. 区块链系统用户为何记账

首先来解释区块链城市中的居民为什么要记账：大家主动记账是因为记账有奖励。每一个区块链系统中的用户都可以去记账，记账的奖励则有两个来源：手续费和打包奖励。

第一，记账者会获得手续费收益，这里的手续费性质与人们去银行办业务，银行向用户收取的手续费十分相似。举个例子，如果 A 付了 10 元钱给 B，A 事实上是必须多付出一点点的，这一点点就是给打包记账者的手续费。人们在日常使用银行卡时，应该也有被收取手续费的经历，与区块链系统相比，银行的手续费是比较高的，而区块链系统的手续费则非常低。

第二，打包这部分记账记录的人将获得一个打包奖励。这里需要注意，在区块链系统中，每一个区块都只能由一个人打包，而只有这个打包者能获得奖励。假设在区块链城市中，每 10 分钟能够打出一个包，每个包会奖励打包者 50 元钱，而过了 4 年之后，每打一个包会奖励打包者 25 元钱，如果再过 4 年，就奖励 12.5 元钱，即每过 4 年打包奖励会减半。

在这种制度下，系统发放的钱币一共会有多少呢？每过 10 分钟会有某个人可以打一个包，这个包有 50 元钱的奖励，一小时有 6 个 10 分钟，可以打包 6 次，每天有 24 小时，每年有 365 天，前 4 年的时候都是这样。但是第二个 4 年，打包奖励发放将减半，即只有第一个 4 年的 1/2。以此类推，第三个 4 年发放的钱数只有第一个 4 年的 1/4(即 1/2 的 2 次方)，第四个 4 年只有第一个 4 年的 1/6(即 1/2 的 3 次方)，如下式所示：

$$50 \times 6 \times 24 \times 365 \times 4 \times (1+(1/2)^2+(1/2)^3+...)=21200000$$

这样一直加下去，通过上式可以算出最终结果应该是 2100 万元，这就是区块链系统中最终能够控制发放的"货币数量"。按照这种方式运行，区块链系统中的"货币"总数将是有限的，总共只有 2100 万元"货币"，且全部可以通过打包奖励的方式扩散出去。

### 4. 区块链系统打包以谁为准

因为有了手续费和打包奖励这两个奖励来源，所以区块链城市的居民会抢着去打包，那么这里又有了第二个问题,这么多打包人,但每 10 分钟只有一个人能打包成功,这个打包权利给谁?最后以谁打的信息包为准呢?这里需要引入一个辨别方法——工作量证明(Proof of Work,PoW),PoW 是一种共识算法,它需要所有系统用户参与一场困难的周期性的数学竞赛(具体来说,可以是计算指定 0 数目的哈希值),这场数学竞赛难以计算但是易于验证。一旦有某个用户计算出了结果,他将用这个结果和这段时间自己从网络中收集的交易信息一起打包,形成当前区块,并将此区块广播至区块链节点网络。每个节点都可以验证竞赛结果和区块中的交易信息,如果验证成功,则节点会添加这个区块到自己的区块链数据库中,所有节点完成新区块验证和添加的时间之和应当小于竞赛周期。通俗来说,区块链城市中每一个用户都要去解一个很难的数学题,只有最先将这个数学题解出来的人,才有权利进行打包,一旦此人进行了打包,就会获得手续费及打包奖励。而一旦有人打包成功,他就能在区块链系统中向全世界广播声明自己已经获得这个区块,其他还在计算数学题的用户就会意识到自己在这局竞赛中已经输了,转而立即开始下一个区块的挖掘工作。人们将这个解数学题的过程形象地称为"挖矿",而所有参与解题的用户就成了"矿工"。"挖矿"是做一道很难的数学题,这道数学题难到什么程度呢?没有任何一个人可以直接通过大脑将其解出来,所以这道数学题不是检测用户脑子聪明不聪明,而是看用户 CPU 的速度如何,因为所有用户都只能耗费 CPU 算力一个数一个数去尝试,只有尝试出来了,才能成功打包,获得奖励,所以这个艰难的过程才被人们称为"挖矿"。

## 任务三　区块链的应用领域

区块链技术,作为近年来备受瞩目的创新技术之一,正在逐渐改变我们的生活方式和商业模式。其去中心化、不可篡改、透明公开和安全性高等特性,使得区块链技术在多个领域具有广泛的应用前景。区块链技术在金融、物联网与物流、公共服务、数字版权、保险以及其他领域的应用,展现出了其巨大的潜力和价值。

### 1. 金融领域的应用

金融领域是区块链技术应用最为广泛和深入的领域之一。在跨境支付与清算、数字货币与加密资产、供应链金融等方面,区块链技术都发挥着重要的作用。

在跨境支付与清算方面,区块链技术可以实现跨境支付的快速、低成本和高效。传统的跨境支付需要经过多个中介机构,流程烦琐且成本高昂。而区块链技术通过去中心化的方式,使得支付双方可以直接进行交易,无需第三方中介机构的参与,大大缩短了支付周期,降低了交易成本。同时,区块链技术的透明性和可追溯性,使得交易双方可以实时查看交易状态和资金流向,增强了交易的透明度和可信度。

在数字货币与加密资产方面,区块链技术是数字货币的底层技术。比特币等数字货币的兴起,引发了人们对数字货币的广泛关注。区块链技术为数字货币提供了去中心化、安全可靠的发行和交易平台,使得数字货币可以在全球范围内自由流通和交易。同时,区块链技术还可以应用于其他类型的加密资产,如代币、证券等,为金融市场带来更多的创新机会。

在供应链金融方面,区块链技术可以提高供应链金融的透明度和效率。通过区块链技术,供应链中的各个环节可以实现信息的实时共享和验证,确保信息的真实性和完整性。这有助于降低供应链金融的风险,提高融资效率,促进供应链的健康发展。

### 2. 物联网与物流领域的应用

物联网与物流领域是区块链技术的另一个重要应用领域。随着物联网设备的普及和物流行业的快速发展,区块链技术为物联网与物流领域带来了诸多创新机会。

在物联网领域,区块链技术可以确保物联网设备的安全性和可信度。由于物联网设备数量庞大且分布广泛,如何确保设备的安全和信任是一个亟待解决的问题。区块链技术可以通过为物联网设备提供去中心化的身份认证和数据管理,确保设备之间的通信和数据交换的安全性和可信度。

在物流领域,区块链技术可以实现物流信息的实时追踪和溯源。通过区块链技术,物流过程中的各个环节可以实时记录并共享信息,确保信息的真实性和完整性。这有助于提高物流的透明度和效率,降低物流成本,并增强消费者对物流服务的信任感。

### 3. 公共服务领域的应用

公共服务领域是区块链技术的又一个重要应用领域。在政府数据管理与共享、身份验证与数字身份等方面,区块链技术都发挥着重要作用。

在政府数据管理与共享方面,区块链技术可以提高政府数据的透明度和可信度。通过将政府数据存储在区块链上,可以确保数据的真实性和完整性,防止数据被篡改或伪造。同时,区块链技术的去中心化特性使得数据可以在多个部门之间实现共享和互通,提高政府服务的效率和质量。

在身份验证与数字身份方面,区块链技术可以构建基于区块链的数字身份管理系统。通过区块链技术,可以为个人或组织提供一个去中心化的、安全可靠的数字身份凭证。这有助于简化身份验证流程,提高身份验证的效率和安全性,同时保护个人隐私不被泄露或滥用。

### 4. 数字版权领域的应用

数字版权领域是区块链技术的另一个重要应用领域。随着数字内容的普及和互联网的发展,数字版权保护问题日益突出。区块链技术为数字版权保护提供了新的解决方案。

区块链技术可以用于数字作品的版权登记、交易和维权。通过将数字作品的信息存储在区块链上,可以为作品提供一个去中心化、安全可靠的版权证明。这有助于简化版权登记流程,降低版权登记成本,并提高版权交易的透明度和可信度。同时,当发生版权侵权时,权利人可以依托区块链技术提供的证据进行维权,保护自己的合法权益。

### 5. 保险领域的应用

保险领域也是区块链技术应用的一个重要方向。智能合约、风险管理和客户身份验证等方面,区块链技术都为保险业务带来了创新。

智能合约在保险理赔中的应用是区块链技术的一个显著优势。通过智能合约,保险公司可以自动执行理赔流程,减少人工干预和误差,提高理赔效率。同时,智能合约还可以确保理赔条件的透明性和公正性,增强客户对保险服务的信任感。

在风险管理方面，区块链技术可以帮助保险公司更准确地评估和管理风险。通过收集和分析区块链上的数据，保险公司可以更深入地了解客户的行为和偏好，制定更合理的保费定价策略。此外，区块链技术还可以用于识别潜在的欺诈行为，降低保险公司的风险敞口。

客户身份验证也是区块链技术在保险领域的一个应用点。通过区块链技术，保险公司可以安全地存储和验证客户的身份信息，确保客户身份的真实性和可靠性。这有助于减少身份冒用和欺诈行为的发生，提高保险业务的安全性。

6. 其他领域的应用

除了以上几个领域外，区块链技术还在能源管理、投票系统、医疗健康等其他领域具有广泛的应用前景。

## 知识点巩固练习

1. 5G 应用场景有哪些？
2. 用于解决 5G 车联网的关键技术难点是什么？
3. 我国在量子技术方面的成果有哪些？
4. 目前信息安全所面临的挑战有哪些？
5. 信息安全技术有哪些？
6. 什么是物联网？
7. 物联网的应用领域有哪些？
8. 什么是人工智能？
9. 你用过哪些人工智能产品，帮助你解决了什么问题？
10. 你认为是否应该立即拥抱人工智能？

# 学习模块七

# 信息素养与社会责任

## 本模块学习要点

- 信息素养的内容。
- 信息素养的培养。
- 信息素养的表现。
- 信息沟通。
- 信息伦理。
- 职业行为自律。
- 信息素养的社会责任。

## 本模块技能目标

- 掌握信息素养的内容。
- 培养自身信息素养。
- 充分体现自身的信息素养。
- 学会信息沟通。
- 遵守信息伦理。
- 养成职业行为自律的习惯。
- 履行信息素养的社会责任。

## 项目一 信息素养

信息素养理论是一个内容丰富且不断发展的概念，它涵盖了人们在信息社会中所需的各种能力和素质。信息素养不仅涉及到信息技术和工具的使用，还包括对信息的识别、获取、处理、传递和创造等方面的能力。对于大学生来说，信息素养更是他们未来工作必备的重要素质。

### 任务一 什么是信息素养

"信息素养"的本质是全球信息化需要人们具备的一种基本能力。信息素养的简单定义来自 1787 年美国图书协会，它包括文化素养、信息意识和信息技能三个层面。能够判断什么时候需要信息，并且懂得如何去获取信息，如何去评价和有效利用所需的信息。

信息素养是指个体具备有效地获取、评估、利用、创造和交流信息的能力，以及在这些过程中展现出的信息意识和信息道德。它是一种综合性的能力，涵盖了人们在信息社会中的各个方面，包括信息需求、信息获取、信息处理、信息传递和信息利用等。

信息素养的定义强调了以下几个方面。

(1) 信息获取能力。个体能够有效地从各种信息源中检索和获取所需信息，包括传统图书馆、互联网、数据库等。

(2) 信息评估能力。个体能够对获取到的信息进行质量评价、真伪辨别和价值判断，以便选择适合自己需求的信息。这包括评估信息的可靠性、准确性、权威性和适用性等方面。

(3) 信息利用能力。个体能够将获取到的信息进行整理、分析、加工和创新，以满足自己的学习、工作和生活需求。这包括利用信息解决问题、进行决策、创造新知识等方面。

(4) 信息交流能力。个体能够利用信息技术和工具，如电子邮件、社交媒体、在线论坛、各种交友软件、聊天软件等，与他人进行信息交流和合作，分享自己的思想、见解和创意。

(5) 信息意识和信息道德。个体具备信息意识，能够意识到信息的重要性并主动寻求所需信息；同时，个体在信息活动中应遵循道德规范、伦理以及法律原则，如尊重知识产权、保护信息安全和隐私、避免传播虚假信息等。

信息素养的定义可以从不同的角度进行理解。从知识层面来看，信息素养是个体对信息的基本概念、原理和方法的了解和掌握。这包括信息技术的基础知识、信息资源的获取和利用方式、信息分析和处理的方法等。从能力层面来看，信息素养是个体在实际操作中获取信息、评估信息、利用信息和创造信息的能力。这包括信息检索、信息处理、信息分析和信息创新等方面的能力。从意识层面来看，信息素养是个体对信息的敏感度和关注度，能够意识到信息的重要性并主动寻求所需信息。从道德层面来看，信息素养涉及个体在信息活动中应遵循的道德规范和伦理原则，如尊重知识产权、保护信息安全和隐私、避免传播虚假信息等。

信息素养的定义是一个不断发展变化的概念，随着信息技术的不断发展和信息社会的不断进步，信息素养的内涵和外延也在不断扩大和深化。因此，信息素养的培养和提高是一个持续不断的过程，需要个体不断地学习和实践。

信息素养是一种基本能力，是一种对信息社会的适应能力，包括基本学习技能(读、写、算)、创新思维能力、人际交往与合作能力、实践能力。

信息素养还是一种综合能力，信息素养涉及各方面的知识，是一个特殊的、涵盖面很广的能力，它包含人文的、技术的、经济的、法律的诸多因素，和许多学科有着紧密的联系。信息技术支持信息素养，通晓信息技术强调对技术的理解、认识和使用技能。

## 任务二  信息素养的起源

信息素养的概念始于美国图书检索技能的演变。由美国信息产业协会主席提出，并解释为：利用大量的信息工具及主要信息源使问题得到解答的技能。信息素养的概念一经提出，便得到广泛传播和使用。世界各国的研究机构纷纷围绕如何提高信息素养展开了广泛的探索和深入的研究，对信息素养概念的界定、内涵和评价标准等提出了一系列新的见解。

随着社会的不断发展和信息技术的不断进步，人们对信息素养的要求也在不断提高。信息素养已经成为现代社会中人们必备的一种基本素质，对于个人发展和社会进步具有重要意义。因此，信息素养的培养和提高已经成为了教育、培训和社会发展的重要内容之一。

Doyle 在《信息素养全美论坛的终结报告》中将信息素养定义为：一个具有信息素养的人，他能够认识到精确的和完整的信息是做出合理决策的基础，确定对信息的需求，形成基于信息需求的问题，确定潜在的信息源，制定成功的检索方案，从包括基于计算机和其他信息源获取信息、评价信息、组织信息于实际的应用，将新信息与原有的知识体系进行融合以及在批判性思考和问题解决的过程中使用信息。

## 任务三  信息素养的内容

信息素养包括关于信息和信息技术的基本知识和基本技能，运用信息技术进行学习、合作、交流和解决问题的能力，以及信息的意识和社会伦理道德问题。具体而言，信息素养应包含以下五个方面的内容。

(1) 热爱生活，有获取新信息的意愿，能够主动地从生活实践中不断地查找、探究新信息。

(2) 具有基本的科学和文化常识，能够较为自如地对获得的信息进行辨别和分析，正确地加以评估。

(3) 可灵活地支配信息，较好地掌握选择信息、拒绝信息的技能。

(4) 能够有效地利用信息，表达个人的思想和观念，并乐意与他人分享不同的见解或资讯。

(5) 无论面对何种情境，能够充满自信地运用各类信息解决问题，有较强的创新意识和进取精神。

国外提出的"信息素养"概念则包括三个层面：文化层面(知识方面)；信息意识(意识方面)；信息技能(技术方面)。经过一段时期之后，正式定义为："要成为一个有信息素养的人，他必须能够确定何时需要信息，并已具有检索、评价和有效使用所需信息的能力。"

而在《信息素养全美论坛的终结报告》中，再次对信息素养的概念作了详尽表述："一个有信息素养的人，他能够认识到精确和完整的信息是做出合理决策的基础；能够确定信息需求，形成基于信息需求的问题，确定潜在的信息源，制定成功的检索方案，以包括基于计算机的和其他的信息源获取信息，评价信息、组织信息用于实际的应用，将新信息与原有的知识体系进行融合，以及在批判思考和问题解决的过程中使用信息。"

信息素养的内容非常丰富，它涵盖了多个方面，包括信息意识、信息知识、信息能力和信息道德等。这四个要素共同构成一个不可分割的统一整体，其中信息意识是先导，信息知识是基础，信息能力是核心，信息道德是保证。具体来说，信息素养的内容可以概括为以下几点：

(1) 信息意识：指个体对信息的敏感度和关注度，能够意识到信息的重要性并主动寻求所需信息。信息意识包括信息的主动性、敏感性和价值性等方面，它决定了人们捕捉、判断和利用信息的自觉程度。

(2) 信息知识：指个体对信息的基本概念和原理的了解，包括信息技术的基础知识、信息资源的分布和获取方式等。信息知识是信息素养的基础，它有助于个体更好地理解和利用信息。

(3) 信息能力：指个体在实际操作中获取信息、评估信息、利用信息和创造信息的能力。信息能力包括信息系统的基本操作能力、信息的采集、传输、加工处理和应用的能力，以及对信息系统与信息进行评价的能力等。它是信息素养的核心和标志，对于个体在信息社会中生存和发展具有重要意义。

(4) 信息道德：指个体在信息活动中应遵循的道德规范和伦理原则，如尊重知识产权、保护信息安全和隐私、避免传播虚假信息等。信息道德是信息素养的重要组成部分，它保证了信息活动的合法性和道德性，维护了信息社会的良好秩序。

以上这些方面相互关联、相互作用，共同构成了个体信息素养的完整框架。信息素养的培养和提高需要个体不断地学习和实践，以适应信息社会的快速发展和变化。

信息技术的发展已使经济非物质化，世界经济正转向非物质化时代，正加速向信息化迈进，人类已进入信息时代。21世纪是高科技时代、航天时代、基因生物工程时代、纳米时代、经济全球化时代等，但不管怎么称呼，21世纪的一切事业、工程都离不开信息，从这个意义上来说，称21世纪是信息时代更为确切。

在信息社会中，物质世界正在隐退到信息世界的背后，各类信息组成人类的基本生存环境，影响着人们的日常生活方式，因而构成了人们日常经验的重要组成部分。虽然信息素养在不同层次的人们身上体现的侧重面不一样，但概括起来，它主要具有四大特征：①捕捉信息的敏锐性；②筛选信息的果断性；③评估信息的准确性；④交流信息的自如性和应用信息的独创性。

## 任务四 信息素养的要求

### 1. 信息意识与情感

要具备信息素养，无疑要学会运用信息技术，但不一定非得精通信息技术。况且，随着高科技的发展，信息技术正朝着大众化的方向发展，操作也越来越简单，为人们提供了各种及时可靠的信息便利。因此，现代人的信息素养的高低，首先要取决于其信息意识和情感。信息意识与情感主要包括：积极面对信息技术的挑战，不畏惧信息技术；以积极的态度学习操作各种信息工具；了解信息源并经常使用信息工具；能迅速而敏锐地捕捉各种信息，并乐于把信息技术作为基本的工作手段；相信信息技术的价值与作用，了解信息技术的局限及负面效应从而正确对待各种信息；认同与遵守信息交往中的各种道德规范和约定。

### 2. 信息技能

根据教育信息专家的建议，现代社会中的学生应该具备六大信息技能。

(1) 确定信息任务——确切地判断问题所在，并确定与问题相关的具体信息。

(2) 决定信息策略——在可能需要的信息范围内决定哪些是有用的信息资源。

(3) 检索信息策略——开始实施查询策略。这一部分技能包括：使用信息获取工具，组织安排信息材料和课本内容的各个部分，以及确定搜索网上资源的策略。

(4) 选择和利用信息——在查获信息后，能够通过听、看、读等行为与信息发生相互作用，以决定哪些信息有助于问题解决，并能够摘录所需要的记录，拷贝和引用信息。

(5) 综合信息——把信息重新组合和打包成不同形式以满足不同的任务需求。综合可以很简单，也可以很复杂。

(6) 评价信息——通过回答问题确定实施信息问题解决过程的效果和效率。在评价效率方面还需要考虑花费在价值活动上的时间，以及对完成任务所需时间的估计是否正确等。

### 3. 信息素养的要求

(1) 信息工具的运用。个体能够熟练地使用各种信息工具，特别是网络传播工具，如搜索引擎、社交媒体、电子邮件等。他们能够有效地利用这些工具进行信息检索、传输和交流。

(2) 信息的获取与评估。个体能够根据自己的学习目标和需求，有效地收集各种学习资料和信息。他们不仅知道如何获取信息，还能够对信息进行质量评价、真伪辨别和价值判断，以便选择适合自己需求的信息。

(3) 信息的处理与表达。个体能够对收集到的信息进行整理、分类、存储、鉴别、遴选、分析综合、抽象概括和表达等。他们能够将信息以清晰、准确、简洁的方式呈现给他人，或者将信息用于解决实际问题和进行创新活动。

(4) 信息的创造与交流。在收集、处理信息的基础上，个体能够产生新的想法和见解，创造出新的信息。他们能够通过写作、演讲、展示等方式与他人分享自己的信息成果，进行信息的交流和合作。

(5) 信息道德与法律意识。个体在信息活动中应遵循道德规范和法律法规，如尊重知识产权、保护信息安全和隐私、避免传播虚假信息等。他们应该具备良好的信息道德和法律意识，维护信息社会的良好秩序。

这些表现共同构成了个体信息素养的完整框架，反映了他们在信息社会中处理信息的能力和素质。具备较高的信息素养意味着个体能够更好地适应信息社会的发展需求，有效地利用信息进行学习、工作和生活。

更具体地说就是表现为以下 8 个方面的能力。

(1) 运用信息工具。能熟练使用各种信息工具，特别是网络传播工具。

(2) 获取信息。能根据自己的学习目标有效地收集各种学习资料与信息，能熟练地运用阅读、访问、讨论、参观、实验、检索等获取信息。

(3) 处理信息。能对收集的信息进行归纳、分类、存储、鉴别、遴选、分析综合、抽象概括和表达等。

(4) 生成信息。在信息收集的基础上，能准确地概述、综合、分析和表达所需要的信息，使之简洁明了，通俗流畅并且富有个性特色。

(5) 创造信息。在多种收集信息的交互作用的基础上，迸发创造思维的火花，产生新信息的生长点，从而创造新信息，达到收集信息的终极目的。

(6) 发挥信息的效益。善于运用接收的信息解决问题，让信息发挥最大的社会和经济效益。

(7) 信息协作。将信息和信息工具作为跨越时空的、"零距离"的交往和合作中介，使之成为延伸自己的高效手段，与外界建立多种和谐的合作关系。

(8) 信息免疫。网络资源往往良莠不齐，我们需要有正确的人生观、价值观、甄别能力以及自控、自律和自我调节能力，能自觉抵御和消除垃圾信息及有害信息的干扰和侵蚀，并且不断完善合乎时代的信息伦理素养。

## 任务五 培养信息素养

信息素养的培养是一个系统性的过程，涉及到多个方面和层次。以下是一些关于信息素养培养的建议。

(1) 教育引导。通过学校教育、社会培训、自主学习等途径，引导个体认识到信息素养的重要性，并激发他们提高信息素养的积极性和主动性。

(2) 课程设置。在学校教育中，可以开设信息素养相关的课程，如信息技术、网络安全、人工智能等，让学生了解信息素养的基本知识和技能，并培养他们的信息意识和信息道德。

(3) 实践教学。通过实践教学、项目式学习等方式，让学生在实践中掌握信息获取、评估、利用和交流的能力，提高他们的信息素养水平。

(4) 资源整合。整合学校、社会和家庭等资源，为学生提供丰富多样的信息素养培养机会和环境，如图书馆、博物馆、科技馆、社区活动中心等。

(5) 自主学习。鼓励学生通过自主学习、在线学习等方式，不断提高自己的信息素养水平。他们可以利用各种在线资源和学习平台，学习信息技术知识、提升信息处理能力、参与信息交流和合作等。

(6) 评价与反馈。建立信息素养的评价体系，对个体的信息素养水平进行定期评估，并提供针对性的反馈和指导，帮助他们认识自己的不足并制订改进计划。

此外，信息素养的培养还需要注重个性化和差异化，因为每个人的信息需求和兴趣爱好都不尽相同。因此，在培养信息素养的过程中，应该充分考虑个体的特点和需求，提供个性化的学习路径和资源支持。

总之，信息素养的培养是一个长期的过程，需要个体、学校、社会和家庭等多方面的共同努力和支持。通过教育引导、课程设置、实践教学、资源整合、自主学习和评价反馈等途径，可以有效地提高个体的信息素养水平，为他们在信息社会中更好地生存和发展打下坚实的基础。

## 项目二 信息伦理与社会责任

### 任务一 信息伦理

信息科技的发展将人类文明带进了信息时代，但也带来了一系列新的伦理问题，如信息隐私权、信息产权及信息资源存取权等问题。社会信息化的深入，使信息产品的影响力也随之扩大。无论信息产品的开发、生产、交易或使用，决策者都可能因为信息行为不当而引起伦理问题。因此，信息伦理问题是信息时代不可忽视的重要课题。

信息伦理，也称为信息道德，是指在信息活动中涉及的伦理要求、伦理准则，以及在此基础上形成的新型伦理关系。它主要关注信息开发、信息传播、信息管理和信息利用等方面的道德问题，旨在规范人们在信息活动中的行为，保障信息安全，维护信息秩序，促进信息社会的健康发展。

信息伦理的核心价值观包括尊重知识产权、隐私权、信息安全等，要求人们在信息活动中遵守法律法规，尊重他人的权益，诚实守信，不传播虚假信息，不进行网络欺诈、网络攻击等违法违规行为。同时，信息伦理也倡导公正、公平、公开的信息交流，反对信息歧视和偏见，促进信息资源的共享和利用。

信息伦理在信息社会中具有重要的意义。首先，信息伦理是维护信息安全和信息秩序的重要保障。在信息社会中，信息资源的共享和利用已经成为人们生活和工作的重要组成部分，而信息伦理的规范作用可以有效地维护信息的安全和秩序，防止信息被滥用和侵犯。其次，信息伦理是促进信息社会健康发展的重要支撑。在信息社会中，信息技术和信息产业已经成为推动社会发展的重要力量，而信息伦理的建设可以促进信息产业的健康发展，推动信息社会的繁荣和进步。

总之，信息伦理是信息社会中不可或缺的重要组成部分，它要求人们在信息活动中遵守法律法规，尊重他人的权益，诚实守信，维护信息安全和秩序，促进信息社会的健康发展。同时，信息伦理的建设也需要全社会的共同努力，需要政府、企业、教育机构和社会组织等多方面的参与和支持。

### 1. 信息伦理的提出是信息社会发展的必然产物

美国信息科学专家梅森提出信息时代有 4 个主要伦理议题：信息隐私权、信息准确性、信息产权、信息资源存取权，通常被称为 PAPA 议题。信息社会的伦理问题，特别是网络环境下的信息伦理问题受到全球的关注。

信息时代，信息的存在形式与以往的信息形态不同，它是以声、光、电、磁、代码等形态存在。这使它具有"易转移性"，即容易被修改、窃取或非法传播和使用。加之信息技术应用日益广泛，信息技术产品所带来的各种社会效应也是人们始料未及的。

信息社会中出现的信息伦理问题主要包括侵犯个人隐私权、侵犯知识产权、非法存取信息、信息责任归属、信息技术的非法使用、信息的授权等。一个普遍的现象是，网络信息的个体拥有性与信息共享性之间产生激烈冲突，产生了各种新的矛盾。这种矛盾用以往的社会伦理法难以定义、解释和调解，为此制定的信息化相关法律和法规又具有相对的滞后性。这种现状需要信息化建设者、学术界和法律界共同研究和探讨。

### 2. 信息伦理是对信息法律的补充

"信息伦理"作为一种伦理，主要还是要依赖于社会个体的自律。同时，只有借助于信息伦理标准提供的行为指导，个体才能比较容易地为自己所实施的各种信息社会行为做出伦理道德判断。在伦理标准"他律"的氛围下和自身反复实践的过程中，个体就可能将这种外在的准则内化为自己的道德意识。如果更多的个体将基本的伦理准则化为自己自觉的道德意识，则可以推而广之，推断出信息社会的行为是非标准，这同时也是信息素养的体现。

同"网络伦理"相比，信息伦理包括网络伦理，但又不限于网络伦理。因为，以数字化信息为中介的伦理关系不仅存在于网络之中，而且也存在于许多非网络的信息领域。因此，信息伦理的要求、准则、规约，不仅要指导网络行为，而且要作用于网络以外的其他各种形式的信息行为。

伦理、道德毕竟是一种软性的社会控制手段，在信息领域，仅仅依靠信息伦理并不能完全解决问题，它还需要硬性的法律手段支撑。因此，信息立法就显得十分重要。通过有关的信息立法，依靠国家强制力的威慑，不仅可以有效地打击那些在信息领域造成严重恶果的行为者，而且为信息伦理的顺利实施构建了一个较好的外部环境。信息领域的法律手段也需要信息伦理的补充，只有信息立法与信息伦理形成良性互动，才可能使信息领域、信息社会在有序中实现发展。

### 3. 信息伦理与构建和谐信息社会

从伦理角度导入个人信息行为的规范，对于信息时代中不道德行为的防止将具有积极的效果。首先，信息伦理的构建将人伦理念融入决策及生活细节中。伦理议题的复杂度高，范围面广，社会、组织或协会所制定的规范条文不仅难以涵盖所有的情况，而且规范之间可能会有冲突，因此最积极的做法和最高的境界就是从个人的伦理道德做起。

但是，要建立一套长久的一成不变并且适用的伦理守则是不现实的。随着信息科技的成熟及信息化社会的形成，信息行为的决策者的行动不能从以往传统的单方面道德标准出发，而必须是随着情境而变，兼顾社会责任、权利、信息伦理等方面的因素。也就是在信息伦理的影响因素中，将由以个人经验和道德标准主导，转向以信息社会情境为主导来做决策。合法传播信息，崇尚科学理论，弘扬民族精神，塑造美好心灵，为信息空间提供有品位、高格调、高质量的信息和服务，是每一个在信息社会生活的人应该树立的基本信息伦理标准。

构建和谐的信息社会是构建社会主义和谐社会的重要切入点。围绕构建民主法治、公平正义、诚信友爱、充满活力、安定有序、人与自然和谐相处的社会，信息化建设应为营造良好的现代信息舆论环境做出自己的贡献。和谐的信息社会应该是指以信息技术为运作基础的社会，是信息伦理成为现代人遵守的基本准则的社会，是人们善于应用信息内容和信息流提升群众生活品质的社会。

## 任务二　职业行为自律

### 1. 职业道德

所谓职业道德，就是同人们的职业活动紧密联系的符合职业特点所要求的道德准则、道德情操与道德品质的总和。

职业道德的含义包括以下八个方面。

(1) 职业道德是一种职业规范，受社会普遍的认可。
(2) 职业道德是长期以来自然形成的。
(3) 职业道德没有确定形式，通常体现为观念、习惯、信念等。
(4) 职业道德依靠文化、内心信念和习惯，通过员工的自律实现。
(5) 职业道德大多没有实质的约束力和强制力。
(6) 职业道德的主要内容是对员工义务的要求。
(7) 职业道德标准多元化，代表了不同企业可能具有不同的价值观。
(8) 职业道德承载着企业文化和凝聚力，影响深远。

### 2. 计算机伦理与职业行为准则

《计算机伦理与职业行为准则》指的是计算机职业道德准则。美国计算机协会于1772年10月通过并采用。

1) 基本的道德规则

为社会和人类的美好生活做出贡献；避免伤害其他人；做到诚实可信；恪守公正并在行为上无歧视；敬重包括版权和专利在内的财产权；对智力财产赋予必要的信用；尊重其他人的隐私；保守机密。

2) 特殊的职业责任

努力在职业工作的程序与产品中实现最高的质量、最高的效益和高度的尊严；获得和保持职业技能；了解和尊重现有的与职业工作有关的法律；接受和提出恰当的职业评价；对计算机系统和它们包括可能引起的危机等方面做出综合的理解和彻底的评估；重视合同、协议和指定的责任。

计算机行业的特点决定了计算机专业人员应遵守严格的职业道德规范，主要内容如下。

(1) 利用大量的信息。利用现代的电子计算机系统收集、加工、整理、储存信息，为各行业提供各种各样的信息服务，如计算机中心、信息中心和咨询公司等。这要求从业人员应当严格尊重客户的隐私。

(2) 软件开发与制造。从事计算机的研究和生产(包括相关机器的硬件制造)、计算机的软件开发等活动，这要求从业人员能够尊重包括版权和专利在内的财产权。

(3) 信息及时、准确、完整地传到目的地点。这要求从业人员能够重视合同、协议和指定的责任。

## 任务三　信息素养的社会责任

优秀的信息素养与社会责任是紧密联系且不可分割的，这主要体现在以下几个方面。

(1) 保护信息安全。个体需要具备敏锐的信息安全意识，掌握一定的信息保护方法，以防止信息泄露、被篡改或滥用。这包括使用强密码、定期更新软件、避免在不安全的网络环境中进行敏感操作等。

(2) 遵守法律法规和伦理道德。在使用和传播信息时，个体需要遵守信息社会的法律法规和伦理道德，尊重他人的知识产权和隐私权，不进行网络欺诈、网络攻击等违法违规行为。

(3) 尊重多元信息文化。在信息时代，信息的传播和交流越来越频繁和广泛，个体需要尊重多元信息文化，理解和接纳不同的观点和价值观，避免在信息交流中产生歧视和偏见。

(4) 积极参与社会公共事务。个体需要利用自身的信息素养，积极参与社会公共事务的讨论和决策，为社会的发展和进步提供有益的建议和方案。

总之，信息素养的社会责任是要求个体在使用和传播信息时，不仅要关注自身的利益和需求，还要考虑到信息的社会影响和伦理道德。

## 知识点巩固练习

1. 信息素养包含哪些内容?
2. 信息素养的社会责任有哪些?
3. 论述信息素养的重要性。
4. 如何使自己的信息素养达到要求?
5. 如何利用信息技术提高自己的学习效率?

# 参 考 文 献

[1] 邵杰. 计算机应用基础—入门与精通创新特色教程. 合肥：安徽大学出版社，2008.
[2] 邵杰. 计算机应用基础可视化教程. 大连：大连理工大学出版社，2012.
[3] 邵杰. 办公自动化技术. 北京：北京出版社，2014.
[4] 黎建锋. 计算机应用基础. 北京：教育科学出版社，2014.
[5] 邵杰. 办公自动化技术可视化教程. 合肥：安徽大学出版社，2023.
[6] 黎建锋. 计算机应用基础. 3 版. 北京：教育科学出版社，2019.
[7] 李小强. 信息技术应用基础. 北京：中国财政经济出版社，2021.
[8] 邵杰. 计算机应用基础上机手册(第二版). 北京：教育科学出版社，2021.
[9] 邵杰，张荣，邵静岚等. 办公自动化案例教程—Office 2010(微课版). 北京：清华大学出版社，2020.